南开大学"十四五"规划精品教材丛书

模态逻辑

（第二版）

李娜 编著

南開大學出版社
NANKAI UNIVERSITY PRESS
天津

图书在版编目(CIP)数据

模态逻辑 / 李娜编著. -- 2 版. -- 天津 ：南开大学出版社，2025. 3. --（南开大学“十四五”规划精品教材丛书）. -- ISBN 978-7-310-06717-6

Ⅰ. B815.1

中国国家版本馆 CIP 数据核字第 20259A7W85 号

模态逻辑(第二版)

MOTAI LUOJI(DI-ER BAN)

南开大学出版社出版发行

出版人:王　康

地址:天津市南开区卫津路 94 号　邮政编码:300071

营销部电话:(022)23508339　营销部传真:(022)23508542

https://nkup.nankai.edu.cn

天津创先河普业印刷有限公司印刷　全国各地新华书店经销

2025 年 3 月第 2 版　2025 年 3 月第 1 次印刷

240×170 毫米　16 开本　15.25 印张　3 插页　265 千字

定价:56.00 元

序（第二版）

在非经典逻辑中，模态逻辑是发展最成熟的一个分支，也是许多非经典逻辑的基础。近几年来，我和我的学生们一起读了许多有关模态逻辑的书籍。综合比较后，我认为 Sally Pojkorn 的 *Frist Steps in Modal Logic* 最为简洁，因此在本书的编写过程中，我主要参考了其Ⅰ-Ⅳ和Ⅴ-Ⅵ的部分内容。严格来说，本书介绍了以经典的命题逻辑为基础的模态命题逻辑，主要有四个重要特征：

第一，简明扼要；

第二，在单模态语言的基础上，引入和使用多模态语言；

第三，介绍了一些模态逻辑中目前比较流行的概念和方法，如加标转移结构、互模拟等；

第四，在 2.1 节中融入了党的二十大报告的有关内容。

由于作者水平所限，书中难免存在不妥和错误之处，欢迎读者批评指正。

李娜

2024 年 5 月

目录

第一章

命题逻辑概述

在命题逻辑中，起决定作用的是逻辑联结词。因此，命题逻辑常被看作在某个特定的语境中，对自然语言联结词“并非”“并且”“或者”“如果……那么……”“当且仅当”等的一种分析。然而这种分析不涉及这些联结词在自然语言中的所有可能的用法，只涉及它们在“逻辑论证”中的用法。在“逻辑论证”中，这些联结词的意义由真值函项的方法来确定。

为了使这方面更清晰，本书采用一种抽象的但是严格定义的形式语言——命题语言进行分析。

这种分析通常包括两部分。第一部分是语义学，它表明：怎样给这种语言的语句赋予真值，然后又怎样精确地刻画这些语句集的逻辑后承的概念。这部分的分析使用一种标准语义学，即：它参考了这个语言的联结词符号的初始意义（当然是指联结词：并非，并且……）。第二部分是命题演算，它表明：在这种语言中，逻辑后承的概念怎样由某种组合操作进行模拟。这样做是完全抽象的，不涉及任何初始符号的意义。这种模拟可以用几种不同的方式来完成，每一种方式使用一种不同风格的形式系统。

这种分析的最后是完全性的证明。首先证明：所选择的形式系统是可靠的，即：在形式系统内可模拟的东西都是一个逻辑后承；其次证明：所选择的形式系统是足够的，即每个逻辑后承在该形式系统内都是可模拟的。

本章将给出一种经典的、二值命题逻辑的一个简要概述，并在此基础上，将它扩展到模态逻辑。

1.1 命题语言

我们要做的第一件事就是定义一种抽象的但是严格构造的命题语言。命题语言的构造要从某些特定的初始符号开始，它包括命题变项、联结词和标点符号。把这些初始符号以特定的方式联结起来就会形成公式。联结词原本是表示英语的联结词，如 not、if、then 等。联结词需要某些事情去联结，而命题变项提供了这一过程的起点。标点符号能使公式具有精确性，用它们来确保公式的唯一可读性。

命题语言$\mathcal{L}_0$的初始符号：

1. 命题变项和常项

一个固定的可数命题变项集 Var, Var 中的元素有 $P,P_1,P_2,\ldots$以及常项⊤和⊥。

2. 命题联结词

$$\neg,\wedge,\vee,\rightarrow$$

其中，¬是一元命题联结词，∧、∨和→都是二元命题联结词。

3. 标点符号

"(" 和 ")",

其中，"(" 是左括号，")" 是右括号。

命题公式按照下面的方式构造。

1-1 定义　命题语言$\mathcal{L}_0$的公式可递归地使用如下条款得到。

1. 原子公式

每个命题变项 $P\in\text{Var}$ 和每个常项⊤与⊥都是一个公式。

2. 命题公式

如果θ,ψ,ϕ是公式，则$\neg\phi,(\theta\wedge\psi),(\theta\vee\psi),(\theta\rightarrow\psi)$都是公式。

令 Form($\mathcal{L}_0$)是所有命题公式的集合，有时也记作 Form。

Var 的可数性是对这个集合大小的一种限制。因此，它也可以表示成下面的形式：

$$P, P_1, P_2, P_3, \ldots, P_n$$

以后你会发现可数性这个词的意义以及它是如何产生某些结论的。

注意：公式由一个递归程序定义。这意味着关于公式的某些事实能够通过结构归纳法得到证明。

例如，假定Φ是由初始符号的有穷符号串构成的一个集合，并且假定我们知道

(0)Φ包含所有的命题变项和两个常项⊤和⊥。

(¬)对所有的公式θ，

$$\theta \in \Phi \Rightarrow \neg\theta \in \Phi。$$

(∗)对所有的公式θ和φ，

$$\theta, \varphi \in \Phi \Rightarrow (\theta * \varphi) \in \Phi。$$

（∗表示任意的二元联结词→、∧和∨。）

那么我们可以得出结论：Φ包含所有的公式。否则，假如Φ不包含所有的公式，即：至少存在一个公式ϕ使得$\phi \notin \Phi$。考虑ϕ中所包含最小数目符号的情况，由(0)，这个ϕ不可能是常项或者命题变项。因此，ϕ一定具有如下的形状。

$$\neg\theta \text{或者} (\theta * \varphi)$$

其中，θ和φ是公式并且∗是联结词。但是由(¬)或者(∗)都将导致矛盾。因此，我们的假设是错误的。故，不存在不属于Φ的公式。

在书写某些特殊的公式时，有时我们可以省略各种括号并且还可以用各种其他的符号来帮助阅读。但是这样写出的符号串本身并不是公式，只是公式的一种缩写。如：

$$(\theta \leftrightarrow \varphi) =_{df} ((\theta \to \varphi) \wedge (\varphi \to \theta))。$$

这里，我们将$(\theta \leftrightarrow \varphi)$作为$((\theta \to \varphi) \wedge (\varphi \to \theta))$的缩写。

1.2　二值语义学

令 2={0,1}并且把 2 中的元素作为“真值对象”来看待。即：把 0 看作假，把 1 看作真。每个联结词都有一个在 2 上的相关运算。

一元联结词¬的运算：

$$\neg: 2 \longrightarrow 2$$

由下式给出

$$对每个\ x\in 2,\ \neg(x)=1-x。$$

二元联结词*(→,∧,∨)的运算：

$$*: 2\times 2 \longrightarrow 2$$

由下面的真值表给出。

		*		
x	y	→	∧	∨
1	1	1	1	1
1	0	0	0	1
0	1	1	0	1
0	0	1	0	0

这个定义将符号“¬”“∧”“∨”“→”分别解释为“并非”“并且”“或者”“如果……那么……”。

这样一来，利用基本的语义概念可以计算出任一公式θ的真值，但这只能在命题变项的真值已知的前提下进行。其过程如下。

1-2 定义 一个赋值是一个映射

$$\nu: \mathrm{Var} \longrightarrow 2,$$

即：ν(P)= 1 或者 0，二者必居其一并且只居其一。

对每个常项⊤和⊥，

$$\nu(\top)=1,\ \nu(\bot)=0。$$

对每个这样的赋值ν，都有一个由ν诱导出的映射

$$[\cdot]\nu: \mathrm{Form} \longrightarrow 2,$$

施归纳于公式的结构，它满足下面的条款。

（常项）对每个常项⊤和⊥，

$$[\top]\nu=\nu(\top),\ [\bot]\nu=\nu(\bot)。$$

（命题变项）对每个命题变项 P，

$$[P]\nu=\nu(P)。$$

（¬）对每个公式θ，

$$[\neg\theta]\nu=1-[\theta]\nu。$$

（*）对所有公式θ,ψ，

$$[(\theta*\psi)]\nu=[\theta]\nu*[\psi]\nu$$

（*表示任意的二元联结词→，∧和∨）。

使用[·]ν时，在不引起混淆的情况下，通常ν可以省略。此时，由ν诱导出的映射[·]满足：

（常项）对每个常项⊤和⊥，

$$[\top]=1,\ [\bot]=0。$$

（命题变项）对每个命题变项 P，

$$[P]=\nu(P)。$$

（¬）对每个公式θ，

$$[\neg\theta]=1-[\theta]。$$

（∗）对所有公式θ,ψ，

$$[(\theta*\psi)]=[\theta]*[\psi]$$

（∗表示任意的二元联结词→，∧和∨）。

1-3 定义　如果[ϕ]=1，则称赋值ν是公式ϕ的一个模型，或者称ϕ是可满足的，或者称ϕ相对于ν是真的。令Φ是一个公式集，对每个ϕ∈Φ，如果[ϕ]=1，则称赋值ν是公式集Φ的一个模型。

现在，我们可以精确定义逻辑后承的概念。

1-4 定义　令Φ是一个公式集并且ϕ是一个公式，符号

$$\Phi\vDash\phi$$

表示：Φ的每个模型也是ϕ的模型。当上述条件成立时，称ϕ是Φ的一个语义后承。如果公式ϕ满足

$$\vDash\phi,$$

则称ϕ是一个重言式。（即：对所有的赋值，ϕ都是真的。）

1.3　证明论

命题演算的目的就是通过建立一个合适的形式系统对语义后承关系⊨给出一种语形的或者语法的描述或模拟。这可以通过不同的方式来完成。本节所描述的形式系统 **PC** 对后面把它推广到模态的情况是一种较为方便的系统。这个系统是一种希尔伯特型的系统。为此，我们首先给出逻辑公理的集合。这些公理都是重言式并且通常包含如下形状的所有公式。

(k)　$\phi\to(\theta\to\phi)$

(s)　$(\theta\to(\psi\to\phi))\to((\theta\to\psi)\to(\theta\to\phi))$

$$(\neg)\quad (\neg\theta\to\psi)\to((\neg\theta\to\neg\psi)\to\theta)$$

我们只使用一条推理规则，即：分离规则

$$(\mathrm{MP})\ \frac{\theta,\theta\to\phi}{\phi}$$

利用这些公理和推理规则，就可以产生证明论的后承关系⊢。

注意：用公理而不是附加推理规则去处理联结词的方法是很重要的。在命题的情况下，公理与推理规则交替使用是相对容易的。然而在模态的情况下，这种方式的运用就比较困难。因此，我们把自己的系统建立在只有一个规则的基础上。

1-5 定义 令Φ是一个任意的公式集。

（1）来自Φ的一个（证明的）演绎是一个公式序列

$$\phi_0,\phi_1,\ldots,\phi_n$$

使得序列中的每个公式$\phi_i(0\leqslant i\leqslant n)$，下面的情况至少有一个成立。

(hyp) $\phi_i\in\Phi$。

(ax) ϕ_i是一条逻辑公理。

(MP) ϕ_i是由排在前面的公式ϕ_j,ϕ_k（$j,k<i$）并满足$\phi_k=(\phi_j\to\phi_i)$应用 MP 规则得到的。

（2）对每个公式φ，如果存在一个来自Φ的（证明的）演绎并且φ恰好是这个演绎的最后一个公式，则关系$\Phi\vdash\phi$成立，并称它为逻辑后承概念的模拟，或者称φ是Φ的一个逻辑后承。当$\Phi=\varnothing$时，即：$\vdash\phi$，称φ是空集的一个逻辑后承。特别地，称φ是系统的一条定理。

然而在这个系统中，演绎定理成立。即：对每个公式集Φ和一对公式θ和φ，下面的关系成立。这是一条很重要的性质，但它在大多数模态系统中不成立。

$$\Phi,\theta\vdash\phi\Rightarrow\Phi\vdash\theta\to\phi$$

1-6 例 用公理(k)和(s)以及(MP)规则演绎出下面的每个公式。

例 1 $\vdash\phi\to\phi$

例 2 $\vdash(\psi\to\phi)\to((\theta\to\psi)\to(\theta\to\phi))$

证明

例 1 的证明如下。

① $(\phi\to((\phi\to\phi)\to\phi))\to((\phi\to(\phi\to\phi))\to(\phi\to\phi))$ (s)

② $\phi\to((\phi\to\phi)\to\phi)$ (k)

③ $(\phi\to(\phi\to\phi))\to(\phi\to\phi)$ (①,②MP)

④ $\phi\to(\phi\to\phi)$ (k)

⑤ $\phi\to\phi$ (③,④MP)

例 2 的证明如下。

① $(\theta\to(\psi\to\phi))\to((\theta\to\psi)\to(\theta\to\phi))$ (s)

② $((\theta\to(\psi\to\phi))\to((\theta\to\psi)\to(\theta\to\phi)))\to$
$((\psi\to\phi)\to((\theta\to(\psi\to\phi))\to((\theta\to\phi)\to(\theta\to\phi))))$ (k)

③ $(\psi\to\phi)\to((\theta\to(\psi\to\phi))\to((\theta\to\phi)\to(\theta\to\phi)))$ (①,②MP)

④ $((\psi\to\phi)\to((\theta\to(\psi\to\phi))\to((\theta\to\phi)\to(\theta\to\phi))))\to$
$(((\psi\to\phi)\to(\theta\to(\psi\to\phi)))\to((\psi\to\phi)\to((\theta\to\phi)\to(\theta\to\phi))))$ (s)

⑤ $((\psi\to\phi)\to(\theta\to((\psi\to\phi)))\to((\psi\to\phi)\to((\theta\to\psi)\to(\theta\to\phi)))$ (③,④MP)

⑥ $((\psi\to\phi)\to(\theta\to((\psi\to\phi)))$ (k)

⑦ $(\psi\to\phi)\to((\theta\to\psi)\to(\theta\to\phi))$ (⑤,⑥MP)

1.4　完全性

证明形式系统是可靠的，也就是证明下面的蕴涵关系成立。这一点可以通过施归纳于演绎的长度来完成。

$$\Phi\vdash\phi\Rightarrow\Phi\vDash\phi$$

完全性的证明较长，而且可以用几种不同的方式来完成。在此，我们勾画一个证明，这个证明以后将会成为模态系统对应证明的基础。但是为了证明完全性，我们还需要下面的定义和定理。

1-7 定义　如果

$$\Phi\nvdash\bot$$

成立，那么称公式集Φ是一致的。令

CON={Φ|Φ是一致的公式集}。

1-8 定理　CON 具有如下的性质：

1. 有穷特性

对每个公式集Φ，Φ∈**CON** 当且仅当对每个有穷子集Ψ，Ψ⊆Φ，都有Ψ∈**CON**。

2. 基本一致性

对每个命题变项 P，{P,¬P}∉**CON** 并且{⊥}∉**CON**。

3. 合取保持性

对所有的θ,ψ和Φ并且$\Phi\in\mathbf{CON}$，下面的结论成立：

$$(\theta\wedge\psi)\in\Phi \Rightarrow \Phi\cup\{\theta,\psi\}\in\mathbf{CON},$$

$$\neg(\theta\vee\psi)\in\Phi \Rightarrow \Phi\cup\{\neg\theta,\neg\psi\}\in\mathbf{CON},$$

$$\neg(\theta\rightarrow\psi)\in\Phi \Rightarrow \Phi\cup\{\theta,\neg\psi\}\in\mathbf{CON}。$$

4. 析取保持性

对所有的θ,ψ和Φ并且$\Phi\in\mathbf{CON}$，下面的结论成立：

$$(\theta\vee\psi)\in\Phi \Rightarrow \Phi\cup\{\theta\}\in\mathbf{CON}\text{ 或者 }\Phi\cup\{\psi\}\in\mathbf{CON},$$

$$\neg(\theta\wedge\psi)\in\Phi \Rightarrow \Phi\cup\{\neg\theta\}\in\mathbf{CON}\text{ 或者 }\Phi\cup\{\neg\psi\}\in\mathbf{CON},$$

$$(\theta\rightarrow\psi)\in\Phi \Rightarrow \Phi\cup\{\neg\theta\}\in\mathbf{CON}\text{ 或者 }\Phi\cup\{\psi\}\in\mathbf{CON}。$$

5. 否定保持性

对所有的θ和Φ：

$$\neg\neg\theta\in\Phi\in\mathbf{CON} \Rightarrow \Phi\cup\{\theta\}\in\mathbf{CON}。$$

定理 1-8 的证明留给读者。

1-9 定义　如果$\Phi\in\mathbf{CON}$并且对所有的公式集Ψ，

$$\Phi\subseteq\Psi\in\mathbf{CON}\Rightarrow\Psi=\Phi$$

则称Φ是极大一致的公式集。

令 $\boldsymbol{S}$ 是所有极大一致公式集的集合。

完全性定理的证明依赖于下面的引理。

1-10 引理（基本存在结果）对每个$\Phi\in\mathbf{CON}$，存在 $s\in\boldsymbol{S}$ 使得$\Phi\subseteq s$。

上面的引理说：每个一致的公式集都可以扩充成一个极大一致的公式集。

证明

令$\{\phi_\gamma|\gamma<\omega\}$是所有公式的一个枚举。令$\{\Delta_\gamma|\gamma<\omega\}$是如下递归定义的公式集的一个递增序列$\Delta_0=\Phi$，

$$\Delta_{\gamma+1}=\begin{cases}\Delta_\gamma\cup\{\phi_\gamma\}，\text{如果}\Delta_\gamma\cup\{\phi_\gamma\}\in\mathbf{CON};\\ \Delta_\gamma，\text{如果}\Delta_\gamma\cup\{\phi_\gamma\}\notin\mathbf{CON}。\end{cases}$$

显然，对所有的$\gamma<\omega$，$\Delta_\gamma\in\mathbf{CON}$，因此，令

$$s=\cup\{\Delta_\gamma|\gamma<\omega\}\in\mathbf{CON},$$

由上面的构造可得 s 的极大性，所以 $s\in\boldsymbol{S}$。

对任意的 $s\in\boldsymbol{S}$ 并且 $P\in Var$，令σ是如下定义的一个赋值：

$$\sigma(P)=\begin{cases}1，如果\ P\in s；\\ 0，如果\ P\notin s。\end{cases}$$

施归纳于 s 中公式的结构，可以证明σ是 s 的一个模型，即：σ是 s 中所有公式的一个模型。于是，我们得到以下结论

1-11 定理　每个$\Phi\in$**CON** 都有一个模型。

证明

利用定理 1-10 和上面的结论可得。详细证明留给读者。

1-12 定理（完全性）对每个公式集Φ和公式φ，下面的等值式成立。

$$\Phi\vdash\phi\Leftrightarrow\Phi\vDash\phi$$

证明

从左向右的蕴涵(⇒)是可靠性，所以只需证从右向左的蕴涵(⇐)。因此假定$\Phi\vDash\phi$，那么$\Phi\cup\{\neg\phi\}$没有模型，由定理 1-11 可得

$$\Phi\cup\{\neg\phi\}\notin\mathbf{CON}。$$

因此，

$$\Phi,\neg\phi\vdash\bot。$$

由演绎定理可得：

$$\Phi\vdash(\neg\phi\to\bot)。\qquad(1)$$

由于在系统中可证：

$$\vdash(\neg\phi\to\bot)\to(\neg\bot\to\phi)，\qquad(2)$$

再由(1)和(2)可得：

$$\Phi\vdash(\neg\bot\to\phi)。$$

最后，由于$\Phi\vdash\neg\bot$，所以，$\Phi\vdash\phi$。

由完全性定理可得下面的结果。

1-13 定理　Φ是可满足的当且仅当Φ是一致的。

1-14 定义　如果一个公式集Φ的每个有穷子集都有模型，则称公式集Φ是有穷可满足的。

1-15 命题　令 **CON′**是由所有有穷可满足的公式集组成的集合，那么 **CON′**具有定理 1-8 中的各种性质。

证明

令 **CON′**=$\{\Phi|\Phi$是任意有穷可满足的公式集$\}$，下面分别验证：

1. 有穷特性成立

由**CON′**的定义，**CON′**具有有穷特征。

2. 基本一致性成立

由**CON′**的定义，**CON′**具有基本一致性。

3. 合取保持性成立

对所有的公式θ,ψ和任意的公式集Φ并且$\Phi\in\mathbf{CON}'$，如果

$$(\theta\wedge\psi)\in\Phi\in\mathbf{CON}',$$

并且假设

$$\Phi\cup\{\theta,\psi\}\notin\mathbf{CON}',$$

由此可得：

$$\Phi\cup\{\theta\}\notin\mathbf{CON}'\text{或者}\Phi\cup\{\psi\}\notin\mathbf{CON}',$$

那么存在Φ的一个有穷子集Ψ使得没有模型。但是，

$$\Psi\cup\{\theta\}\text{或者}\Psi\cup\{\psi\}$$

$$\Psi\cup\{\theta\wedge\psi\}$$

也是Φ的一个有穷子集，因此，

$$\Psi\cup\{\theta\wedge\psi\}$$

有一个模型ν。这个模型ν是Ψ的模型并且也是θ和ψ的模型，即：ν是$\Psi\cup\{\theta\}$并且$\Psi\cup\{\psi\}$的模型，这与我们的假设矛盾！因此，

$$\Phi\cup\{\theta,\psi\}\in\mathbf{CON}'$$

成立。其他两种情况可用同样的方法证明。

4. 析取保持性成立

对所有的θ,ψ和Φ并且$\Phi\in\mathbf{CON}'$，如果

$$(\theta\vee\psi)\in\Phi\in\mathbf{CON}',$$

并且假设

$$\Phi\cup\{\theta\}\notin\mathbf{CON}'\text{并且}\Phi\cup\{\psi\}\notin\mathbf{CON}',$$

那么存在Φ的两个有穷子集Ψ_1和Ψ_2使得

$$\Psi_1\cup\{\theta\}\text{和}\Psi_2\cup\{\psi\}$$

都没有模型。令

$$\Psi=\Psi_1\cup\Psi_2,$$

由此可得：

$$\Psi\cup\{\theta\}\text{和}\Psi\cup\{\psi\}$$

都没有模型。但是，

$$\Psi \cup \{\theta \vee \psi\}$$

是Φ的一个有穷子集，因此，

$$\Psi \cup \{\theta \vee \psi\}$$

有一个模型ν。这个赋值是Ψ的模型并且是θ或ψ之一的模型，这与我们的假设矛盾！因此，

$$\Phi \cup \{\theta\} \in \mathbf{CON}' \text{或者} \Phi \cup \{\psi\} \in \mathbf{CON}'$$

成立。

用同样的方法可以证明否定的保持性成立。

1-16 定理（紧致性）　每个有穷可满足的公式集是可满足的。即：令Φ是任意的公式集，如果Φ的每个有穷子集都是可满足的，则Φ也是可满足的。

证明

假设Φ的任意有穷子集都是可满足的。如果Φ是不可满足的，则由定理 1-13 可得：Φ是不一致的。由此可得：Φ有一个有穷子集Φ_0是不一致的。再由定理 1-13 可得：Φ_0是不可满足的，此与假设矛盾！

1.5　练习

练习 1　构造形式推理。

（1）用逻辑公理(k)和(s)、推理规则(MP)以及 1-6 例中的例 1 和例 2，演绎出下面的三个公式。

$\vdash (\theta\to(\psi\to\phi))\to(\psi\to(\theta\to\phi))$　　(*3)

$\vdash (\theta\to\psi)\to((\psi\to\phi)\to(\theta\to\phi))$　　(*4)

$\vdash (\theta\to(\theta\to\psi))\to(\theta\to\psi)$　　(*5)

（2）运用演绎定理，证明上面三个公式和 1-6 例中的两个公式。

练习 2　设 **P**,**Q** 和 **R** 是三个有穷的、两两不相交的变项的集合。令ϕ是从 $\mathbf{P}\cup\mathbf{Q}$ 建立的一个公式，并且令ψ是从 $\mathbf{Q}\cup\mathbf{R}$ 建立的一个公式。假设

$$\phi\to\psi$$

是一个重言式。

令$\prod$和Σ分别为如下所有指派的集合

$$\mathbf{P}\longrightarrow 2\quad,\ \mathbf{R}\longrightarrow 2,$$

这里 2 是真值对象。注意$\prod$和Σ是有穷的。对每个$\pi\in\prod$并且$\sigma\in\Sigma$，令

$$\phi^{\pi}，\psi^{\sigma}$$

是由π(P)替换每个 P∈**P** 并且由σ(R)替换每个 R∈**R** 的结果。令

$$\lambda=\bigvee\{\phi^{\pi}|\pi\in\prod\}，\rho=\bigwedge\{\psi^{\sigma}|\sigma\in\sum\}$$

这样的话λ和ρ只依赖于 **Q**。

（1）证明

$$\phi\to\lambda，\lambda\to\rho，\rho\to\psi$$

是重言式。

（2）证明：对每个从 **Q** 建立的公式θ，如果

$$\phi\to\theta，\theta\to\psi$$

两个都是重言式，那么

$$\lambda\to\theta，\theta\to\rho$$

也是重言式。

这些为命题逻辑提供了一个内插结果。

第二章

基本模态语言

2.1　引言

在命题逻辑中，我们使用的算子都是真值函项算子。然而在模态逻辑中，我们除了使用真值函项算子，还将使用与非真值函项算子有关的一系列概念。为了表达这些概念，我们将在上一章命题语言的基础上，增加一些新的算子，但是这些新的算子不再是真值函项算子。

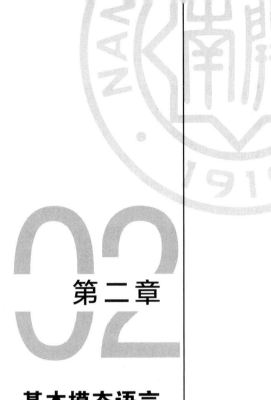

我们首先加到命题语言上的一个新的一元算子是□，它满足规则：如果 P 是一个命题变项，那么□P 是一个合式公式。我们称□是“必然的”算子。这个概念还可以用自然语言中的其他词或词组表示。例如，“当然的”“必须的”“必定的”等。“必然的”被称为一个模态概念。必然算子不是一个真值函项算子，即：P 本身的真值不能确定□P 的真值。因此，我们不能利用命题语言中算子的组合来定义□，而是把它作为一个初始符号来介绍。而□P 被读作“必然 P”。如：“解决台湾问题、实现祖国统一是实现中华民族伟大复兴的必然要求”就可

以表示为□P，其中 P 表示“解决台湾问题、实现祖国统一是实现中华民族伟大复兴的要求”。

与□平行的另一个一元非真值函项算子是“可能的”，我们用◇表示它，◇P 被读作“可能 P”。如果在我们的逻辑语言中已经有□，那么我们就不需要把◇也作为一个新的初始符号。因为说 P 是可能的等价于说非 P 不是必然的，所以对于任意的合式公式 P，我们可以把◇P 定义为¬□¬P。然而对□的每一种解释，例如：如果□P 表示道德义务的 P，那么◇P 表示道德允许的 P；如果□P 意味着将总是 P，那么◇P 将意味着有时是 P；等等。如果我们选择◇作为初始符号，那么□可以被定义为¬◇¬，无论取□还是取◇作为初始符号，结果都是一样的。在本书中，我们将取□作为初始符号而◇作为被定义的符号。

在模态逻辑的发展中，1930 年 Becker 开始用 *M* 表示可能性算子，1937 年 Feys 在他的文章中开始用 *L* 表示必然性算子。现在，用□替代 *L* 应归于 F.B.Fitch 并且它第一次出现在 1946 年 Barcan 的文章中；用◇替代 *M* 始于 1932 年 Lewis 和 Langford。

2.2 基本模态语言

模态命题语言$\mathcal{L}_M$满足：

$$\mathcal{L}_M=\mathcal{L}_0\cup\{\Box\}。$$

模态命题公式按照下面的方式构造。

2-1 定义 模态命题语言$\mathcal{L}_M$的公式可递归地使用如下条款得到。

1. 原子公式

每个命题变项 P∈Var 和常项⊤与⊥都是一个公式。

2. 命题公式

如果θ,ψ,ϕ是公式，那么下面的每一种形式都是公式。

$$\neg\phi,(\theta\wedge\psi),(\theta\vee\psi),(\theta\to\psi)$$

3. 模态公式

对任意的公式θ，如下的形式是公式。

$$\Box\theta$$

令 Form($\mathcal{L}_M$)是所有公式的集合。为方便起见，也记作 Form。

2-2 定义　令$\theta \in \text{Form}$，那么

$$\Diamond\theta =_{df} \neg\Box\neg\theta$$

一个公式最外层的括号可以省略。

显然，每一个命题公式也是一个模态公式。但$\Box p \to p$和$\Box(p \to q) \to (\Box p \to \Box q)$是模态公式而不是命题公式。

2.3　模态公式 K，D 和 T

模态公式 K

$$\Box(\theta \to \phi) \to (\Box\theta \to \Box\phi)$$

模态公式 T

$$\Box\theta \to \theta$$

模态公式 T 被认为表达了必然性的基本性质，因此被称为必然性公理。

模态公式 D

$$\Box\theta \to \Diamond\theta$$

以模态公式 D 和命题逻辑系统的重言式为公理建立的系统直观上来自道义逻辑。如果将$\Box P$解释为 P 是应该的，那么$\Diamond P$解释为 P 是允许的。因此，$\Box\theta \to \Diamond\theta$就意味着应该的至少是允许的。$\Box$的这个解释被称作道义解释，基于这个原因，$\Box\theta \to \Diamond\theta$才被称作 D，它是 Lemmom 和 Scott1977 年命名的。

2.4　模态公式 4，5 和 B

模态公式 4

$$\Box\theta \to \Box\Box\theta$$

模态公式 5

$$\Diamond\theta \to \Box\Diamond\theta$$

模态公式 B

$$\theta \to \Box\Diamond\theta$$

模态公式 B 被称为布劳维尔（Brouwerian）公理。

2.5 模态逻辑 K，D 和 T

1. 模态逻辑 K

（1）**K** 的公理模式。

(k) $\phi\to(\theta\to\phi)$

(s) $(\theta\to(\psi\to\phi))\to((\theta\to\psi)\to(\theta\to\phi))$

(¬) $(\neg\theta\to\psi)\to((\neg\theta\to\neg\psi)\to\theta)$

K $\Box(\theta\to\phi)\to(\Box\theta\to\Box\phi)$

其中，公理(k)和(s)以及(¬)是第一章命题逻辑的公理。

（2）**K** 的推理规则。

MP（分离规则）：如果θ是定理并且$\theta\to\phi$也是定理，那么ϕ也是定理。

N（必然化规则）：如果θ是定理，那么$\Box\theta$也是定理。

（3）**K** 的定理及证明。

将第一章定义 1-5 等概念适当扩充可以得到模态逻辑中逻辑后承等概念。因此，我们可以证明 **K** 有下面的定理。

Th$_K$ 1 $\vdash\Box(\theta\wedge\phi)\to(\Box\theta\wedge\Box\phi)$

证明

① $(\theta\wedge\phi)\to\theta$ (命题逻辑的定理)

② $\Box((\theta\wedge\phi)\to\theta)$ (①N)

③ $\Box((\theta\wedge\phi)\to\theta)\to(\Box(\theta\wedge\phi)\to\Box\theta)$ (K)

④ $\Box(\theta\wedge\phi)\to\Box\theta$ (②③MP)

⑤ $(\theta\wedge\phi)\to\phi$ (命题逻辑的定理)

⑥ $\Box((\theta\wedge\phi)\to\phi)$ (⑤N)

⑦ $\Box((\theta\wedge\phi)\to\phi)\to(\Box(\theta\wedge\phi)\to\Box\phi)$ (K)

⑧ $\Box(\theta\wedge\phi)\to\Box\phi$ (⑥⑦MP)

⑨ $(\Box(\theta\wedge\phi)\to\Box\theta)\to((\Box(\theta\wedge\phi)\to\Box\phi)\to(\Box(\theta\wedge\phi)\to(\Box\theta\wedge\Box\phi)))$ (**K** 的定理)

⑩ $\Box(\theta\wedge\phi)\to(\Box\theta\wedge\Box\phi)$ (④⑧⑨MP)

Th$_K$ 2 $\vdash(\Box\theta\wedge\Box\phi)\to\Box(\theta\wedge\phi)$

证明

① $\theta\to(\phi\to\theta\wedge\phi)$ (命题逻辑的定理)

② $\Box(\theta\to(\phi\to\theta\wedge\phi))$ (①N)

③ $\Box(\theta\to(\phi\to\theta\wedge\phi))\to(\Box\theta\to\Box(\phi\to\theta\wedge\phi))$ (K)

④ $\Box\theta\to\Box(\phi\to\theta\wedge\phi)$ (②③MP)

⑤ $\Box(B\to\theta\wedge\phi)\to(\Box\phi\to\Box(\theta\wedge\phi))$ (K)

⑥ $\Box\theta\to(\Box\phi\to\Box(\theta\wedge\phi))$ (④⑤MP)

⑦ $(\Box\theta\to(\Box\phi\to\Box(\theta\wedge\phi))\to(\Box\theta\wedge\Box\phi\to\Box(\theta\wedge\phi))$ (**K** 的定理)

⑧ $\Box\theta\wedge\Box\phi\to\Box(\theta\wedge\phi)$ (⑥⑦MP)

Th$_K$ 2 是 **Th$_K$ 1** 的逆，反之，**Th$_K$ 1** 也是 **Th$_K$ 2** 的逆。

第二章

2. 模态逻辑 D

（1）**D** 的形成。

模态逻辑 **D** 是在模态逻辑 **K** 的基础上增加模态公式 D 得到的。即：

D=K+D。

（2）**D** 的定理及证明。

Th$_D$ 1　$\vdash\Diamond(\theta\to\theta)$

证明

① $\theta\to\theta$ (命题逻辑的定理)

② $\Box(\theta\to\theta)$ (①N)

③ $\Box(\theta\to\theta)\to\Diamond(\theta\to\theta)$ (D)

④ $\Diamond(\theta\to\theta)$ (②③MP)

Th$_D$ 2　$\vdash\Diamond\theta\vee\Diamond\neg\theta$

证明

① $\theta\vee\neg\theta$ (命题逻辑的定理)

② $\Box(\theta\vee\neg\theta)$ (①N)

③ $\Box(\theta\vee\neg\theta)\to\Diamond(\theta\vee\neg\theta)$ (D)

④ $\Diamond(\theta\vee\neg\theta)$ (②③MP)

⑤ $\Diamond(\theta\vee\neg\theta)\to(\Diamond\theta\vee\Diamond\neg\theta)$ (K 的定理)

④ $\Diamond\theta\vee\Diamond\neg\theta$ (④⑤MP)

3. 模态逻辑 T

（1）**T** 的形成。

模态逻辑 **T** 是在模态逻辑 **K** 的基础上增加模态公式 T 得到的。即：

T=K+T。

这个逻辑系统在模态逻辑的发展中有着较长的历史。模态逻辑 **T** 是 Feys 在 Gödel 1933 年的一个系统上去掉了一个公理得到的，并在他 1937 年的文章中将这个系统记作 t。1953 年 Sobociński 第一次将这个系统记作 **T**，并证明了这个系统等价于 1951 年 von Wright 的系统 **M**。

（2）**T** 的定理及证明。

Th_T 1　⊢ θ→◇θ

证明

① □¬θ→¬θ　(T)

② (□¬θ→¬θ)→(¬¬θ→¬□¬θ)　(由 **PC** 定理得)

③ ¬¬θ→¬□¬θ　(①②MP)

④ θ→¬¬θ　(**PC** 的定理)

⑤ θ→¬□¬θ　(由③④和 **PC** 定理得)

⑥ θ→◇θ　(⑤◇的定义)

Th_T 2　⊢ ◇(θ→□θ)

证明

① □θ→◇□θ　(**Th_T1**)

② (□θ→◇□θ)↔◇(θ→□θ)　(**K** 的定理)

③ ((□θ→◇□θ)↔◇(θ→□θ))→((□θ→◇□θ)→◇(θ→□θ))

(由 **PC** 定理得)

④ (□θ→◇□θ)→ ◇(θ→□θ)　(②③MP)

⑤ ◇(θ→□θ)　(①④MP)

2.6　模态逻辑 S4，S5 和 B

1. 模态逻辑 S4

（1）**S4** 的形成。

模态逻辑 **S4** 是在模态逻辑 **T** 的基础上增加模态公式 4 得到的。即：

S4=**T**+4=**K**+T+4。

（2）**S4** 的定理及证明。

Th_{S4} 1　⊢ ◇◇θ→◇θ

证明

① □¬θ→□□¬θ　(4)

② ¬◇θ→¬◇◇θ　(①和 **K** 的定理得)

③ (¬◇θ→¬◇◇θ)→(¬¬◇◇θ→¬¬◇θ)　(由 **S4** 的定理得)

④ $\neg\neg\Diamond\Diamond\theta\rightarrow\neg\neg\Diamond\theta$ （②③MP）

⑤ $\Diamond\Diamond\theta\rightarrow\Diamond\theta$ （④由 **S4** 的定理得）

$\mathbf{Th_{S4}}$ 2　$\vdash\Box\theta\leftrightarrow\Box\Box\theta$

证明

① $\Box\Box\theta\rightarrow\Box\theta$ (T)

② $\Box\theta\rightarrow\Box\Box\theta$ (4)

③ $(\Box\Box\theta\rightarrow\Box\theta)\rightarrow((\Box\theta\rightarrow\Box\Box\theta)\rightarrow(\Box\theta\leftrightarrow\Box\Box\theta))$ （由 **S4** 的定理得）

④ $\Box\theta\leftrightarrow\Box\Box\theta$ （①②③MP）

$\mathbf{Th_{S4}}$ 3　$\vdash\Diamond\theta\leftrightarrow\Diamond\Diamond\theta$

证明

① $\Diamond\theta\rightarrow\Diamond\Diamond\theta$ （**$\mathbf{Th_T}$1**）

② $\Diamond\Diamond\theta\rightarrow\Diamond\theta$ （**$\mathbf{Th_{S4}}$1**）

③ $(\Diamond\theta\rightarrow\Diamond\Diamond\theta)\rightarrow((\Diamond\Diamond\theta\rightarrow\Diamond\theta)\rightarrow(\Diamond\theta\leftrightarrow\Diamond\Diamond\theta))$ （由 **S4** 的定理得）

④ $\Diamond\theta\leftrightarrow\Diamond\Diamond\theta$ （①②③MP）

2. 模态逻辑 S5

（1）**S5** 的形成。

模态逻辑 **S5** 是在模态逻辑 **T** 的基础上增加模态公式 5 得到的。即：

$$\mathbf{S5}=\mathbf{T}+5=\mathbf{K}+\mathrm{T}+5。$$

（2）**S5** 的定理及证明。

$\mathbf{Th_{S5}}$ 1　$\vdash\Diamond\theta\leftrightarrow\Box\Diamond\theta$

$\mathbf{Th_{S5}}$ 2　$\vdash\Diamond\Box\theta\rightarrow\Box\theta$

$\mathbf{Th_{S5}}$ 3　$\vdash\Box\theta\leftrightarrow\Diamond\Box\theta$

S5 的以上三个定理可以用与证明 **$\mathbf{Th_{S4}}$1—$\mathbf{Th_{S4}}$3** 相同的方法证明，这些证明留给读者完成。

S4 的公理 4 不是 **S5** 的公理，但我们现在可以证明它是 **S5** 的一个定理。

$\mathbf{Th_{S5}}$ 4　$\vdash\theta\rightarrow\Box\Box\theta$，即：$\vdash 4$。

证明

① $\Box\theta\rightarrow\Diamond\Box\theta$ （**$\mathbf{Th_T}$1**）

② $\Diamond\Box\theta\leftrightarrow\Box\Diamond\Box\theta$ （**$\mathbf{Th_{S5}}$2**）

③ $\Box\theta\rightarrow\Box\Diamond\Box\theta$ （①②，由 **S5** 的定理得）

④ $\Box\Diamond\theta\rightarrow\Box\Box\theta$ （③**$\mathbf{Th_{S5}}$**3 以及 **S5** 的定理得）

3. 模态逻辑 B

（1）**B** 的形成。

模态逻辑 **B** 是在系统 **T** 的基础上增加模态公式 B 得到的。即：

$$\mathbf{B}=\mathbf{T}+\mathrm{B}=\mathbf{K}+\mathrm{T}+\mathrm{B}。$$

由于模态公式 B 被称为布劳维尔公理，因此 **B** 被称为布劳维尔模态逻辑。

（2）**B** 的定理及证明。

Th$_B$ 1 $\vdash (\Diamond\Box\theta\wedge\Diamond\Box\phi)\rightarrow\Box\Diamond(\theta\wedge\phi)$

Th$_B$ 2 $\vdash \Diamond\Box\theta\rightarrow\Box\Diamond\theta$

以上两个定理的证明留给读者完成。

2.7 练习

练习 1 证明 **S5** 有如下的定理。

Th$_{S5}$ 1 $\vdash \Diamond\theta\leftrightarrow\Box\Diamond\theta$

Th$_{S5}$ 2 $\vdash \Diamond\Box\theta\rightarrow\Box\theta$

Th$_{S5}$ 3 $\vdash \Box\theta\leftrightarrow\Diamond\Box\theta$

练习 2 证明 **B** 有如下的定理。

Th$_B$ 1 $\vdash \Diamond\Box\theta\rightarrow\theta$

Th$_B$ 2 $\vdash\Diamond(\Box\theta\wedge\phi)\rightarrow\theta$

第三章

多模态语言

多模态语言是在命题语言的基础上增加一组新的一元联结词[i]（$i \in I$，简单地称作框联结词）而形成的一种命题语言的扩展。在基本模态语言中，只有一个新的一元联结词□，但是出于某些目的，我们必须增加一些（可能是无穷多个）像[i]这样的联结词，使得对标号集 I 中的每一个指标（或者标号或者元素）i 都有一个联结词[i]。因此，每一个标号集 I，可能对应着许多模态词。我们所设计的与模态语言相关的语法、语义和形式系统也包含命题语言中的相应内容。实际上，命题逻辑可以看作当 $I=\varnothing$时模态逻辑的一种特殊情况。当 $I=\{1\}$时，可以得到模态逻辑 **K**、**D** 和 **T** 等。此时，$I=\{1\}$，[1]简记作□。

I 的元素 i 被称为标号，I 被称为模态语言的标号集。因此，如果两种语言有相同的标号集，那么它们是相同的。由于我们不需要考虑怎样将一种语言转化为另一种语言，因此我们不需要比较标号集。

与命题逻辑联结词$\neg, \to, \wedge$和$\vee$不同，框联结词[i]没有固定的解释。对于每一个模态公式ϕ，我们可以使用[i]得到一个新公式

$$[i]\phi,$$

这个公式有几种读法并且不同的读法表示不同的语义和形式系统。

在模态逻辑最初的工作中，即基本模态逻辑中，只有一个框联结词（即：I={1}一个单元素集）并且模态公式□ϕ有不同的读法。如：

ϕ是必要的，

ϕ是义不容辞的，

ϕ是已知的，

ϕ是可证的（在某个形式系统中）。

在模态逻辑的一种二元翻译——时态逻辑中有两个标号，记作

+（将来）和 –（过去）

并把

[+]ϕ和[–]ϕ

分别读作

ϕ是并且将来总是……和ϕ是并且过去总是……。

从这两种读法中，显然可以看出，[+]和[–]可以作为时间上的全称量词。

目前，模态语言已被用于分析计算机程序和（有穷）自动控制的状态转移行为等方面，这一应用过程要求模态语言有许多不同的标号。

对于上面的每一种读法，还有一种与此对偶的读法。因此，在单（基本）模态的情况下，我们有

ϕ是可能的，

ϕ是允许的，

¬ϕ是不知道的，

ϕ是相容的（在某个形式系统中）。

在二元模态——时态的情况中，我们有

ϕ将来是（将来至少一次），

ϕ过去是（过去至少一次）。

为了掌握这些读法，令

<i>ϕ是¬[i]¬ϕ的缩写，

那么我们可以验证[i]ϕ的每一种读法通过对偶都能产生<i>ϕ的一种读法。因此，<i>ϕ的所有性质（这里，<i>ϕ简读作菱形 i,ϕ）都能从[i]ϕ的性质中推出。因此在本书中，<i>被看作一种缩写。

另外，上面的那些读法还表明：在联结词[i]和量词∀以及联结词<i>和量词∃之间有一种非常类似的关系。这种关系将在第五章中（当我们描述[i]和<i>的语义时）被严格定义。

3.1　多模态语言

令 I 是某个固定的标号集。具有这种标号集的模态语言的初始符号包括：

1. 命题变项和常项

一个固定的可数命题变项的集合 Var，Var 中的元素是 $P, P_1, P_2, \ldots$ 以及常项⊤和⊥。

2. 命题联结词

$$\neg, \wedge, \vee, \rightarrow$$

其中，¬是一元联结词，∧、∨和→都是二元联结词。

3. 框联结词

$$[i]$$

其中，每一个标号 $i \in I$。

4. 标点符号

"(" 和 ")"

其中，"(" 是左括号，")" 是右括号。

该语言的公式可以用下面的方法构造出。

3-1 定义　具有标号集 I 的模态语言的公式可以用下面的条款递归得到。

1. 原子公式

每个命题变项 $P \in Var$ 和每个常项⊤与⊥都是一个公式。

2. 命题联结词构成的公式

对所有公式θ,ψ,ϕ，

$$\neg\phi, (\theta \wedge \psi), (\theta \vee \psi), (\theta \rightarrow \psi)$$

都是公式。

3. 模态公式

对每一个公式ϕ和标号 $i \in I$，

$$[i]\phi$$

是一个公式。

令 Form 是如上定义的所有模态公式的集合。

注意：Var的大小没有特殊的规定。但我们通常把Var看作可数无穷集。然而对于某些问题（如：可判定问题），我们可以把Var看作有穷集。我们甚至可以取Var=∅。例如，在对并发程序的分析中。Var是不可数无穷的，在某些情况下也是有意义的。

3.2 一些特殊的模态公式

在模态逻辑中，有几个特殊的公式（或者更确切地说是公式的形状）起着重要的作用。对于这样的公式，我们在第二章中列举了一些。现在，我们把这样的公式放在一起讨论。

首先，有些公式仅有一个标号。在这种情况下，我们省略这个标号并且把

$[i]\phi$写成$\Box\phi$，$\langle i\rangle\phi$写成$\Diamond\phi$。

在下面的公式中，大多数公式是由于历史的原因而命名的（但现在意义已经不大）。因此，对于一个任意的公式ϕ，令

$$D(\phi),T(\phi),\ldots,M(\phi)$$

是如下的公式：

$D(\phi)$：$\Box\phi\to\Diamond\phi$

$T(\phi)$：$\Box\phi\to\phi$

$4(\phi)$：$\Box\phi\to\Box\Box\phi$

$5(\phi)$：$\Diamond\phi\to\Box\Diamond\phi$

$B(\phi)$：$\phi\to\Box\Diamond\phi$

$P(\phi)$：$\phi\to\Box\phi$

$Q(\phi)$：$\Diamond\phi\to\Box\Box\phi$

$R(\phi)$：$\Box\Box\phi\to\Box\phi$

$G(\phi)$：$\Diamond\Box\phi\to\Box\Diamond\phi$

$L(\phi)$：$\Box T(\phi)\to\Box\phi$

$M(\phi)$：$\Box\Diamond\phi\to\Diamond\Box\phi$

如果我们使用两个或者更多的标号，那么我们就能得到大量的公式。例如，D,5,B 和 G 的推广形式如下：

$$[i]\phi \to \langle j\rangle\phi$$

$$\langle i\rangle\phi \to [j]\langle i\rangle\phi$$

$$\phi \to [i]\langle i\rangle\phi$$

$$\langle i\rangle[j]\phi \to [k]\langle l\rangle\phi$$

其他各种形式在不同的场合中也是重要的。特别是当我们考虑某些特殊应用的情况时，有些形式起着关键的作用。不过，这里我们不再一一列举。

3.3　代入

代入是形式语言的一个重要方面。表面上看，它很容易理解，但它也有许多缺陷，而这些缺陷往往为大多数人所忽略。问题往往出现在自由变项和约束变项二者之间。

现在考虑由命题变项 $P_1,\ldots,P_n$ 构成的公式ϕ，即：在ϕ中出现的命题变项都在 $P_1,\ldots,P_n$ 中。假设$\pi_1,\ldots,\pi_n$是分别与命题变项 $P_1,\ldots,P_n$ 匹配的公式。现在，我们将ϕ中的命题变项 $P_1,\ldots,P_n$ 分别用公式$\pi_1,\ldots,\pi_n$代入，即：同时用π_1替换 P_1，π_2替换 P_2，……π_n替换 P_n。替换后的公式我们记作

$$\phi(P_1=\pi_1,\ldots,P_n=\pi_n)。$$

例如，令 P 和 P_1 是不同的变项，令公式ψ是

$$(P\rightarrow P_1),$$

那么，用公式α和β分别代入 P 和 P_1 的结果是

$$\psi(P=\alpha,P_1=\beta)=(\alpha\rightarrow\beta)。$$

但是，在这个简单的例子中也存在问题。因为，如果α和β分别也包含 P 和 P_1，那么我们怎么代入？需要重复代入吗？我们应该知道

$$\psi(P=(P_1\rightarrow P),P_1=P)$$

和

$$\psi(P=(P_1\rightarrow P),P_1=P_1)(P=P,P_1=P)$$

的代入结果分别是

$$((P_1\rightarrow P)\rightarrow P)\text{和}((P\rightarrow P)\rightarrow P)。$$

关于代入，有几种不同的定义方式。我们用类似于一个赋值（第五章）的应用来描述代入。

3-2 定义　一个代入是一个函数

$$\sigma\text{：}Var\longrightarrow Form。$$

令 Sub 是所有这样代入的集合。

由定义 3-2，一个代入σ就是给每一个命题变项 P 指派一个公式$\sigma(P)$。我们

可以用$\sigma(P)$替代出现在ϕ中的每一个命题变项 P，从而使用σ来改变任意的公式ϕ。这个替代必须同时作用于ϕ的所有命题变项，并用ϕ^σ表示对ϕ应用代入σ。

例如，如果

$$\sigma(P)=\alpha，\sigma(P_1)=\beta，$$

那么

$$(P\to P_1)^\sigma：(\alpha\to\beta)。$$

这种构造由下面的形式定义产生一种运算

$$\text{Form}\times\text{Sub} \longrightarrow \text{Form}$$
$$(\phi,\sigma) \mapsto \phi^\sigma。$$

3-3 定义 令$\sigma\in\text{Sub}$，对每个公式ϕ，代入ϕ^σ通过在ϕ上使用下面的规则递归定义。

1. 常项

对于个体常项$\top$和$\bot$，

$$\top^\sigma=\top，\bot^\sigma=\bot。$$

2. 命题变项

对每一个命题变项 P，

$$P^\sigma=\sigma(P)。$$

3. 逻辑联结词

$\neg$对每个公式$\phi=\neg\theta$，

$$(\neg\theta)^\sigma=\neg\theta^\sigma。$$

$\wedge,\vee,\to$对每个公式θ和ψ，

$$(\theta\wedge\psi)^\sigma=(\theta^\sigma\wedge\psi^\sigma)，$$
$$(\theta\vee\psi)^\sigma=(\theta^\sigma\vee\psi^\sigma)，$$
$$(\theta\to\psi)^\sigma=(\theta^\sigma\to\psi^\sigma)。$$

4. 框联结词[i]

对每个标号 i 和公式ϕ

$$([i]\phi)^\sigma=[i]\phi^\sigma。$$

3-4 例 令σ和τ是一对代入，并且对一个给定的公式ϕ中出现的命题变项代入相同，证明：$\phi^\sigma=\phi^\tau$。

证明

施归纳于ϕ的复杂度。当ϕ是常项$\top$和$\bot$时，结论显然成立。下面考虑

（1）当$\phi=P$时，已知$\sigma(P)=\tau(P)$，即：$\phi^\sigma=\phi^\tau$。

（2）当$\phi=\neg\alpha$时，由归纳假设$\alpha^\sigma=\alpha^\tau$，所以$\neg\alpha^\sigma=\neg\alpha^\tau$。由定义 3-3 可得：

$$(\neg\alpha)^\sigma=\neg\alpha^\sigma=\neg\alpha^\tau=(\neg\alpha)^\tau\text{，即：}\phi^\sigma=\phi^\tau\text{。}$$

（3）当$\phi=\alpha\wedge\beta$时，由归纳假设$\alpha^\sigma=\alpha^\tau$和$\beta^\sigma=\beta^\tau$可得：$\alpha^\sigma\wedge\beta^\sigma=\alpha^\tau\wedge\beta^\tau$。由定义 3-3 可得：

$$(\alpha\wedge\beta)^\sigma=\alpha^\sigma\wedge\beta^\sigma=\alpha^\tau\wedge\beta^\tau=(\alpha\wedge\beta)^\tau\text{，即：}\phi^\sigma=\phi^\tau\text{。}$$

（4）当$\phi=\alpha\vee\beta$时，由归纳假设$\alpha^\sigma=\alpha^\tau$和$\beta^\sigma=\beta^\tau$可得：$\alpha^\sigma\vee\beta^\sigma=\alpha^\tau\vee\beta^\tau$。由定义 3-3 可得：

$$(\alpha\vee\beta)^\sigma=\alpha^\sigma\vee\beta^\sigma=\alpha^\tau\vee\beta^\tau=(\alpha\vee\beta)^\tau\text{，即：}\phi^\sigma=\phi^\tau\text{。}$$

（5）当$\phi=\alpha\to\beta$时，由归纳假设$\alpha^\sigma=\alpha^\tau$和$\beta^\sigma=\beta^\tau$可得：$\alpha^\sigma\to\beta^\sigma=\alpha^\tau\to\beta^\tau$。由定义 3-3 可得：

$$(\alpha\to\beta)^\sigma=\alpha^\sigma\to\beta^\sigma=\alpha^\tau\to\beta^\tau=(\alpha\to\beta)^\tau\text{，即：}\phi^\sigma=\phi^\tau\text{。}$$

（6）当$\phi=[i]\alpha$时，由归纳假设$\alpha^\sigma=\alpha^\tau$，所以$[i]\alpha^\sigma=[i]\alpha^\tau$。由定义 3-3 可得：

$$([i]\alpha)^\sigma=[i]\alpha^\sigma=[i]\alpha^\tau=([i]\alpha)^\tau\text{，即：}\phi^\sigma=\phi^\tau\text{。}$$

3.4　子公式

每一种模态语言都有无模态部分，它由不使用[i]（或<i>）的符号所构造的全体公式组成。这些公式是我们在第一章所讲的（无模态词的）命题语言的公式。在这些无模态词的公式中，我们得到了重言式（在所有的 2-赋值下，值均为真的那些公式）。

给定一个无模态词的公式ϕ和一个代入σ，我们对ϕ应用代入σ可得到一个模态公式ϕ^σ，显然，该公式就不再是无模态词的公式了。当ϕ是一个重言式时，我们说ϕ^σ是这个重言式的一个特例，或者有时更宽范地讲，它是一个重言式。当我们处理模态公式的语义时（在第五章中），我们将看到这些广义重言式在所有的模态语义情景下都成立。

由于公式是根据它们的复杂度递归生成的，有关它们的许多证明可施归纳于公式的复杂度归纳进行。对某些证明来说，如下定义的ϕ的子公式集$\Gamma(\phi)$的概念是有用的。

3-5　定义　公式ϕ的子公式集$\Gamma(\phi)$定义如下：

1. 常项

对于常项，

$$\Gamma(\top)=\{\top\}，\Gamma(\bot)=\{\bot\}。$$

2. 命题变项

对于每一个命题变项 P，

$$\Gamma(P)=\{P\}。$$

3. 逻辑联结词

¬对于每个公式$\phi=\neg\theta$，

$$\Gamma(\neg\theta)=\Gamma(\theta)\cup\{\neg\theta\}。$$

∧,∨,→对于每个公式$\phi=\theta*\psi$，

$$\Gamma(\theta*\psi)=\Gamma(\theta)\cup\Gamma(\psi)\cup\{\theta*\psi\}，$$

这里的$*$是二元联结词∧,∨,→。

4. 框联结词[i]

对于每个标号 i 和公式$\phi=[i]\theta$，

$$\Gamma(\phi)=\Gamma(\theta)\cup\{\phi\}。$$

特别是对所有的ϕ，$\phi\in\Gamma(\phi)$。

3.5 练习

练习 1 对于一个给定的命题变项 P，考虑下面四个公式

$$\phi_1:=P，\phi_2:=\neg P，\phi_3:=\neg P\to P，\phi_4:=P\to\neg P。$$

计算$\phi_i(P:=\phi_j)$，所有的$1\leqslant i,j\leqslant 4$。

练习 2 对不同的命题变项 P 和 P_1，令

$$\theta=P，\psi=P_1，\phi=P\to P_1。$$

对任意的公式ρ和σ，计算

(1)$\phi(P=\psi, P_1=\theta)(P_1=\rho,P=\sigma)$；

(2)$\phi(P=\psi(P_1=\rho,P=\sigma), P_1=\theta(P_1=\rho,P=\sigma))$。

练习 3 对代入σ和τ，令$\tau\bullet\sigma$是满足如下条件的代入：对所有的命题变项 P，

$$(\tau\bullet\sigma)(P)=(\sigma(P))^{\tau}$$

（1）证明：对所有的公式ϕ，下面的式子成立。

$$(\phi^{\sigma})^{\tau}=\phi^{\tau\bullet\sigma}$$

（2）证明：对所有的代入ρ,σ,τ，下面的式子成立。

$$(\tau\bullet\sigma)\bullet\rho=\tau\bullet(\sigma\bullet\rho)$$

第四章

加标转移结构

本书的主要概念是加标转移结构或者简单地说只是一个结构。这些结构是用来支持多模态语言的标准语义学的关系结构。这些结构的单模态形式被称为克里普克结构或框架。把结构的概念引入到模态逻辑中大概是在 1960 年。这个概念的引入，使很多问题得到澄清，并且带来了丰富的成果，促进了模态逻辑的快速发展。

然而这些结构不仅仅是分析模态逻辑的工具，它们也很自然地应用于数学、计算机科学等众多的领域。例如，偏序、等价关系、图形、自动化、程序代数等都含有转移结构的例子。因此，转移结构是模态逻辑中头等重要的概念。

4.1 加标转移结构

4-1 定义 令 I 是一个非空集，标号集 I 的一个加标转移结构是一个如下的关系结构

$$\mathcal{A}=(A, \mathbf{A})$$

这里，A 是一个非空集并称它为$\mathcal{A}$的基础集，其中

$$\mathbf{A}=(\xrightarrow{i} | i\in I)$$

是 A 上的二元关系 $\xrightarrow{i}$ 的一个 I-标号簇。

为了方便，我们有时也把加标转移结构称作结构。

对于结构$\mathcal{A}$中的元素 a 和 b，即：a,b∈A，而

$$a \xrightarrow{i} b$$

表示 a 和 b 具有关系 $\xrightarrow{i}$ 。在这种情况下，有时也记作

$$b \prec_i a。$$

在只有一种关系的情况下，我们将去掉附加的标号 i，简记为

$$a \longrightarrow b \text{ 或者 } b \prec a \qquad \textbf{式 4-1}$$

特别是在单模态逻辑中我们使用这种记法，即：标号集 I 是一个单元集，亦即：I 只有一个标号。在这种情况下有时把结构称为框架，A 中的元素被称为可能世界，并且 A 上的关系被称作可及关系。当式 4-1 成立时，我们说从世界 a 到世界 b 是可及的，或者 a 能够通达 b。

通常，我们还可以把加标转移结构看作是一种可能状态的描述或者机器的构造，其中每一个元素对应于机器的一种状态，每一个标号对应于一个作用在机器上的可能的外部影响。把

$$a \xrightarrow{i} b$$

看作：当机器处于状态 a 时，外部影响 i 的一个可能产生的结果是把状态 a 转变到状态 b。注意：影响 i 作用在状态 a 上产生的结果可能并不唯一。也就是说，可能产生不同的状态 b 和 c，如：

$$a \xrightarrow{i} b \text{ , } a \xrightarrow{i} c$$

在这种情况下，影响 i 将以不确定的方式，使机器从状态 a 转移到状态 b，或者从状态 a 转移到状态 c 或者转移到其他可能的状态。如果该机器不是这种情况，那么我们就有一台确定的机器。

4-2 定义　令$\mathcal{A}$=(A, **A**)是一个结构，如果对于所有的 a,x,y∈A，都有

$$a \xrightarrow{i} x \text{ 并且 } a \xrightarrow{i} y \quad \Rightarrow \quad x=y$$

则称结构$\mathcal{A}$（对一个标号 i 而言）是 i-确定的。

如果对所有的标号 i 来说，该结构都是 i-确定的，那么称该结构是确定的。

通常，对于给定元素 a 和标号 i，甚至当结构$\mathcal{A}$是确定的，都不一定存在元素 b 满足 $b \prec_i a$。然而如果存在这样的 b，那么只存在一个这样的元素。

4.2　三个例子

下面是三个简单的加标转移结构的例子。

例 1　考虑只有一个元素的集合{*}上的标号集为 I 的所有可能的结构，即：$\mathcal{A}=(A,\mathbf{A})$，其中 $A=\{*\}$，$\mathbf{A}=(\xrightarrow{i}|i\in I)$。要构造满足上述条件的结构，我们需要知道：对于每一个标号 i，是否

$$* \xrightarrow{i} *$$

成立。由此我们看到这些结构与 I 的子集一一对应（双射）。

例 2　考虑含有两个元素的集合的所有可能的结构，即：$\mathcal{A}=(A, \mathbf{A})$，其中 $A=\{a,b\}$，$\mathbf{A}=(\xrightarrow{i}|i\in I)$。要构造满足该条件的结构，我们需要知道：对于元素的每个有序对 a,b 和每个标号 i，是否

$$a \xrightarrow{i} b$$

成立。该形式可以产生许多结构。如仅有两个标号时，就有 2^8 个这样的结构。然而有些结构是同构的，因此，它们本质上是相同的。

例 3　考虑下面的仅含一个标号和五个元素的结构：

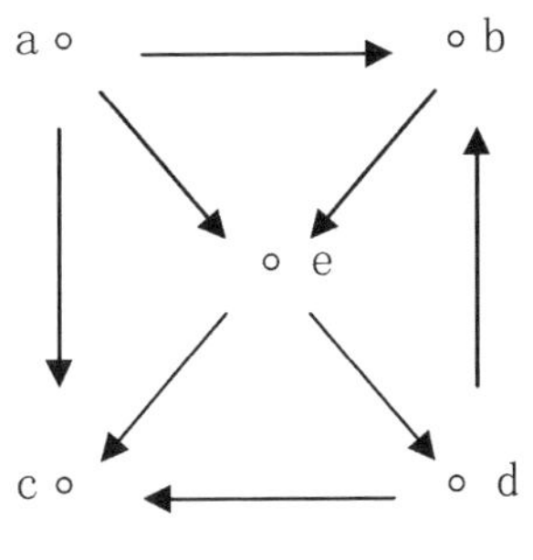

即：$\mathcal{A}=(A, \mathbf{A})$满足 $A=\{a,b,c,d,e\}$并且 $\mathbf{A}=\{R\}$，其中

$$R=\{\langle a,b\rangle,\langle b,e\rangle,\langle e,d\rangle,\langle d,c\rangle,\langle a,e\rangle,\langle e,c\rangle,\langle a,c\rangle,\langle d,b\rangle\}。$$

这里没有一个元素是自返的点。但有无数条可以通过该结构的路径，所有的路径都起始于 a 点并无数次地经过底端右边的元素 d 和中间的元素 e。否则，若不经过底部右边的元素 d 或中间的元素 e，无法到达底部左边的元素 c。

自然数的集合 N 有许多不同的传递关系。例如，我们可以令

$$x \longrightarrow y$$

表示下面七种转移关系之一：

$$x<y, x>y, x\leqslant y, x\geqslant y,$$
$$y=x+1, y\leqslant x+1, |x-y|\leqslant 2$$

所有这些转移关系随后将用来阐明模态逻辑中的不同问题。

4.3 模态代数

在这一节里，我们将看到一个加标转移结构怎样转变为一个不同的但等价的结构，这种结构叫作模态代数。为此我们先给出一种构造，该构造可以把每个转移结构转换成一种丰富的布尔代数，利用布尔代数，再给出模态代数的定义。

现在，固定一个（标号为 I 的）结构$\mathcal{A}$并考虑$\mathcal{A}$的基础集 A 的幂集$\wp A$。$\wp A$的元素是 A 的所有子集（包括空集∅和 A 本身）。这些子集 X,Y,Z,…关于集合的包含关系

$$X\subseteq Y$$

形成一个偏序并且这些子集 X,Y,Z,…由集合的并、交、补运算

$$X\cup Y，X\cap Y，\neg X=A-X$$

形成新的子集。因此，我们可以把$\wp A$看成一个布尔代数。

4-3 定义 令 I 是一个非空的标号集，[i](i∈I)是一个由 I 标号的一簇算子。用前面介绍的方法可以从关系$\xrightarrow{i}$得到[i]。称

$$(\wp A,([i]|i\in I))$$

为由 A 诱导出的模态代数。

对于 A 的每个子集 X，即：X⊆A，集合[i]X 中的元素恰好是由 A 中满足条件

$$a \xrightarrow{i} x(x\in X)$$

的元素 a∈A 组成的。如果我们用“$\prec_i$”代替[i]，那么该定义就可以简单地表示为

$$a\in[i]X \Leftrightarrow (\forall x)(x\prec_i a \Rightarrow x\in X)。 \quad \textbf{式 4-2}$$

式 4-2 的右边可以缩写为

$$(\forall x \prec_i a)(x \in X),$$

而量化变元 x 遍历 A。

下面是该算子的一些简单性质。

4-4 命题　算子[i]满足

$$[i]A = A,$$

并且对于所有 $X,Y \in \wp A$，有

（1）（[i]的单调性）如果 $X \subseteq Y$，那么 $[i]X \subseteq [i]Y$；

（2）（[i]相对于∩的分配性）$[i](X \cap Y) = [i]X \cap [i]Y$。

证明

由[i]A 的定义，[i]A=A 显然成立。

（1）的证明。如果 $X \subseteq Y$，那么对于每个 $a \in A$，都有：

$$\begin{aligned} a \in [i]X &\Rightarrow (\forall x \prec_i a)(x \in X) \\ &\Rightarrow (\forall x \prec_i a)(x \in Y) \\ &\Rightarrow a \in [i]Y \end{aligned}$$

所以，$[i]X \subseteq [i]Y$。

（2）对于任意的 $X,Y \in \wp A$，因为 $X \cap Y \subseteq X$，$X \cap Y \subseteq Y$，由（1）可得

$$[i](X \cap Y) \subseteq [i]X,$$
$$[i](X \cap Y) \subseteq [i]Y,$$

所以，$[i](X \cap Y) \subseteq [i]X \cap [i]Y$。

反之，对于任意的 $a \in A$，

$$\begin{aligned} a \in [i]X \cap [i]Y &\Rightarrow a \in [i]X \text{ 并且 } a \in [i]Y \\ &\Rightarrow (\forall x \prec_i a)(x \in X) \text{并且} (\forall x \prec_i a)(x \in Y) \\ &\Rightarrow (\forall x \prec_i a)(x \in X \text{ 并且 } x \in Y) \\ &\Rightarrow (\forall x \prec_i a)(x \in X \cap Y) \\ &\Rightarrow a \in [i](X \cap Y)。\end{aligned}$$

一般地，算子[i]只有命题 4-4 中提出的那些性质。但是，对于一些特殊关系 $\xrightarrow{i}$，[i]可能还有其他的性质。

4-5 例　考虑两元素的集合 A={u,v}和下面的关系 $\prec$

$$u \prec v \prec v$$

并且 $\wp A$ 具有下面的布尔结构

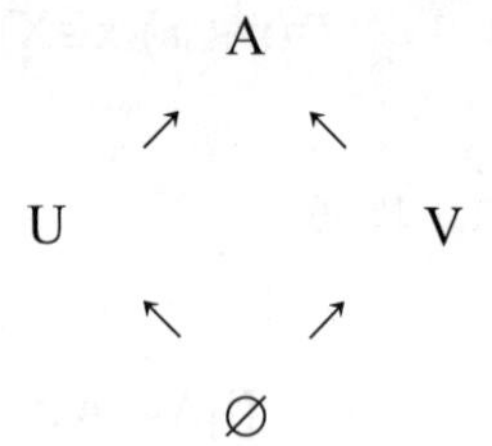

其中，$U=\{u\}$, $V=\{v\}$。

容易验证：

（1）$\Box\varnothing=\Box U=\Box V=U$,

（2）$\Box\varnothing\neq\varnothing$,

（3）$\Box(U\cup V)\neq\Box U\cup\Box V$。

事实上，

（1）因为 $u\in\Box\varnothing\leftrightarrow(\forall x)(x\prec u\rightarrow x\in\varnothing)$，而 $x\prec u$ 为假，所以，$(\forall x)(x\prec u\rightarrow x\in\varnothing)$ 成立。因此，$u\in\Box\varnothing$。又因为 $v\in\Box\varnothing\leftrightarrow(\forall x)(x\prec v\rightarrow x\in\varnothing)$，但 $v\prec v$ 为真并且 $v\notin\varnothing$。因此，$v\notin\Box\varnothing$。

因为 $u\in\Box V\leftrightarrow(\forall x)(x\prec u\rightarrow x\in V)$，而满足 $x\prec u$ 的 x 不存在，所以，$x\prec u$ 为假。因此，$u\in\Box V$。又因为 $v\in\Box V\leftrightarrow(\forall x)(x\prec v\rightarrow x\in V)$，而 $u\prec v$，但 $u\notin V$。因此，$v\notin\Box V$。

因为 $u\in\Box\varnothing$ 并且 $v\notin\Box\varnothing$，所以，$\Box\varnothing=\{u\}=U$。由定义，同理可证：$\Box U=U$。又因为 $u\in\Box V$ 并且 $v\notin\Box V$，所以，$\Box V=U$。

（2）由（1）知：$\Box\varnothing=U\neq\varnothing$，所以，$\Box\varnothing\neq\varnothing$。

（3）因为 $U\cup V=\{u,v\}=A$，由命题 4-4 可得：$\Box(U\cup V)=\Box A=A$。而 $\Box U=U$，并且 $\Box V=U$，所以，$\Box U\cup\Box V=U$。因此，$\Box(U\cup V)\neq\Box U\cup\Box V$。

4-6 命题 对于一个任意的集合 A，令 $[\cdot]$ 是 A 上的一个运算，它是单调的并满足

（1）$[\cdot]A=A$；

（2）对于所有 $X,Y\in\wp A$，$[\cdot](X\cap Y)=[\cdot]X\cap[\cdot]Y$。

令 $\longrightarrow$ 是 A 上满足条件

$$a\longrightarrow b\Leftrightarrow(\forall X\in\wp A)(a\in[\cdot]X\Rightarrow b\in X)$$

的转移关系，并且令 $\Box$ 是由 $\longrightarrow$ 诱导出的 $\wp A$ 上的模态运算。

（1）证明：对所有的 $X\in\wp A$，$[\cdot]X\subseteq\Box X$ 成立。

（2）证明：[·]和□相同当且仅当对于所有$\chi\subseteq\wp A$，下面的等式成立。

$$[\cdot]\cap\chi=\cap\{[\cdot]X|X\in\chi\}$$

（3）用一个例子说明□和[·]不同。

证明

（1）假设 $a\in[\cdot]X$，那么对于所有的 $x\in A$，

$$a\longrightarrow x\Rightarrow x\in X$$

成立，因此，$a\in\Box X$。

（2）对所有的 $X\in\wp A$，不难证明：$\Box\cap X=\cap\Box X$。因此，如果$\Box=[\cdot]$，那么[·]也有交的保持性。反之，假设[·]具有这个性质。对每个 $X\in\wp A$，我们有

$$X=\cap\{\neg\{y\}|y\in\neg X\}$$

使得

$$[\cdot]X=\cap\{[\cdot]\neg\{y\}|y\in\neg X\}。$$

现在假设 $a\in\Box X$，那么对每个 $y\in\neg X$，我们有$\neg(a\longrightarrow y)$，所以存在某个 $Z\in\wp A$，使得

$$a\in[\cdot]Z 并且 y\in\neg Z。$$

利用前面的结果可得 $a\in[\cdot]\neg\{y\}$，因此，

$$y\in\neg X\Rightarrow a\in[\cdot]\neg\{y\}。$$

故，

$$a\in\cap\{[\cdot]\neg\{y\}|y\in\neg X\}=[\cdot]X,$$

这样就足够证明了$\Box=[\cdot]$。

（3）令 R 是实数集并且满足下面条件的$\wp R$上的运算[·]

$$a\in[\cdot]X\Leftrightarrow(\exists l,r\in R)(a\in(l,r)\subseteq X)。$$

特别是

$$[\cdot][0,1]=(0,1)。$$

容易验证诱导出的关系$\longrightarrow$恰好与[·]相等，因此对所有的 $X\in R$，$\Box X=X$。

4.4　一些对应关系

对于一个任意的结构$\mathcal{A}$，算子□的一些性质恰好对应于关系$\prec$的一些性质。

在描述这些对应关系之前，我们首先需要定义一些概念。不过，关系的自返性和传递性不再描述。

4-7 定义 （1）对所有的 x,a∈A，如果

$$x \prec a \Rightarrow x=a$$

成立，则称关系≺是微弱的或者称无差别的。

（2）对任意的 a,b∈A，如果 b≺a，则存在 x∈A，使得

$$b \prec x \prec a$$

成立，则称关系≺是稠密的。

（3）如果对每个 X∈℘A，都有

$$\Box X \subseteq X$$

成立，则称算子□是压缩的。

（4）如果对每个 X∈℘A，都有

$$X \subseteq \Box X$$

成立，则称算子□是膨胀的。

（5）如果对每个 X⊆A，都有

$$\Box\Box X \subseteq \Box X$$

成立，则称□是拟压缩。

（6）如果对每个 X⊆A，都有

$$\Box X \subseteq \Box\Box X$$

成立，则称□是拟膨胀的。

注意：每个自返关系也是稠密的，并且每个微弱的关系也是传递的。每个压缩算子也是拟压缩的，并且每个膨胀算子也是拟膨胀的。

为了方便，有时也将算子的叠加用一些缩写形式表示。如

$\Box\Box X$ 可以记为$\Box^2 X$。

因此，两个拟性质可以重新描述为

$\Box^2 X \subseteq \Box X$ 和$\Box X \subseteq \Box^2 X$。

4-8 命题 在下面的表中，

≺	□
自返的	压缩的
传递的	拟膨胀的
微弱的	膨胀的
稠密的	拟压缩的

同一行上的一对性质是对应的。即：如果$\prec$有一个性质，那么□有一个和$\prec$对应的性质，反之亦然。

证明

首先证明：$\prec$是自返的当且仅当□是压缩的。

假定$\prec$是自返的并且对任意的 $a\in A$，令

$$a\in\Box X,$$

其中，$X\subseteq A$，那么对于所有 $x\in A$，有

$$x\prec a\Rightarrow x\in X。$$

由于$\prec$是自返的，因此当 $x=a$ 时也满足上面的蕴涵式。于是，$x=a\in X$。即：

$$\Box X\subseteq X。$$

反之，假定□是压缩的并且对于一个给定的 $a\in A$，令

$$X=\{x\in A|x\prec a\}。$$

因为□是压缩的，所以由 $a\in\Box X$ 可以得：$a\in X$。因此，$a\prec a$。即：$\prec$是自返的。

其次证明：$\prec$是传递的当且仅当□是拟膨胀的。

假定$\prec$是传递的并且对任意的 $a\in A$，令

$$a\in\Box X,$$

其中 $X\subseteq A$，那么对于所有 $x\in A$，有

$$x\prec a\Rightarrow x\in X。$$

现在假设 $a\notin\Box\Box X$，由此可得：存在 y 使得 $y\prec a$ 并且 $y\notin\Box X$。由 $y\notin\Box X$ 可得：存在 y'使得 $y'\prec y$ 并且 $y'\notin X$。由此可得：$y'\prec y\prec a$ 并且 $y'\notin X$。因为$\prec$是传递的，所以有 $y'\prec a$ 并且 $y'\notin X$。由此可得：$a\notin\Box X$，此与 $a\in\Box X$ 矛盾。故，$a\in\Box\Box X$。

反之，假定□是拟膨胀的并且对于一个给定的 $a\in A$，令

$$X=\{x\in A|x\prec a\}。$$

因为□是拟膨胀的，所以由 $a\in\Box X$ 可以得：$a\in\Box\Box X$。由 $a\in\Box\Box X$ 可得：$y\prec x\prec a$ 并且 $y\in X$。因此，$y\prec a$。即：$\prec$是传递的。

再次证明：$\prec$是微弱的当且仅当□是膨胀的。

假定$\prec$是微弱的并且对任意的 $a\in A$，令

$$a\in X,$$

那么对于所有 $x\in A$，有

$$x\prec a\Rightarrow x=a。$$

因为 $a\in X$，所以 $x\in X$。故，$a\in\Box X$。

反之，假定□是拟膨胀的并且对于一个给定的 $a\in A$，令

$$X=\{x\in A|x\prec a\Rightarrow x=a\}。$$

因为 $X\subseteq\Box X$，所以由 $a\in X$ 可以得：$a\in\Box X$。由 $a\in\Box X$ 可得对任意的 x，

$$x\prec a\Rightarrow x\in X。$$

因此，$x\prec a\Rightarrow x=a$。

最后证明：≺是稠密的当且仅当□是拟压缩的。

假设≺是稠密的并且对任意的 $a\in A$，令

$$a\in\Box^2X,$$

其中 $X\subseteq A$。为了证明 $a\in\Box X$，现在考虑：对任意的 $x\prec a$，$x\in X$ 即可。由于≺是稠密的，因此存在 $y\in A$ 使得 $x\prec y\prec a$ 成立。那么，由 $Y=\Box X$ 可得：$a\in\Box Y$，所以 $y\in Y=\Box X$。因此，$x\in X$。

反之，假定□是拟压缩的并且对于一个给定的 $a\in A$，令 Y 是 A 的满足下面条件子集

$$y\in Y\Leftrightarrow(\exists x)(y\prec x\prec a)。$$

由于□是拟压缩的，通过构造 $a\in\Box^2Y$，因此 $a\in\Box Y$。所以，由□的构造可得

$$b\prec a\Rightarrow b\in Y\Rightarrow(\exists x)(b\prec x\prec a)。$$

故，稠密性得证。

注意：$\wp A$ 上的拓扑运算是一个压缩的、幂等的并且满足命题 4-4 的两个运算性质的运算□。在有压缩性的情况下，幂等性等同于拟膨胀性。因此，拓扑空间是由下面的单一模态结构产生的。

$$\mathcal{A}=(A,\longrightarrow)$$

其中，$\longrightarrow$ 是一个自返的和传递的关系（即：一个严格序）。这一结果表明模态逻辑比无模态词的命题逻辑更加深入。

4.5 菱形算子

在式 4-2 中，我们用 $\prec_i$ 定义了[i]。不过在等值式的右边有一个全称量词。根据单模态词和量词之间的关系，如果把这个全称量词换成一个存在量词，那么等值式的左边可以换成加标的菱形算子吗？现在，假设我们用下面的式子定

义运算<i>，其中 $a\in A$ 并且 $X\subseteq A$。<i>和[i]之间的关系是明显的。

$$a\in\langle i\rangle X \Leftrightarrow (\exists x\prec_i a)(x\in X)$$

由于 $\wp A$ 上有一个补运算¬，并且¬还满足：对于 $a\in A$ 并且 $X\subseteq A$，

$$a\in\neg X \Leftrightarrow a\notin X。$$

这个运算是一个幂等运算，即：对于所有的 $X\in\wp A$，

$$\neg\neg X=X。$$

于是，我们得出下面的结果。

4-9 命题 运算[i]和<i>是对偶互补的，即：对于所有的 $X\subseteq A$，

$$\neg[i]X = \langle i\rangle\neg X。$$

证明

在上式中，由于不包括其他的运算，我们可以省略标号 i。利用否定和量词的交换规则以及下面三个逻辑等价的式子

$$\neg(\forall x)(x\prec a\Rightarrow x\in X)$$

$$(\exists x)\neg(x\prec a\Rightarrow x\in X)$$

$$(\exists x)(x\prec a\wedge x\notin X)$$

可以得到：对于 $a\in A$ 并且 $X\subseteq A$，

$$\begin{aligned} a\in\neg\Box X &\Leftrightarrow \neg(\forall x\prec a)(x\in X)\\ &\Leftrightarrow (\exists x\prec a)(x\in\neg X)\\ &\Leftrightarrow a\in\Diamond\neg X。\end{aligned}$$

注意：在上面的证明中，符号¬是以两种不同的方式使用的。一方面，¬表示 $\wp A$ 上的补算子；另一方面，它表示逻辑联结词否定。由于这两个概念恰好匹配，因此保证了命题 4-9 的成立。

关系 $\prec$ 的一些性质用运算◇表达可能比用□更好。但是，有些性质需要同时用到二者。例如，定义 4-2 定义的确定性等。

4-10 命题 关系 $\prec$ 是确定的当且仅当对所有的 $X\subseteq A$，$\Diamond X\subseteq\Box X$。

证明

首先假设 $\prec$ 是确定的并且 $X\subseteq A$，对任意的 a，

$$a\in\Diamond X。$$

由◇的定义可得：存在某个 $b\in A$ 使得

$$b\prec a \text{ 并且 } b\in X$$

成立。那么对于每个 $x\in A$，由 $\prec$ 是确定的可得：

$$x\prec a \Rightarrow x=b \Rightarrow x\in X,$$

因此，$a\in\Box X$。

反之，对任意的元素对 a 和 b，如果

$$b\prec a,$$

那么令 $X=\{b\}$ 可得：

$$a\in\Diamond X\subseteq\Box X。$$

（这里用了局部的假定），于是，

$$x\prec a\Rightarrow x\in X\Rightarrow x=b$$

（对于 $x\in A$），那么 $\prec$ 是确定的。

我们已看到每个转移结构怎样产生相同标号的模态代数。从结构到代数的过程中没有丢失任何信息。一般我们会得到下面的结论。

4-11 引理 对于所有 $a,b\in A$，

$$b\prec a\Leftrightarrow(\forall X)(a\in\Box X\Rightarrow b\in X)$$

（X 是 $\wp A$ 中的任意元素）。因此，运算 $\prec$ 可以由 $\wp A$ 上的运算$\Box$定义。

证明

由$\Box$的定义可以得到蕴涵 $\Rightarrow$ 成立。反之，假定右边的条件成立并且考虑集合

$$X=\{x\in A|x\prec a\}。$$

由 X 的构造可得：$a\in\Box X$。因此，$b\in X$。于是，$b\prec a$。

4.6 练习

练习 1 令 $A=\{u,v\}$，这里 u 和 v 是不同的元素。考虑幂集代数 $\wp A$。

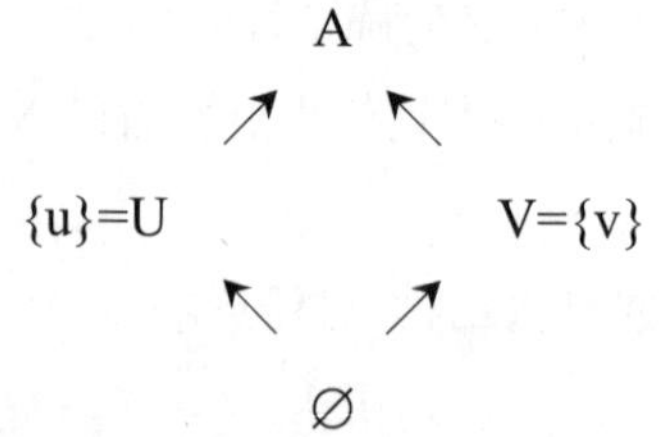

集合 A 上有 16 种不同的转移关系对应着 $\wp A$ 上的 16 种不同的运算。这些运算在下面的表中列出。并规定：

$$\circ=非自返元素，\bullet=自返元素$$

对每个集合 $X\in\{\varnothing,U,V\}$，模态代数的列表给出$\Box X$ 的值。证明这个表是正

确的。

	结构			代数		
	u		v	∅	U	V
(1)	∘		∘	A	A	A
(2)	∘		•	U	U	A
(3)	•		∘	V	A	V
(4)	•		•	∅	U	V
(5)	∘	→	∘	U	A	U
(6)	∘	→	∘	V	V	A
(7)	∘	←	•	U	U	U
(8)	∘	←	•	∅	∅	A
(9)	•	←	∘	∅	A	∅
(10)	•	→	∘	V	V	V
(11)	•	←	•	∅	U	∅
(12)	•	→	•	∅	∅	V
(13)	∘	↔	∘	∅	V	U
(14)	∘	↔	•	∅	∅	U
(15)	•	↔	∘	∅	V	∅
(16)	•	↔	•	∅	∅	∅

注意：(2)和(3)，(5)和(6)，(7)和(10)，(8)和(9)，(11)和(12)，(14)和(15)(通过交换 u 和 v)是同构的。因此，这个表实际上只包含 10 个本质上不同的转移结构。

练习 2　令$\mathcal{A}$是$\wp$A 上的带有◇的一个单模态转移结构。证明：对于所有 X,Y∈$\wp$A

(1) ◇是单调的；

(2) ◇∅=∅；

(3) ◇(X∪Y)=◇X∪◇Y。

练习 3　令$\mathcal{A}$是一个单模态结构，其转移关系是自返的和对称的。

(1) 证明

①$\Box X \subseteq \Diamond\Box X \subseteq X \subseteq \Box\Diamond X \subseteq \Diamond X$;

②$\Box\Diamond\Box X = \Box X$, 对于每一个 $X \in \wp A$。

（2）证明：$\Box$不满足幂等条件。

第五章

赋值和可满足

5.1　赋值

对于每个标号集 I，我们已经定义了两个不同的概念：标号集 I 的多模态语言和标号集 I 的结构类（加标转移结构）。这两个概念是相互制约的。因此，在这样的结构上能够定义多模态语言的语义，或者说，这个语言能够描述这些结构的一些性质。

多模态语言是在命题语言的基础上增加一族新的 1-元联结词[i]，其中对每个 i 都有一个新的 1-元联结词。现在我们希望评价这个语言的每个公式，即：确定一个公式ϕ是否真或者确定它是否假。当然，这个工作不能孤立地进行，我们需要在一个适当的范围内工作。为了确定ϕ的真值，我们通常需要考虑下面的一些情况。

首先，我们需要知道出现在ϕ中的命题变项的真值。正如在命题的情况中，这种信息将由一个赋值传递。然而模态赋值比命题赋值更复杂。

其次，我们需要知道如何处理命题联结词。这种处理方法与命题语言中处理联结词的方法相同（即：用联结词的真值表定义）。在这种意义下，模态逻辑包含命题逻辑。

最后，我们需要知道如何处理模态联结词[i]。这个工作建立在一个给定的结构$\mathcal{A}$上。这个结构的关系 $\xrightarrow{i}$ 将控制模态联结词[i]。关于这一点，本书将在适当的地方介绍。

现在，我们将在结构$\mathcal{A}$，赋值α，$\mathcal{A}$中的元素 a 和公式ϕ之间定义如下的关系

$$(\mathcal{A},\alpha,a) \Vdash \phi。$$ **式 5-1**

式 5-1 可读作：在$(\mathcal{A},\alpha,a)$确定的情况下，公式ϕ被力迫为真。

正如我们希望的，式 5-1 可以由施归纳于ϕ的复杂度归纳的定义。在这个递归定义过程中，参数$\mathcal{A}$和α始终是确定的，但参数 a 必须取遍$\mathcal{A}$中的所有元素。

在大多数情况下，我们使用满足关系，省略参数$\mathcal{A}$和α，并且将式 5-1 缩写为

$$a \Vdash \phi,$$

读作：a 力迫ϕ。

怎样定义赋值α？由于α必须提供的信息是：对每个命题变项 P，α在支持结构$\mathcal{A}$的元素 P 上被认为真，否则，P 被认为假。于是，我们得出如下定义。

5-1 定义　令$\mathcal{A}$是一个结构，$\mathcal{A}$上的一个赋值α是如下的一个指派：

$$\alpha: \mathrm{Var} \longrightarrow \wp A$$

α把命题变项 P 指派到 A 的子集α(P)，并称$(\mathcal{A},\alpha)$是一个赋值结构。

因此，元素 $a \in \alpha(P)$当且仅当命题变项 P 为真。这就给出了式 5-1 中的基始，即：

$$a \Vdash P \Leftrightarrow a \in \alpha(P)。$$

命题联结词的归纳步骤很明显，所以，现在关键是给出

$$a \Vdash [i]\phi$$

的定义。其中，i 是一个标号并且ϕ是一个公式。

到目前为止，对于每个标号集 I，我们已经定义了三种不同类型的结构。首先给出的是原始结构$\mathcal{A}$，即：第四章中描述的加标转移结构；在加标转移结构上增加赋值α形成了赋值结构$(\mathcal{A},\alpha)$；在赋值结构的基础上，选取一个特殊的元素 $a \in \alpha(P)$，从而形成了一个点赋值结构$(\mathcal{A},\alpha,a)$。但不能混淆这三种结构。特别是由于这三种结构的作用不同，因而不能说哪一种结构比其他两种结构更重要。

5.2　基本可满足关系

如何处理带[i]的公式？要确定下式

$$a \Vdash [i]\phi$$

是否成立，根据单模态词的情况，现在我们必须考察满足关系 $a \xrightarrow{i} x$ 中的所有元素 x 并且对每个这样的 x 确定下式

$$x \Vdash \phi$$

是否成立。因此，⊩的严格定义如下。

5-2 定义　令($\mathcal{A}$,α)是一个给定的赋值结构。在$\mathcal{A}$中的元素 a 和公式φ（带参数 a 的变项）之间的关系

$$a \Vdash \phi,$$

施归纳φ定义如下：

1. 常项

$$a \Vdash \top \ ,\quad a \nVdash \bot（或者，并非(a \Vdash \bot)）$$

2. 命题变项

$$a \Vdash P \Leftrightarrow a \in \alpha(P)。$$

3. 否定式

对每个公式φ，$a \Vdash \neg\phi \Leftrightarrow a \nVdash \phi$。

4. 合取式、析取式、蕴涵式

对任意的公式θ和ψ，

$$a \Vdash (\theta\wedge\psi) \Leftrightarrow a \Vdash \theta \text{ 并且 } a \Vdash \psi,$$

$$a \Vdash (\theta\vee\psi) \Leftrightarrow a \Vdash \theta \text{ 或者 } a \Vdash \psi,$$

$$a \Vdash (\theta\to\psi) \Leftrightarrow \text{ 如果 } a \Vdash \theta\text{，则 } a \Vdash \psi。$$

5. 模态公式

对每个标号 i∈I 和任意的公式φ，

$$a \Vdash [i]\phi \Leftrightarrow (\forall x \prec_i a)(x \Vdash \phi)。$$

其中，量化变项 x 遍历 A（$\mathcal{A}$的基础集）中的所有元素。

定义 5-2 中第 5 款等值式的右边是下面公式的缩写

$$(\forall x)(x \prec_i a \Rightarrow x \Vdash \phi)。$$

除了将式 5-1 读作“a 力迫φ”，它还有下面的一些读法：

ϕ在 a 上有效，

ϕ在 a 上成立，

$(\mathcal{A},\alpha,a)$满足ϕ，

$(\mathcal{A},\alpha,a)$是ϕ的模型，

等等。

由于每个点赋值结构$(\mathcal{A},\alpha,a)$，对于一个命题变项 P，给出了 2-值赋值ν_a，

$$\nu_a(P)=\begin{cases}1，如果\ a\in\alpha(P)；\\ 0，如果\ a\notin\alpha(P)。\end{cases}$$

因此，对每个命题（即：无模态词）公式ϕ，

$$a \Vdash \phi \Leftrightarrow [\phi]\nu_a = 1。$$

其中，正如第一章构造的$[\cdot]\nu$ 那样，$[\cdot]\nu_a$是由 2-值赋值ν_a诱导出的一个赋值。

5-3 命题 如果ϕ是一个命题重言式，那么ϕ在每个点赋值结构上都是可满足的。

5.3 两个例子和两个结论

5-4 例 令$\mathcal{A}=(A,\longrightarrow)$是一个单模态结构，其中 A={a,b,c,d}，关系$\longrightarrow$满足下图：

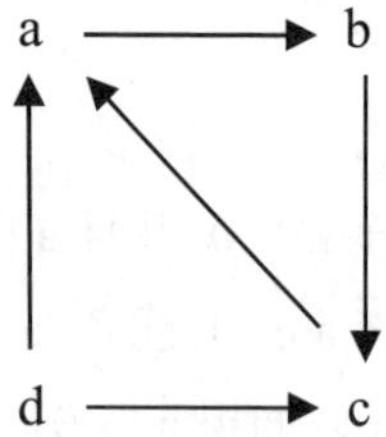

在上图中，没有一个元素是自返的。对某个命题变项 P，令任意的赋值α满足

$$\alpha(P)=\{a,c\}。$$

由定义 5-2 的 2 可得：

$$a \Vdash P，b \Vdash \neg P，c \Vdash P，d \Vdash \neg P$$

由 $b\prec a$ 并且 $b \Vdash \neg P$ 可得：$a \Vdash \Box\neg P$。由 $a\prec c$ 并且 $a \Vdash P$ 可得：$c \Vdash \Box P$。由 $c\prec b$ 并且 $c \Vdash P$ 可得：$b \Vdash \Box P$。即：

$$a \Vdash \Box\neg P,\ b \Vdash \Box P,\ c \Vdash \Box P。$$

由 $b \prec a$ 并且 $b \Vdash \Box P$ 可得：$a \Vdash \Box^2 P$。由 $c \prec b$ 并且 $c \Vdash \Box P$ 可得：$b \Vdash \Box^2 P$。由 $a \prec c$ 并且 $a \Vdash \Box\neg P$ 可得：$c \Vdash \Box^2\neg P$。即：

$$a \Vdash \Box^2 P,\ b \Vdash \Box^2 P,\ c \Vdash \Box^2\neg P。$$

换句话说，对于 a,b 和 c 来说，由于分别存在唯一的元素 x 满足下面关系式

$$a \longrightarrow x,\ b \longrightarrow x,\ c \longrightarrow x,$$

这些 x 分别是

$$x=b,\ x=c,\ x=a。$$

由定义 5-2 的 5 可得：

$$a \Vdash \Box\neg P,\ b \Vdash \Box P,\ c \Vdash \Box P。$$

然而对于

$$a \Vdash \Box^2 P,\ b \Vdash \Box^2 P,\ c \Vdash \Box^2\neg P,$$

要想证明：$a \Vdash \Box^2 P$ 成立，我们必须证明：对于满足下式的所有对 x,y 来说，

$$a \longrightarrow x \longrightarrow y \text{ 并且 } y \Vdash P$$

成立。但是只有当 $x=b$ 并且 $y=c$ 时，$y \Vdash P$ 成立。即：

$$c \Vdash P \Rightarrow b \Vdash \Box P \Rightarrow a \Vdash \Box^2 P$$

成立。其他两种情况可类似地证明。

现在考察元素 d。下图给出了从 d 出发的所有路径。

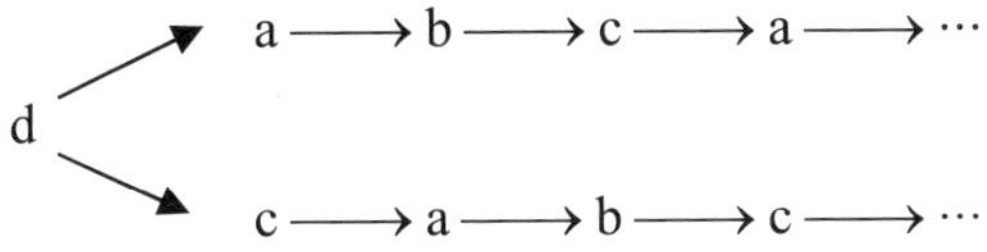

从中我们发现

$$d \Vdash \Box P\ ,\ d \Vdash \neg\Box^2 P\ ,\ d \Vdash \neg\Box^3 P,\ d \Vdash \Box^4 P$$

等等。

然而从 a 开始的长度为 3 的路径只有：

$$a \longrightarrow b \longrightarrow c \longrightarrow a$$

因此，对于任意的公式ϕ，

$$a \Vdash \Box\phi \quad \Leftrightarrow \quad b \Vdash \phi,$$

$$a \Vdash \Box^2\phi \quad \Leftrightarrow \quad c \Vdash \phi,$$

$$a \Vdash \Box^3\phi \quad \Leftrightarrow \quad a \Vdash \phi,$$

使得

$$a \Vdash (\Box^3 \phi \leftrightarrow \phi)。$$

同样，还有

$$b \Vdash (\Box^3 \phi \leftrightarrow \phi)\text{和 } c \Vdash (\Box^3 \phi \leftrightarrow \phi)。$$

此外，这个论证无论是否包括赋值都是有效的。

对于 d 来说，结果如下：

$$d \Vdash (\Box^4\phi \leftrightarrow \Box\phi),$$

并且该式不包含赋值也成立。这表明：公式$\Box^4\phi \leftrightarrow \Box\phi$在是否带有赋值的结构$\mathcal{A}$中的每个元素上都成立。为此，引入下面的记号：

$$\mathcal{A} \Vdash^{u} (\Box^4\phi \leftrightarrow \Box\phi)。$$

在第三章中，菱形<i>作为¬[i]¬的缩写形式被引入到多元模态语言中。下面的命题告诉我们，力迫关系⊩怎样处理<i>。

5-5 命题 令$(\mathcal{A},\alpha)$是一个赋值结构，那么对每个标号 i，元素 a 和公式ϕ，下面的等价式

$$a \Vdash \langle i\rangle\phi \Leftrightarrow (\exists x \prec_i a)(x \Vdash \phi)$$

成立。

证明

对形式的和非形式的否定都使用"¬"并且用量词的标准操作，由定义 5-2 可得

$$\begin{aligned} a \Vdash \langle i\rangle\phi &\Leftrightarrow a \Vdash \neg[i]\neg\phi \\ &\Leftrightarrow \neg(a \Vdash [i]\neg\phi) \\ &\Leftrightarrow \neg(\forall x \prec_i a)(x \Vdash \neg\phi) \\ &\Leftrightarrow (\exists x \prec_i a)\neg(x \Vdash \neg\phi) \\ &\Leftrightarrow (\exists x \prec_i a)(x \Vdash \phi)。\end{aligned}$$

用命题 5-5 和定义 5-2 可得：

$$a \Vdash [i][j]\phi \Leftrightarrow (\forall x \prec_i a)(\forall y \prec_j x)(y \Vdash \phi),$$

$$a \Vdash [i]\langle j\rangle\phi \Leftrightarrow (\forall x \prec_i a)(\exists y \prec_j x)(y \Vdash \phi),$$

$$a \Vdash \langle i\rangle[j]\phi \Leftrightarrow (\exists x \prec_i a)(\forall y \prec_j x)(y \Vdash \phi),$$

$$a \Vdash \langle i\rangle\langle j\rangle\phi \Leftrightarrow (\exists x \prec_i a)(\exists y \prec_j x)(y \Vdash \phi)。$$

下面的例子说明，有几种特殊的赋值能保证一些简单公式的有效性。

5-6 例 令$\mathcal{A}=(A,\prec)$是一个结构并且 $a\in A$，对于一个给定的命题变项 P，令赋值α满足：

$$\alpha(P)=\{a\},$$

那么对于每个 $x\in A$，

$$x \Vdash P \Leftrightarrow x=a。$$

因此，

$$a \Vdash P。$$

现在令赋值α满足

$$\alpha(P)=\{x\in A|x\prec a\},$$

那么对于 x∈A，有

$$x \Vdash P \Leftrightarrow x\prec a$$

并且 $$a \Vdash \Box P。$$

以同样的方式，令赋值α满足

$$\alpha(P)=\{x\in A|(\exists y)(x\prec y\prec a)\},$$

那么对于 x∈A，有

$$x \Vdash P \Leftrightarrow (\exists y)(x\prec y\prec a)$$

并且 $$a \Vdash \Box^2 P。$$

现在我们用关系≺的*-闭包（即：自返、传递闭包）关系≺*给出一个更复杂的例子。关系≺*在第十五章的第 1 节将有更详细的讨论。

5-7 命题　令$\mathcal{A}$ =(A,≺)是一个结构并且给定$\mathcal{A}$中的一个元素 a 和一个命题变项 P，如果$\mathcal{A}$上的任意赋值满足

$$x \Vdash P \Leftrightarrow (\forall y)(y\prec{*}x \Rightarrow y\prec a)$$

（对于 x∈A），那么

$$a \Vdash \Box(\Box P\rightarrow P)$$

成立。

证明

要证 $a \Vdash \Box(\Box P\rightarrow P)$，只需证对任意的 b≺a，$b \Vdash \Box P\rightarrow P$。即：

对任意的 b≺a，如果 $b \Vdash \Box P$，则 $b \Vdash P$。

因此，令 b≺a 并且 $b \Vdash \Box P$。现在只需证明：$b \Vdash P$。由已知，现在只需证明：

$$(\forall y)(y\prec{*}b\Rightarrow y\prec a)$$

成立。由此可知：只需证明对任意的 y≺*b，y≺a 即可。

因为≺*是*-闭包，所以对任意的 y≺*b，

$$y=b \quad 或者 \quad (\exists x)(y\prec{*}x\prec b)。$$

如果 y=b 成立，因为 b≺a，所以 y≺a。如果(∃x)(y≺*x≺b)成立，因为 x≺b 并

且 b $\Vdash$ □P，所以 x $\Vdash$ P。由已知可得：$(\forall y)(y \prec {*x} \Rightarrow y \prec a)$，所以 $y \prec a$。因此，在上面的两种情况下都有 $y \prec a$。故 b $\Vdash$ P。

5.4　三种可满足关系

式 5-1 给出了一个点赋值结构的基本可满足关系

$$(\mathcal{A},\alpha,a) \Vdash \phi。$$

现在我们把这一关系分为三种可满足关系

$$\Vdash^{p}，\Vdash^{v}，\Vdash^{u}。$$

其中，第二个和第三个可满足关系都是从第一个可满足关系推出的。但这不等于说第一个比其他两个更基本。

关系$\Vdash^{p}$就是关系$\Vdash$，所以$\Vdash$被修饰以 P 用于点赋值结构。

关系$\Vdash^{v}$被用于赋值结构并由量化点，通过$\Vdash^{p}$形成。因此，$\Vdash^{v}$被定义为

$$(\mathcal{A},\alpha) \Vdash^{v} \phi \Leftrightarrow (\forall a)(\mathcal{A},\alpha,a) \Vdash^{p} \phi,$$

这里量化变元 a 遍历$\mathcal{A}$中的所有元素。

最后，关系$\Vdash^{u}$被用于未修饰的结构并由量化赋值，通过$\Vdash^{v}$形成。因此，$\Vdash^{u}$被定义为

$$\mathcal{A} \Vdash^{u} \phi \Leftrightarrow (\forall \alpha)(\mathcal{A},\alpha) \Vdash^{v} \phi,$$

这里量化变元α遍历$\mathcal{A}$中的所有赋值。

这三个可满足关系给出了模型化过程的解释。因此，当我们说一个公式φ的"一个模型"时，是指一个朴素结构，或者一个赋值结构，或者一个点赋值结构。

下面的例子说明$\Vdash^{p}$，$\Vdash^{v}$和$\Vdash^{u}$具有不同的性质。

5-8 例　再看 5.3 节中的例 5-4。

因为 $c \in \alpha(P)$，所以 c $\Vdash$ P。于是，

$$(\mathcal{A},\alpha,c) \Vdash^{p} P。$$

因为 $b \notin \alpha(P)$，所以$\neg$(b $\Vdash$ P)。由$\Vdash^{v}$的定义可得：

$$并非，(\mathcal{A},\alpha) \Vdash^{v} P。$$

同理可得：

$$并非，(\mathcal{A},\alpha) \Vdash^{v} \neg P。$$

但是，我们有

$$(\mathcal{A},\alpha) \Vdash^{v} P \to \Box^{3} P。$$

因为只有元素 x 满足 $x\Vdash P$，这里的 $x=a$ 或者 $x=c$，并且长度为 3 的每条路径从这些元素之一都可以返回到该元素的起始元素。然而令 $\beta(P)=\{d\}$ 可得：

$$并非((\mathcal{A},\beta)\Vdash^{v}\neg P\rightarrow\Box^{3}P)。$$

因此，

$$并非(\mathcal{A}\Vdash^{u}\neg P\rightarrow\Box^{3}P)。$$

但是，在 5.3 节中已经指出下面的式子成立，

$$\mathcal{A}\Vdash^{u}\Box^{4}P\leftrightarrow\Box P。$$

有时，结构$\mathcal{A}$的一些简单性质确保该结构是某个确定公式的模型。例如，第四章命题 4-8 中的四个性质。下面的结果是对命题 4-8 的进一步刻画。

5-9 引理　令$\mathcal{A}$是一个给定的结构，下面是$\prec$和$\mathcal{A}$的性质的一个对应表，

$\prec$	$\mathcal{A}$
自返的	$\Box\phi\rightarrow\phi$
传递的	$\Box\phi\rightarrow\Box^{2}\phi$
无差别的	$\phi\rightarrow\Box\phi$
稠密的	$\Box^{2}\phi\rightarrow\Box\phi$
确定的	$\Diamond\phi\rightarrow\Box\phi$

如果$\prec$有一个性质，那么$\mathcal{A}$是同一行上性质$\prec$所对应公式的模型。

证明

假定$\prec$是自返的。对于$\mathcal{A}$上的任意赋值和任意的元素 a，假定

$$a\Vdash\Box\phi,$$

于是，对于任意的 $x\prec a$，都有 $x\Vdash\phi$。由$\prec$是自返的并且 $a\in\mathcal{A}$可得：$a\Vdash\phi$。

假定$\prec$是传递的。对于$\mathcal{A}$上的任意赋值和任意的元素 a，假定

$$a\Vdash\Box\phi,$$

为了证明 $a\Vdash\Box^{2}\phi$，考虑满足关系 $c\prec b\prec a$ 的元素 b 和 c。因为$\prec$是传递的，所以 $c\prec a$。由 $a\Vdash\Box\phi$和 $c\prec a$ 可得：$c\Vdash\phi$。于是，$a\Vdash\Box^{2}\phi$。

假定$\prec$是无差别的。对于$\mathcal{A}$上的任意赋值和任意的元素 a，假定

$$a\Vdash\phi,$$

因为$\prec$是无差别的，当 $x\prec a$ 可得：$x=a$。所以 $a\Vdash\Box\phi$。

假定$\prec$是稠密的。对于$\mathcal{A}$上的任意赋值和任意的元素 a，假定

$$a\Vdash\Box^{2}\phi,$$

那么对于任意的 $x\prec a$ 可得：$x\Vdash\Box\phi$。因为$\prec$是稠密的，所以存在 y 满足 $x\prec y\prec a$。由此可得：$x\Vdash\phi$。因为 $x\prec a$，所以 $a\Vdash\Box\phi$。

假定$\prec$是确定的。对于$\mathcal{A}$上的任意赋值和任意的元素 a，假定

$$a \Vdash \Diamond\phi,$$

那么存在 $x \prec a$ 使得：$x \Vdash \phi$。因为$\prec$是确定的，所以对于任意的 $y \prec a$ 也都有：$y \Vdash \phi$。由此可得：$x \Vdash \Box\phi$。

5-10 引理　对于每个结构$\mathcal{A}$，所有标号 i 和任意的公式θ和ψ，下式成立：

$$\mathcal{A} \Vdash^{u} [i](\theta \to \psi) \to ([i]\theta \to [i]\psi)。$$

证明

考虑$\mathcal{A}$上的任意赋值和$\mathcal{A}$的元素 a 并满足

$$a \Vdash [i](\theta \to \psi) \text{并且 } a \Vdash [i]\theta。$$

那么，对于每个元素 $x \prec_i a$，有

$$x \Vdash \theta \to \psi \text{ 并且 } x \Vdash \theta。$$

所以 $x \Vdash \psi$。因此 $a \Vdash [i]\psi$。

5-11 引理　对每个赋值结构$(\mathcal{A},\alpha)$，所有的标号 i 和公式ϕ，下式

$$(\mathcal{A},\alpha) \Vdash^{v} \phi \Rightarrow (\mathcal{A},\alpha) \Vdash^{v} [i]\phi$$

成立。

证明

设$(\mathcal{A},\alpha) \Vdash^{v} \phi$并且考虑满足关系 $x \prec_i a$ 的任意元素对 x 和 a。那么由 $x \Vdash \phi$ 可得：$a \Vdash [i]\phi$。因此，$(\mathcal{A},\alpha) \Vdash^{v} [i]\phi$。

但是，将引理 5-11 改写成：

$$(\mathcal{A},\alpha) \Vdash \phi \to [i]\phi$$

或者

$$a \Vdash \phi \Rightarrow a \Vdash [i]\phi,$$

这两个结论一般情况下都是不成立的。

以上两条引理说明：可满足关系$\Vdash^{u}$和$\Vdash^{v}$是非常重要的。它们将形成模态逻辑的一个证明系统的基础。引理 5-10 给出了一条基本公理。引理 5-11 给出了一条推理规则。

5.5　模态代数的语义

在 4.3 节中我们已经表明：每个结构$\mathcal{A}$都与$\wp A$上的一个模态代数等价。因此，$\mathcal{A}$的任意语义都能够转移到这个模态代数。这个过程，现在也可以描述

如下：

由定义 5-1，$\mathcal{A}$上的一个赋值是一个映射

$$\alpha: \mathrm{Var} \longrightarrow \wp \mathrm{A}。$$

由α诱导出的力迫关系$\Vdash$，将α扩展到映射

$$\| \|_\alpha: \mathrm{Form} \longrightarrow \wp \mathrm{A}。$$

这里，对任意的公式ϕ, $\| \|_\alpha$将公式ϕ指派到$\mathcal{A}$的子集，记作

$$\|\phi\|_\alpha,$$

这个集合检验ϕ在$(\mathcal{A},\alpha)$中是否真。

在$\|\phi\|_\alpha$的定义中，我们使用 P(A)上的并、交和补的布尔运算

$$\cap，\cup，\neg$$

以及由关系$\prec_i$诱导出的模态运算。

5-12 定义 令$(\mathcal{A},\alpha)$是一个给定的赋值结构。对每个公式ϕ，A 的子集

$$\|\phi\|_\alpha$$

递归定义如下：

1. 常项

$$\|\top\|_\alpha=\mathrm{A} \text{ 和 } \|\bot\|_\alpha=\varnothing。$$

2. 命题变项

对每个命题变项 P，$\|\mathrm{P}\|_\alpha=\alpha(\mathrm{P})$。

3. 否定式

对于每个公式ϕ，$\|\neg\phi\|_\alpha = \neg\|\phi\|_\alpha$。

4. 合取式、析取式、蕴涵式

对任意的公式θ和ψ，

$$\|\theta\wedge\psi\|_\alpha = \|\theta\|_\alpha\cap\|\psi\|_\alpha,$$
$$\|\theta\vee\psi\|_\alpha = \|\theta\|_\alpha\cup\|\psi\|_\alpha,$$
$$\|\theta\rightarrow\psi\|_\alpha = \neg\|\theta\|_\alpha\cup\|\psi\|_\alpha。$$

5. 模态公式

对每个标号 i 和公式ϕ，

$$\|[i]\phi\|_\alpha=[i](\|\phi\|_\alpha),$$

这里[i]是$\wp$A 上由$\prec_i$诱导出的模态算子。

由定义 5-12 可知：在定义符号$\|\phi\|_\alpha$时，下标α并没有起作用。因此，以后在不产生混淆时，常常省略下标。

下面的命题给出了符号$\Vdash$和$\| \|_\alpha$之间的关系。

5-13 命题 对每个赋值结构$(\mathcal{A},\alpha)$，$\mathcal{A}$中的所有元素 a 和公式ϕ，下面的关系是等价的：

$$a \Vdash \phi \Leftrightarrow a \in \|\phi\|。$$

证明

施归纳于公式ϕ。

1. 常项

假设$a \in A$并且$a \Vdash \top$，因为$\|\top\|=A$，所以$a \in \|\top\|$。反之，假设$a \in \|\top\|$，因为$\|\top\|=A$，所以$a \in A$。又对任意的$a \in A$都有$a \Vdash \top$。即：

$$a \Vdash \top \Leftrightarrow a \in \|\top\|。$$

同理可证：$a \Vdash \bot \Leftrightarrow a \in \|\bot\|$。

2. 命题变项

对任意的命题变项 P，假设$a \Vdash P$，由定义 5-2 可得：$a \in \alpha(P)$。由定义 5-12 可知：$\|P\|=\alpha(P)$。所以$a \in \|P\|$。反之，假设$a \in \|P\|$，由定义 5-12 可知：$\|P\|=\alpha(P)$。所以$a \in \alpha(P)$。再由定义 5-2 可得：$a \Vdash P$。即：

对任意的命题变项 P，$a \Vdash P \Leftrightarrow a \in \|P\|$。

3. 否定式

对每个公式ϕ，$a \Vdash \neg\phi$

$\Leftrightarrow \neg(a \Vdash \phi)$

$\Leftrightarrow \neg(a \in \|\phi\|)$ （归纳假设）

$\Leftrightarrow a \notin \|\phi\|$

$\Leftrightarrow a \in \|\neg\phi\|$。

4. 合取式、析取式、蕴涵式

对任意的公式θ和ψ，$a \Vdash (\theta \wedge \psi)$

$\Leftrightarrow a \Vdash \theta$ 并且 $a \Vdash \psi$，

$\Leftrightarrow a \in \|\theta\|$并且 $a \in \|\psi\|$（归纳假设）

$\Leftrightarrow a \in \|\theta\| \wedge a \in \|\psi\|$

$\Leftrightarrow a \in \|\theta \wedge \psi\|$。

同理可证析取式和蕴涵式。

5. 模态公式

对每个标号 i 和公式ϕ，$a \Vdash [i]\phi$

$\Leftrightarrow (\forall x \prec_i a) \Rightarrow (x \Vdash \phi)$

$\Leftrightarrow (\forall x \prec_i a) \Rightarrow (a \in \|\phi\|)$（归纳假设）

$$\Leftrightarrow a \in [i]\|\phi\|$$
$$\Leftrightarrow a \in \|[i]\phi\|。$$

5-14 推论　由 5-13 可得：

$$(\mathcal{A},\alpha) \Vdash^{v} \phi \Leftrightarrow \|\phi\| = A。$$

这种语义表达为计算代入实例提供了方便。

事实上，一个代入是一个映射

$$\sigma：Var \longrightarrow Form。$$

这个映射可以被扩展到下面的映射

$$Form \longrightarrow Form$$
$$\phi \mapsto \phi^{\sigma}。$$

将这些与映射α和$\phi \mapsto \|\phi\|_{\alpha}$进行比较。然而这两者之间唯一的不同是 Form 是代入的目标集，而$\wp A$是赋值的目标集。

现在考虑不使用代入，只用$\|\ \|_{\alpha}$，怎样确定

$$\|\phi^{\sigma}\|_{\alpha}$$

的值。然而这让我们联想起了我们曾经处理迭代代入的方法。

5-15 定义　对每个代入σ和赋值α，令$\alpha*\sigma$是由下式给出的一个赋值，

$$对每个命题变项 P，(\alpha*\sigma)(P)=\|P^{\sigma}\|_{\alpha}。$$

下面的结果与第三章练习 3 中的(1)类似。

5-16 定理　对每一个代入σ，结构上的赋值α和一个公式ϕ，我们有

$$\|\phi^{\sigma}\|_{\alpha}=\|\phi\|_{\beta},$$

其中$\beta=\alpha*\sigma$。

证明

施归纳于ϕ。由于每一步骤的验证都是常规的，因此这里只给出$[i]\phi$的验证。因为$([i]\phi)^{\sigma}=[i]\phi^{\sigma}$，所以

$$\begin{aligned}\|([i]\phi)^{\sigma}\|_{\alpha} &= \|[i]\phi^{\sigma}\|_{\alpha}\\ &= [i](\|\phi^{\sigma}\|_{\alpha})\\ &= [i]\|\phi\|_{\beta}（归纳假设）\\ &= \|[i]\phi\|_{\beta}。\end{aligned}$$

由定理 5-16，我们可以得到可满足关系$\Vdash$的一个结论，有时这个结论是非常有用的。

5-17 命题　假设ψ是公式ϕ的一个代入实例，那么对于所有结构$\mathcal{A}$，下面的蕴涵式

$$\mathcal{A} \Vdash^{u} \phi \Rightarrow \mathcal{A} \Vdash^{u} \psi$$

成立。

证明

令σ是满足$\psi=\phi^{\sigma}$的一个代入，假设$\mathcal{A} \Vdash \phi$。现在考虑$\mathcal{A}$上的任意赋值α。证明：

$$\|\psi\|_{\alpha} = A。$$

令$\beta=\alpha*\sigma$，则

$$\|\psi\|_{\alpha}=\|\phi^{\sigma}\|_{\alpha}=\|\phi\|_{\beta}=A。$$

由于$\mathcal{A} \Vdash^{u} \phi$，最后一个等式成立。

把命题 5-17 与命题 5-3 结合起来，可以得到：

5-18 推论　假设ψ是命题重言式的一个实例，那么在所有结构中ψ成立。

5.6　练习

练习 1　考虑第四章练习 1 中所列出的关于两个元素的 10 种本质上不同的转移结构。确定 D,T,B,4,…的模型。下面的表给出这些信息的一部分，请核对这些结果并完成这个表。

	D	T	B	4	5	P	Q	R	G	L	M
(1)	×	×	.	√	√	.	√	√	√	.	×
(2)	.	.	√	√	.	√	.	√	√	×	.
(4)	.	√	√	.	√	√	√	.	.	×	√
(5)	×	×	.	√	×	×	.	.	×	.	×
(7)	×	.	×	√	.	.	×	.	×	×	×
(8)	.	×	×	.	√	×	.	√	×	×	.
(11)	√	√	.	√	√	×	×	√	.	×	√
(13)	√	.	√	.	.	×	√	.	×	.	.
(14)	.	×	√	×	×	.	×	.	.	×	×
(16)	√	√	√	√	.	×	×	.	×	×	×

练习 2　利用 N 上的不同序关系，定义四个不同的转移结构

$$\mathcal{N} = (\mathrm{N}, \longrightarrow),$$

这里对任意的 $x,y \in N$，

(1) $x \longrightarrow y \Leftrightarrow x<y$；　　(2) $x \longrightarrow y \Leftrightarrow x \leqslant y$；

(3) $x \longrightarrow y \Leftrightarrow x>y$；　　(4) $x \longrightarrow y \Leftrightarrow x \geqslant y$。

下面的表格表明$\mathcal{N}$上的一些标准公式是否成立。请验证已有的信息并补充其他的信息。

	D	T	B	4	5	P	Q	R	G	L	M
(1)	√	.	×	√	×	×	×	.	√	×	.
(2)	.	√	×	√	×	.	×	√	√	.	×
(3)	×	×	×	.	×	×	×	.	×	.	.
(4)	√	√	.	√	.	×	.	√	.	×	√

练习 3　对于集合

$$A = N,Z,Q,R$$

中的每一个，构造一个单一模态结构 $\mathcal{A}=(A, \longrightarrow)$使得对每个 $a,b \in A$，都有

$$a \longrightarrow b \Leftrightarrow a<b。$$

用$\mathcal{N},\mathcal{Z},\mathcal{Q},\mathcal{R}$表示这些结构。

对每个公式ϕ，考虑复合公式：

$T(\phi):=\Box\phi\to\phi$　　$U(\phi):=\Box(\phi\to\Box\phi)\to\phi$

$L(\phi):=\Box T(\phi)\to\Box\phi$　　$V(\phi):=\Box U(\phi)\to\Box\phi$

$S(\phi):=\Diamond\Box\phi\to L(\phi)$　　$W(\phi):=\Diamond\Box\phi\to V(\phi)$

证明下面的事实：

(1) $\mathcal{N} \Vdash^{P} S(\phi)$

(2) $\mathcal{N} \Vdash^{P} W(\phi)$

(3) $\mathcal{N} \Vdash^{P} S(\phi)$

(4) $\mathcal{N} \Vdash^{P} W(\phi)$

(5) $\neg(\mathcal{Q} \Vdash^{P} S(P))$

(6) $\neg(\mathcal{Q} \Vdash^{P} W(\phi))$

(7) $\neg(\mathcal{R} \Vdash^{P} S(\phi))$

(8) $\neg(\mathcal{R} \Vdash^{P} W(\phi))$

这里ϕ是任意的公式并且 P 是任意的命题变项。对于(5)—(8)考虑任意的 $D \subseteq A$，这里 D 和 A-D 在 A 中是稠密的，令 P 在 $D \cup (1,\infty)$上为真。

练习 4 证明对每个传递（单模态）结构$\mathcal{A}$和所有的公式ϕ，下面的事实成立：

(1) $\mathcal{A} \Vdash^u \Box\Diamond^2\phi \leftrightarrow \Box\Diamond\phi$,

(2) $\mathcal{A} \Vdash^u (\Box\Diamond)^2\phi \leftrightarrow \Box\Diamond\phi$。

练习 5 考虑两个具有相同标号集的结构$\mathcal{A}$和$\mathcal{B}$。如果 $B \subseteq A$ 并且$\mathcal{B}$的传递关系是$\mathcal{A}$的对应关系的限制，即：对每个标号 i 和元素 $b,y \in B$，

$$b \xrightarrow{i} y \text{ 在}\mathcal{B}\text{中成立} \Leftrightarrow b \xrightarrow{i} y \text{ 在}\mathcal{A}\text{中成立},$$

则称$\mathcal{B}$是$\mathcal{A}$的子结构并记作

$$\mathcal{B} \subseteq \mathcal{A}。 \qquad (*)$$

注意：A 的每个非空子集合都是$\mathcal{A}$的子结构的基础集。

给定(*)式，按照下面的方式，$\mathcal{A}$上的每个赋值α都可以限制成为$\mathcal{B}$上的一个赋值β：对每个命题变项 P 和 $b \in B$，

$$b \in \beta(P) \Leftrightarrow b \in \alpha(P)。$$

此时我们称赋值结构$(\mathcal{B},\beta)$是$(\mathcal{A},\alpha)$的一个子结构并记作

$$(\mathcal{B},\beta) \subseteq (\mathcal{A},\alpha)。 \qquad (**)$$

如果(*)式或者(**)式恰有一个成立，并且对每个标号 i 和元素 $b \in B$ 和 $a \in A$ 有

$$b \xrightarrow{i} a \Rightarrow a \in B,$$

则称$\mathcal{B}$或$(\mathcal{B},\beta)$是$\mathcal{A}$或者$(\mathcal{A},\alpha)$的一个生成子结构，记作

$$\mathcal{B} \subseteq_g \mathcal{A}\text{或者}(\mathcal{B},\beta) \subseteq_g (\mathcal{A},\alpha)。$$

（1）证明：对于一个给定赋值结构$(\mathcal{A},\alpha)$，

①每个 A 的非空子集 B 都有一个$\mathcal{A}$的子结构$(\mathcal{B},\beta)$。

②对每个元素 $a \in A$，存在$\mathcal{A}$的一个包含 a 的最小生成子结构$\mathcal{B} = \mathcal{A}(a)$。

（2）证明：如果$(\mathcal{B},\beta) \subseteq_g (\mathcal{A},\alpha)$，那么

$$(\mathcal{B},\beta,b) \Vdash \phi \Leftrightarrow (\mathcal{A},\alpha,b) \Vdash \phi,$$

对所有的 $b \in B$ 和公式ϕ。

（3）对一个任意的公式ϕ，对一个复合的标号 i，令$\{\phi\}^*$是所有公式$[i]\phi$组成的集合。证明对于每个赋值结构$(\mathcal{A},\alpha)$和$\mathcal{A}$的元素 a，下面的等价式

$$(\mathcal{A},\alpha,b) \Vdash^P \{\phi\}^* \Leftrightarrow (\mathcal{B},\beta,b) \Vdash^v \phi$$

成立，其中$\mathcal{B} = \mathcal{A}(a)$。

练习 6 因为我们的模态语言包含常项$\top$和$\bot$，所以我们可以构造不含变项的公式。这样的一个公式称为一个语句。例如在单模态的情况下，这样的语句包含

$$\top$$

$$\Diamond\top \qquad \Box\top$$

$$\Diamond\Diamond\top \quad \Box\Diamond\top \quad \Diamond\Box\top \quad \Box\Box\top$$

$$\vdots \qquad \vdots \qquad \vdots$$

$$\vdots \qquad\qquad\qquad \vdots$$

$$\vdots \qquad \vdots \qquad \vdots$$

$$\Diamond\Diamond\bot \quad \Box\Diamond\bot \quad \Diamond\Box\bot \quad \Box\Box\bot$$

$$\Diamond\bot \qquad \Box\bot$$

以及这些语句由布尔联结词和模态词组合所成的语句。为了得到这些语句的真值并不需要赋值。因此，给定一个句子ϕ，一个结构$\mathcal{A}$和一个元素 a，如果对于$\mathcal{A}$上的某个赋值，

$$a \Vdash \phi$$

成立，那么对于$\mathcal{A}$上的所有赋值它都成立。

语句可以用于捕获在一个结构中有关链的一些信息。

对单模态的情况而言，令$\mathcal{A}$是一个给定的结构。对于每个 $n\in N$ 和元素 $a,b\in A$，令

$$a \xrightarrow{n} b \qquad \textbf{式 5-2}$$

表示存在一条在 a 和 b 之间长度为 n 的链

$$a=a_0 \longrightarrow a_1 \longrightarrow \cdots \longrightarrow a_n=b。$$

特别地，$a \xrightarrow{0} a$ 是不成立的。令

$$a \xrightarrow{n} \surd，\ a \xrightarrow{n} \times$$

分别表示：在式 5-2 中，

存在某个 b，不存在 b。

它还可以描述为：

$$a \text{ 可以看见 } b \Leftrightarrow a \longrightarrow b,$$

$$a \text{ 是隐藏的 } \Leftrightarrow a \longrightarrow \times。$$

（这里，使用$\xrightarrow{n}$作为一种迭代转移和一个标号转移之间的混淆是刻意的。）

（1）证明：

① $a \Vdash \Diamond^n\top \Leftrightarrow a \longrightarrow \surd$

② $a \Vdash \Box^n\bot \Leftrightarrow a \longrightarrow \times$

在什么条件下，

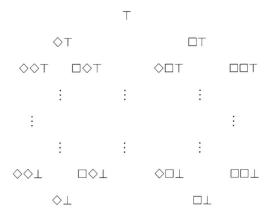

$$a \Vdash \Box^n \top, \ a \Vdash \Diamond^n \bot$$

成立?

（2）证明:

① $a \Vdash \Box\Diamond\bot \Leftrightarrow$ a 是隐藏的

② $a \Vdash \Diamond\Box\bot \Leftrightarrow$ a 能看见一个隐藏的元素

③ $a \Vdash \Box\Diamond\top \Leftrightarrow$ a 能看见不隐藏的元素

④ $a \Vdash \Diamond\Box\top \Leftrightarrow$ a 不是隐藏的

成立。

（3）找一些语句表达下面的语句。

① 被 a 看见的每一个元素都是隐藏的。

② 元素 a 能看见一个不隐藏的元素。

③ 被 a 看见的每一个元素或者是隐藏的或者是不隐藏的。

④ 元素 a 能看见一个不隐藏的元素，而这个不隐藏元素只能看见隐藏的元素。

第六章

一些对应结果

在第三章中，我们把模态逻辑看作描写和分析结构性质的工具。它如何成为这样一个工具？而该工具又具有怎样的功能？对一个关系而言，我们可能最想知道的问题是它是否为自返的、对称的、传递的或者是汇合的等等。我们也可能想知道，一个关系是否被另一个关系所包含或者是另一个关系的逆关系，或者一个关系是否可以被分解为其他两个关系的合成等。本章中我们要介绍一个更复杂的问题：一个关系是否为良基的，或是否为另一个关系的*-闭包。

然而这些性质和许多其他的性质都能由十分简单的模态公式所刻画。正是这种表达能力使得模态逻辑成为一个强有力的工具。一旦理解这一点，就可以看出模态逻辑是丰富的二阶逻辑的一个相当大的部分，也正是具有二阶性质，才使得它如此强大。

6.1　一些例子

本节我们给出一些对应结果，它们是一些非常简单的例子。在这些例子中，我们只使用一个特殊标号≺来刻画关系，此外，还要使用联结词□。

6-1 命题 对于每一个结构$\mathcal{A}$，下面的条件是等价的。

（1）关系≺是自返的。

（2）对每个公式ϕ，$\mathcal{A} \Vdash^{u} \Box\phi \to \phi$。

（3）对某个命题变项P，$\mathcal{A} \Vdash^{u} \Box P \to P$。

关于命题6-1的两点说明。

（1）与关系≺是自返的对应结果有很多，并且所有结果都与命题6-1中的一个条件等价。

（2）结构性质（1）被证明等价于一组确定公式（2）的模型。而这些公式又都是一组确定的基本的公式（3）的代入实例。因此，（2）⇒（3）是微不足道的，而（3）⇒（2）是命题5-17的一个应用。（1）⇒（2）可以通过直接证明得到。（3）⇒（1）可以通过选取特殊的赋值得出。这个赋值的选取是该证明的关键。

证明

（1）⇒（2）。这是引理5-9表中的第一个结果。

（2）⇒（3）。取ϕ为P即可。

（3）⇒（1）。由（3），对某个命题变项P和一个固定的元素a，令赋值α满足

对任意的x∈A，

$$x \Vdash P \Leftrightarrow x \prec a。$$

那么由定义5-2可得

$$a \Vdash \Box P。$$

再由（3）可得：$a \Vdash P$。所以$a \prec a$。

6-2 命题 对于每一个结构$\mathcal{A}$，下面的条件是等价的。

（1）关系≺是传递的。

（2）对每个公式ϕ，$\mathcal{A} \Vdash^{u} \Box\phi \to \Box^{2}\phi$。

（3）对某个命题变项P，$\mathcal{A} \Vdash^{u} \Box P \to \Box^{2}P$。

证明

（1）⇒（2）。这是引理5-9表中的第二个结果。

（2）⇒（3）。取ϕ为P即可。

（3）⇒（1）。由（3），对某个命题变项P和一个固定的元素a，令赋值α满足

$$对任意的x∈A，x \Vdash P \Leftrightarrow x \prec a。 \quad (*)$$

那么，由定义 5-2 可得

$$a \Vdash \Box P。$$

再由（3）可得：$a \Vdash \Box^2 P$。因此，对于任意的元素 b 和 c，由 $a \Vdash \Box^2 P$ 可得

$$c \prec b \prec a \Rightarrow c \Vdash P$$
$$\Rightarrow c \prec a（由(*)式）。$$

6-3 命题　对于每一个结构$\mathcal{A}$，下面的条件是等价的。

（1）关系$\prec$是确定的。

（2）对每个公式ϕ，$\mathcal{A} \Vdash^u \Diamond\phi \to \Box\phi$。

（3）对某个命题变项 P，$\mathcal{A} \Vdash^u \Diamond P \to \Box P$。

证明

（1）⇒（2）这是引理 5.9 表中的结果。

（2）⇒（3）。取ϕ为 P 即可。

（3）⇒（1）。考虑满足下面关系的任意元素 a,b,c,

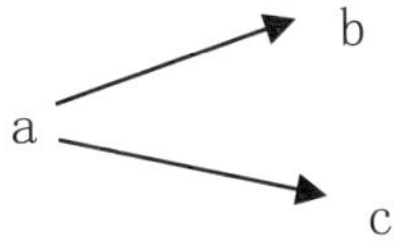

和由（3）所给出的命题变项 P，以及满足下面条件的任意赋值：对任意的 $x \in A$，

$$x \Vdash P \Leftrightarrow x=b。\quad (*)$$

那么 $a \Vdash \Diamond P$。由（3）可得：$a \Vdash \Box P$，又 $c \prec a$，所以 $c \Vdash P$，即：c=b。

实际上，存在一组这样的对应结果，其证明方法也完全相同。

6-4 命题　令$\mathcal{A}$是一个任意的结构，i 是$\mathcal{A}$上的任意标号，则

（1）$\mathcal{A}$是 i-持续的（即：对任意的 $a \in A$，存在某一 $b \in A$ 使得 $b \prec_i a$）等价于对每个公式ϕ，$\mathcal{A} \Vdash^u [i]\phi \to \langle i\rangle\phi$。

（2）$\mathcal{A}$是 i-自返的（即：关系$\prec_i$是自返的）等价于对每个公式ϕ，$\mathcal{A} \Vdash^u [i]\phi \to \phi$。

（3）$\mathcal{A}$是 i-对称的等价于对每个公式ϕ，$\mathcal{A} \Vdash^u \phi \to [i]\langle i\rangle\phi$。

（4）$\mathcal{A}$是 i-传递的等价于对每个公式ϕ，$\mathcal{A} \Vdash^u [i]\phi \to [i]^2\phi$。

（5）$\mathcal{A}$是 i-欧性的，即：对任意发散楔形图

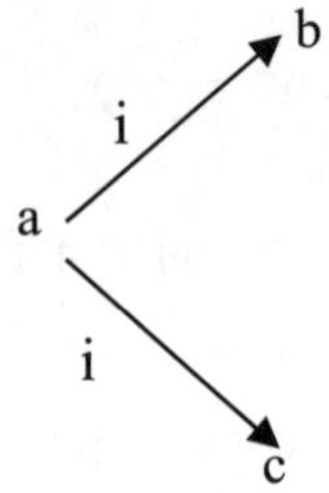

有 $b \prec_i c$（或者 $c \prec_i b$），等价于对每个公式ϕ，$\mathcal{A} \Vdash^u \langle i\rangle\phi \to [i]\langle i\rangle\phi$。

（6）$\mathcal{A}$是 i-无差别的等价于对每个公式ϕ，$\mathcal{A} \Vdash^u \phi \to [i]\phi$。

（7）$\mathcal{A}$是 i-确定的等价于对每个公式ϕ，$\mathcal{A} \Vdash^u \langle i\rangle\phi \to [i]\phi$。

（8）$\mathcal{A}$是 i-稠密的等价于对每个公式ϕ，$\mathcal{A} \Vdash^u [i]^2\phi \to [i]\phi$。

证明

此证明留给读者。

6.2　一些汇合的性质及例子

本节给出一个结果，它涵盖了上节讨论的所有对应结果。

6-5 定义　固定标号

$$i,j,k,l。$$

它们可以是不同的，也可以是相同的。如果对于每一个发散的楔形图

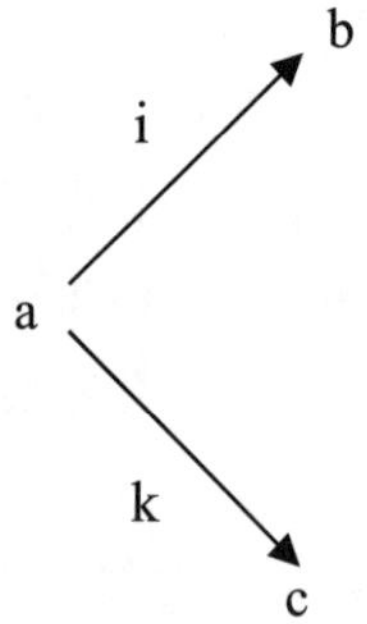

图 6-1

都存在一个收敛的楔形图

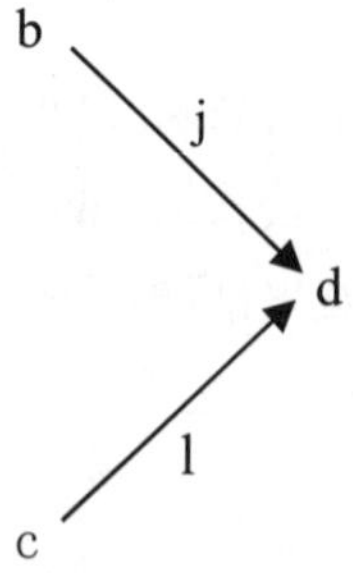

图 6-2

那么称结构$\mathcal{A}$有(i,j,k,l)-汇合性。

下面的汇合性对应结果包含了上节提到的所有性质。

6-6 定理　对每一个结构$\mathcal{A}$，下面的三个条件等价。

（1）$\mathcal{A}$有(i,j,k,l)-汇合性。

（2）对每一个公式ϕ，$\mathcal{A} \Vdash^{u} \langle i\rangle[j]\phi \rightarrow [k]\langle l\rangle\phi$。

（3）对某个命题变项 P，$\mathcal{A} \Vdash^{u} \langle i\rangle[j]P \rightarrow [k]\langle l\rangle P$。

证明

（1）⇒（2）。设$\mathcal{A}$具有汇合性并且对某个元素 a，公式ϕ和$\mathcal{A}$上的赋值满足

$$a \Vdash \langle i\rangle[j]\phi$$

由上式可得：存在某个 $b \prec_i a$ 使得 $b \Vdash [j]\phi$。下面证明：

$$a \Vdash [k]\langle l\rangle\phi。$$

为此，考虑任意的元素 $c \prec_k a$。此时我们得到一个楔形图 6-1，所以由汇合性可得一个元素 d 并满足

$$d \prec_j b，d \prec_l c。$$

由前面的式子 $d \prec_j b$ 和 $b \Vdash [j]\phi$可得：$d \Vdash \phi$。由 $d \Vdash \phi$和后面的式子 $d \prec_l c$ 可得：$c \Vdash \langle l\rangle\phi$。又因为任意的元素 $c \prec_k a$，所以，$a \Vdash [k]\langle l\rangle\phi$。

（2）⇒（3）是微不足道的。

（3）⇒（1）。考虑任意给定的楔形图 6-1 和条件（3）所确定的命题变项 P，以及满足下面条件的任意赋值

$$对所有的 x \in A，都有 x \Vdash P \Leftrightarrow x \prec_j b。 \quad (*)$$

那么 $b \Vdash [j]P$。又由于 $b \prec_i a$，由此可得：$a \Vdash \langle i\rangle[j]P$。再由条件（3）可得

$$a \Vdash [k]\langle l\rangle P。$$

又对任意的 $c \prec_k a$ 可得 $c \Vdash \langle l\rangle P$。因此，存在某个 $d \prec_l c$ 使得 $d \Vdash P$。由 $d \Vdash P$ 和(*)式可得：$d \prec_j b$。因此，我们得到楔形图 6-2。

下面的例子说明：

（1）定理 6-6 为什么能涵盖上节给出的所有对应结果。

（2）汇合性为什么能概括上节的性质（1）—（8）。

例 1　对于一个给定的（结构$\mathcal{A}$的）关系$\prec$，选择标号 j 和 l 满足：$\prec_j$，$\prec_l$和$\prec$是一致的。令 i 和 k 标号相等，即：对于任意的 $x,y \in A$，

$$y \prec_i x \Leftrightarrow x=y \Leftrightarrow y \prec_k x。$$

那么一个发散的楔形图 6-1 满足下面的条件

$$b = a = c。$$

即：一个任意的元素 a。一个收敛的楔形图由一个元素 d 给出，而这个收敛的楔形图满足下面的条件

$$d \prec b=a,\ d \prec c=a。$$

因此，汇合性被归约为持续性。注意，定理 6-6 的对应公式为

$$\Box\phi \to \Diamond\phi。$$

例 2 令 j 和 k 标号相等，那么汇合性断言$\prec_i$是$\prec_l$的子关系，特别地，当标号$\prec_i$也标号相等时，则$\prec_l$是自返的。

由于 j 和 k 标号相等，即：对于任意的 $x,y\in A$，

$$y \prec_j x \Leftrightarrow x=y \Leftrightarrow y \prec_k x,$$

那么一个发散的楔形图 6-1 满足

$$b=d \text{ 并且 } a=c。$$

由此可得：$d \prec_i c$。由一个收敛的楔形图 6-2 可知：$d \prec_l c$，所以$\prec_i$是$\prec_l$的子关系。

又 i 也标号相等，即：

$$y \prec_j x \Leftrightarrow x=y \Leftrightarrow y \prec_k x \Leftrightarrow y \prec_i x,$$

由此可得：

$$b=d \text{ 并且 } a=c \text{ 并且 } a=b。$$

所以 a=b=c=d。于是，由一个收敛的楔形图 6-2 可知：$d \prec_l c$ 得：$d \prec_l d$。

例 3 令 i 和 j 标号相等，那么汇合性断言$\prec_k$包含在$\prec_l$的逆中，即：

$$y \prec_k x \Rightarrow x \prec_l y。$$

特别是当标号 k 和 l 满足$\prec_k$，$\prec_l$与$\prec$一致时，则$\prec$是对称的。

由于 i 和 j 标号相等，即：对于任意的 $x,y\in A$，

$$y \prec_i x \Leftrightarrow x=y \Leftrightarrow y \prec_j x,$$

那么一个发散的楔形图 6-1 满足

$$a=b \text{ 并且 } b=d。$$

所以 $c \prec_k d$。由一个收敛的楔形图 6-2 可知：$d \prec_l c$。所以$\prec_k$包含在$\prec_l$的逆中。

当标号 k 和 l 满足$\prec_k$，$\prec_l$与$\prec$一致时，即：

$$y \prec x \Leftrightarrow y \prec_k x \text{ 并且 } y \prec x \Leftrightarrow y \prec_l x,$$

那么由 $c \prec_k d$ 可得：$d \prec c$。所以$\prec$是对称的。

例 4 令 k 标号相等，$\prec_i$，$\prec_j$，$\prec_l$与$\prec$一致，则$\prec$是传递的。

因为$\prec_i$，$\prec_j$与$\prec$一致，则 $b \prec a$ 并且 $d \prec b$。又因 k 标号相等，即：对任意的 $x,y\in A$，

$$y \prec_k x \Leftrightarrow x=y。$$

所以 a=c。又 $\prec_l$ 与 $\prec$ 一致，故，$d\prec a$。于是，$\prec$ 是传递的。

例 5　令 $\prec_i$，$\prec_j$，$\prec_k$ 与 $\prec$ 一致，令 l 标号相等，那么汇合性断言 $\prec$ 是欧性的。它所对应的公式为

$$\Diamond\Box\phi\rightarrow\Box\phi。$$

它的逆否式等价于

$$\Diamond\phi\rightarrow\Box\Diamond\phi。$$

或者令 $\prec_i$，$\prec_k$，$\prec_l$ 与 $\prec$ 一致，令 j 标号相等，也可以得到相同的结论。

因为 l 标号相等，即：对任意的 $x,y\in A$，

$$y\prec_l x \Leftrightarrow x=y。$$

所以 c=d。因为 $\prec_i$，$\prec_j$ 与 $\prec$ 一致，则 $b\prec a$ 并且 $d\prec b$。又 $\prec_k$ 与 $\prec$ 一致，于是，$c\prec b$。

例 6　令 j,k 和 l 标号相等，并且 $\prec_i$ 与 $\prec$ 一致，则汇合性断言 $\prec$ 是无差别的。

因 $\prec_i$ 与 $\prec$ 一致，则 $b\prec a$，因为 j,k 和 l 标号相等，所以 a=c=d 并且 b=d。于是，b=a。故 $\prec$ 是无差别的。

例 7　令 j 和 l 标号相等，并且 $\prec_i$ 和 $\prec_k$ 都与 $\prec$ 一致，则汇合性断言 $\prec$ 是确定的。

因为 $\prec_i$ 和 $\prec_k$ 都与 $\prec$ 一致，所以 $b\prec a$ 并且 $c\prec a$。由 j 和 l 标号相等可得：b=d，c=d。于是，b=c。故 $\prec$ 是确定的。

例 8　令 i 标号相等，并且 j,l 和 k 都与 $\prec$ 一致，则汇合性断言 $\prec$ 是稠密的。

因为 i 标号相等，所以 a=b。又因 j,l 和 k 都与 $\prec$ 一致，所以有 $d\prec a$ 并且 $d\prec c\prec a$。故，$\prec$ 是稠密的。

6.3　一些非汇合的性质

定理 6-6 并非包含了所有的对应结果。本节给出几个结果，但它们的证明非常复杂。

6-7 定义　对于所有的 $a,b,c\in A$，

如果 $b\prec a$ 并且 $c\prec a$，那么 $b\prec c$ 或者 $c\prec b$，

则称结构 $\mathcal{A}$ 的关系 $\prec$ 是树状的。

刻画这个性质可能需要不止一个变项。

6-8 命题　对每个结构 $\mathcal{A}$，下面的条件是等价的。

（1）关系 $\prec$ 是树状的。

（2）对所有的公式 ϕ 和 ψ，$\mathcal{A}\Vdash^{u}\Box(\Box\phi\rightarrow\psi)\vee\Box(\Box\psi\rightarrow\phi)$。

（3）对两个不同的命题变项 P 和 P_1，$\mathcal{A}\Vdash^{u}\Box(\Box P\rightarrow P_1)\vee\Box(\Box P_1\rightarrow P)$。

证明

（1）⇒（2）。假设 $\prec$ 是树状的并且对某个元素 a，公式 ϕ 和 ψ 以及 $\mathcal{A}$ 上的赋值满足

$$并非(a\Vdash\Box(\Box\phi\rightarrow\psi)),$$

由此可得：存在元素 $b\prec a$ 使得 $b\Vdash\Box\phi\wedge\neg\psi$，即：

$$b\Vdash\Box\phi\ 并且\ b\Vdash\neg\psi。$$

现在考虑任意的 $c\prec a$ 并满足 $c\Vdash\Box\psi$。我们需要证明：$c\Vdash\phi$。

由于 $\prec$ 是树状的，由 $b\prec a$ 和 $c\prec a$ 可得：

$$b\prec c\ 或者\ c\prec b。$$

如果 $b\prec c$ 成立，由 $c\Vdash\Box\psi$ 可得：$b\Vdash\psi$。此与 $b\Vdash\neg\psi$ 矛盾！所以 $c\prec b$ 成立。由 $b\Vdash\Box\phi$ 可得：$c\Vdash\phi$。因此，$c\Vdash\Box\psi\rightarrow\phi$。再由 $c\prec a$ 和 c 的任意性可得：$a\Vdash\Box(\Box\psi\rightarrow\phi)$。

（2）⇒（3）。取 ϕ 为 P 即可。

（3）⇒（1）。假定 $b\prec a$ 并且 $c\prec a$，因为（3）给出命题变项 P 和 P_1 是不同的，所以考虑满足下面条件的任意赋值

$$x\Vdash P\Leftrightarrow x\prec b,\ x\Vdash P_1\Leftrightarrow x\prec c\quad(x\in A)。$$

由此可得：

$$b\Vdash\Box P,\quad c\Vdash\Box P_1$$

并且由假设

$$a\Vdash\Box(\Box P\rightarrow P_1)\ 或者\ a\Vdash\Box(\Box P_1\rightarrow P)成立。$$

如果 $a\Vdash\Box(\Box P\rightarrow P_1)$ 成立，则 $b\Vdash\Box P\rightarrow P_1$。于是，$b\Vdash P_1$。又 $b\Vdash P_1\Leftrightarrow b\prec c$，因此，$b\prec c$。如果 $a\Vdash\Box(\Box P_1\rightarrow P)$ 成立，则 $c\Vdash\Box P_1\rightarrow P$。于是，$c\Vdash P$。又 $c\Vdash P\Leftrightarrow c\prec b$，因此，$c\prec b$。

到目前为止，我们所描述的所有结构的性质，在一阶可定义的意义上都是基本的。模态逻辑的威力来自它处理一些非基本性质的能力。下面是一个非基本性质的例子。为此，我们先证明下面的引理。

6-9 引理　令 $\mathcal{A}$ 是一个结构并且 P 是一个命题变项，假设

$$\mathcal{A}\Vdash^{u}\Box(\Box P\rightarrow P)\rightarrow\Box P,$$

那么对应的转移关系 $\longrightarrow$ 是传递的。

证明

由命题 5-7，构造一个赋值满足：对每个 $x \in A$，

$$x \Vdash P \Leftrightarrow (\forall y)(y \prec^* x \Rightarrow y \prec a),$$

其中 a 是一个固定元素，$\prec^*$是$\prec$的*-闭包。那么 $a \Vdash \Box(\Box P \to P)$，并由此得：$a \Vdash \Box P$。于是，对任意 $b, c \in A$，有

$$c \prec b \prec a \Rightarrow c \prec b \text{ 并且 } b \Vdash P \Rightarrow c \prec a。$$

6-10 定义　令$\mathcal{A}$是一个结构，$\longrightarrow$是$\mathcal{A}$上的一个关系。如果不存在满足下面条件的元素序列$(a_r|r<\omega)$：

$$a_0 \longrightarrow a_1 \longrightarrow \cdots \longrightarrow a_r \longrightarrow \cdots \quad (r<\omega),$$

则称关系 $\longrightarrow$ 是良基的。

6-11 定理　对每个结构$\mathcal{A}$，下面的条件是等价的。

（1）关系 $\longrightarrow$（即：$\prec$）是传递的和良基的。

（2）对每一个公式ϕ，$\mathcal{A} \Vdash^u \Box(\Box\phi \to \phi) \to \Box\phi$。

（3）对某个命题变项 P，$\mathcal{A} \Vdash^u \Box(\Box P \to P) \to \Box P$。

证明

（1）$\Rightarrow$（2）。假设$\prec$是良基的和传递的，假设对任意元素 a，公式ϕ和$\mathcal{A}$上的赋值以及

$$a \Vdash \Box(\Box\phi \to \phi) \text{并且并非} (a \Vdash \Box\phi)。$$

由并非$(a \Vdash \Box\phi)$可得：存在元素 b 使得 $b \prec a$ 并且

$$\text{并非}(b \Vdash \phi)。$$

即：存在元素 b 使得

$$b \prec a \text{ 并且 } b \Vdash \neg\phi。 \qquad \textbf{式 6-3}$$

由 $a \Vdash \Box(\Box\phi \to \phi)$可得：任意的 $b \prec a$，

$$b \Vdash \Box\phi \to \phi。$$

由于

$$b \Vdash \Box\phi \to \phi \Leftrightarrow b \Vdash \neg\Box\phi \vee \phi$$
$$\Leftrightarrow \quad b \Vdash \neg\Box\phi \text{ 或者 } b \Vdash \phi,$$

又 $b \Vdash \neg\phi$，因此，有 $b \Vdash \neg\Box\phi$。又因为

$$b \Vdash \neg\Box\phi \Leftrightarrow b \Vdash \Diamond\neg\phi,$$

由此可得：存在一个元素 $c \prec b$ 并且 $c \Vdash \neg\phi$。由$\prec$的传递性可得：

$$c \prec a \text{ 并且 } c \Vdash \neg\phi。$$

继续这一过程，我们可以得到一个满足下面条件的无穷序列$(b_r|r<\omega)$：

$$b_0 \longrightarrow b_1 \longrightarrow \ldots \longrightarrow b_r \longrightarrow \ldots \quad (r<\omega),$$

并且对所有的 $r<\omega$，$b_r \Vdash \neg\phi$。这与 $\longrightarrow$ 是良基的矛盾！故，假设并非$(a \Vdash \Box\phi)$不成立。于是，$a \Vdash \Box\phi$。

（2）⇒（3）。取ϕ为 P 即可。

（3）⇒（1）。假设（3）成立，由引理 6-9，关系$\prec$是传递性的。下面证明$\prec$是良基的。

用反证法，假设存在一个序列$(a_r|r<\omega)$满足

$$a_0 \longrightarrow a_1 \longrightarrow \ldots \longrightarrow a_r \longrightarrow \ldots \quad (r<\omega),$$

利用（3）给出的命题变项 P，构造满足下列条件的任意赋值：对 $x\in A$，

$$x \Vdash \neg P \Leftrightarrow (\exists r<\omega)(x=a_r),$$

特别地，由 $a_1 \Vdash \neg P$ 可得：$a_0 \Vdash \Diamond\neg P$。由(3)，

$$a_0 \Vdash \Box(\Box P\to P)\to\Box P$$

$$\Leftrightarrow a_0 \Vdash \Box\neg(\Box P\wedge\neg P)\to\Box P$$

$$\Leftrightarrow a_0 \Vdash \neg\Box P\to\neg\Box\neg(\Box P\wedge\neg P)$$

$$\Leftrightarrow a_0 \Vdash \Diamond\neg P\to\Diamond(\Box P\wedge\neg P)$$

可得：

$$a_0 \Vdash \Diamond(\Box P\wedge\neg P)。$$

由此可得：存在某个 $x\prec a_0$，有

$$x \Vdash \Box P \text{ 并且 } x \Vdash \neg P。$$

由 $x \Vdash \neg P$ 保证对某个 $r<\omega$，$x=a_r$。但由 $x \Vdash \Box P$ 可得：

$$a_{r+1} \Vdash P。$$

此与假设 $a_{r+1} \Vdash \neg P$ 矛盾！

6.4 练习

练习 1 考虑一种语言，其中标号 i,j,k,l 不必相互区分。以下是由任意公式ϕ和结构性质(p)决定的一系列公式形式(s)。证明：对于以下匹配在一起的每一个公式的形式和性质，一个结构是形式(s)的模型当且仅当它有性质(p)。

（1）(s) $\langle i\rangle\phi\to\phi$;

(p) i-无差别的。

（2）(s) $\langle i\rangle\phi\to\langle j\rangle\phi$;

(p) 关系 $\xrightarrow{j}$ 包含关系 $\xrightarrow{i}$，即：关系 $\xrightarrow{i}$ 包含在关系 $\xrightarrow{j}$ 中。

（3）(s) $\langle i\rangle\phi\to[j]\phi$;

(p) 形如

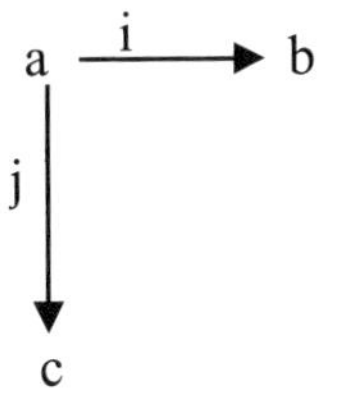

的所有楔形图都有 c=b。

（4）(s) $\langle i\rangle\phi\to\langle j\rangle[k]\phi$;

(p)对于每对 $a\xrightarrow{i}b$ 存在某元素 c，有 $a\xrightarrow{j}c$，使得 $c\xrightarrow{k}x$ 中有唯一的 x 并且 x=b。

（5）(s) $\langle i\rangle\phi\to[j]\langle k\rangle\phi$;

(p) 形如

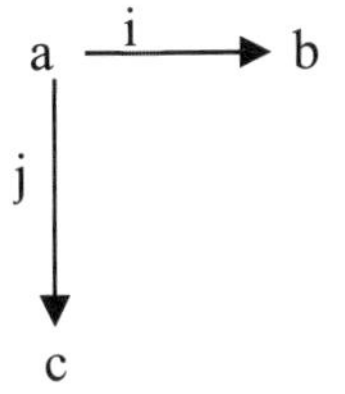

的所有楔形图都有 $c\xrightarrow{k}b$。

（6）(s) $\langle i\rangle\phi\to\langle j\rangle[k]\langle l\rangle\phi$;

(p) 对于每对 $a\xrightarrow{i}b$ 存在某元素 c 有 $a\xrightarrow{i}c$,使得对于所有元素 d，如果 $c\xrightarrow{k}d$，那么 $d\xrightarrow{l}b$。

（7）(s) $\langle i\rangle\phi\to[j]\langle k\rangle[l]\phi$;

(p) 对于每一个楔形图

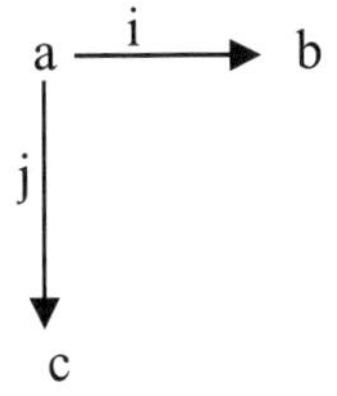

存在某元素 d，有 $c\xrightarrow{k}d$，使得 $d\xrightarrow{l}x$ 中有唯一的 x 并且 x=b。

练习 2 令 i,j,k,l,m,n 为固定标号。证明：对于以下匹配在一起的每一个公式的形式和性质，一个结构是形式(s)的模型当且仅当它有性质(p)。

（1）(s) $\langle i\rangle[j]\phi\to[k]\langle l\rangle[m]\phi$；

(p) 对于元素的每一个楔形图

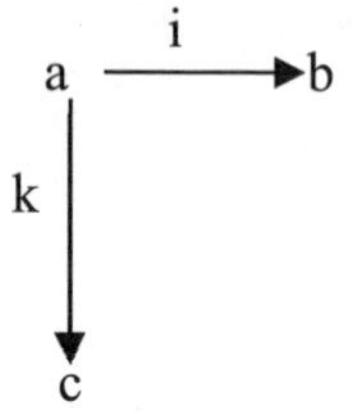

存在某元素 d，有 $c\xrightarrow{l}d$，使得对于所有元素 x，

$$d\xrightarrow{m}x\Rightarrow b\xrightarrow{i}x$$

成立。

（2）(s) $\langle i\rangle[j]\phi\to[k]\langle l\rangle\langle m\rangle\phi$；

(p) 对于每一个转移 $a\xrightarrow{i}b$，存在某个转移 $a\xrightarrow{k}c$，使得对于每一个转移 $c\xrightarrow{l}d$，存在一个楔形图

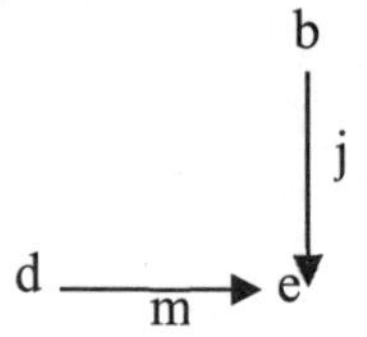

（3）(s) $\langle i\rangle[j]\phi\to[k]\langle l\rangle[m]\langle n\rangle\phi$；

(p) 对于每一个楔形图

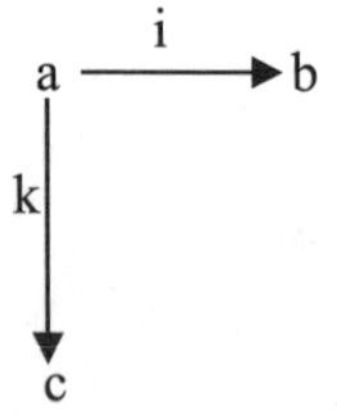

存在一个转移 $c\xrightarrow{l}d$，使得对于每一个转移 $d\xrightarrow{m}e$，有

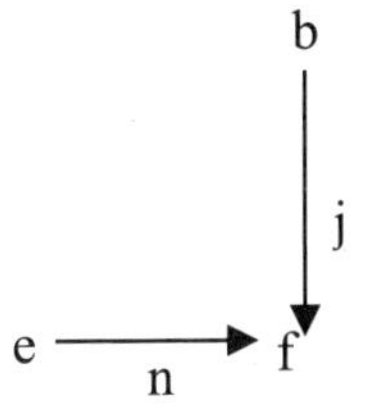

练习 3　考虑一个含有标号 i,j,k,l,m,n（它们不必是原子标号也不必相互区分）的模态语言。对于任意公式ϕ和ψ令 K(i,j,k,l,m,n)是广义 K-形状

$$[i]([j]\phi\to[k]\psi)\to[l]([m]\phi\to[n]\psi)。$$

证明：结构$\mathcal{A}$是 K(i,j,k,l,m,n)的模型，当且仅当对于所有的元素 a,b,c 且满足性质

$$a\xrightarrow{l}b\xrightarrow{n}c,$$

则存在某个元素 d 使得

（1）$a\xrightarrow{i}d\xrightarrow{k}c$,

（2）对于所有的元素 x，$d\xrightarrow{j}x\Rightarrow b\xrightarrow{m}x$ 成立。

练习 4　不是所有的对应结果都必须通过选择一个适当的赋值来证明。例如，令 k 和 l 为固定的自然数并且 k>l。证明对于每一个传递的（单模态）结构$\mathcal{A}$，以下三个条件等价：

（1）对于所有公式ϕ，$\mathcal{A}\Vdash^{p}\Box^{k}\Diamond\Box\phi\to\Box^{l}\Diamond\Box\phi$。

（2）$\mathcal{A}\Vdash^{u}\Diamond^{k}\Box\bot\vee\Box^{l}\Diamond\top$。

（3）对于每一个 $a\in A$，以下两者之一成立：

①存在某个隐蔽的元素 b 使得 $a\xrightarrow{k}b$；

②不存在某个隐蔽的元素 b 使得 $a\xrightarrow{l}b$。

练习 5　令 k 和 l 为固定的自然数。证明：对于每一个转移（单模态）结构$\mathcal{A}$，下面的四个条件：

（1）对于所有公式ϕ，$\mathcal{A}\Vdash^{u}\Box^{k}\Diamond\phi\to\Diamond^{l}\Box\Diamond\phi$；

（2）对于所有公式ϕ，$\mathcal{A}\Vdash^{u}\Box^{k}\Diamond\Box\phi\to\Diamond^{l}\Box\Diamond\phi$；

（3）$\mathcal{A}\Vdash^{u}\Diamond^{k}\Box\bot\vee\Diamond^{l}\Box\Diamond\top$；

（4）对于每一个 $a\in A$，存在某元素 $b\in A$，使得以下两者之一成立：

①$a\xrightarrow{k}b$ 并且 b 是隐蔽的；

②$a\xrightarrow{l}b$ 并且 b 看到的元素都不是隐蔽的，是等价的。

练习 6　考虑以下选择原理。

(*)假设 $\longrightarrow$ 是集合 X 上的传递关系并满足

$$(\forall x\in X)(\exists y\in X)(x \longrightarrow y \wedge x\neq y)$$

那么存在满足条件

$$Y\cap Z=\varnothing，Y\cup Z=X$$

的集合 Y,Z 使得

$$(\forall x\in X)(\exists y\in Y,z\in Z)(x \longrightarrow y \wedge x \longrightarrow z)$$

成立。

这是选择公理的一种形式。在一些受限制的情况中，某些非基本性质可以成为基本的。

（1）用(*)证明一个传递结构$\mathcal{A}=(A,\longrightarrow)$是 McKinsey 公理的模型，当且仅当，对每个 $a\in A$，存在某元素 $b\in A$ 满足 $a \longrightarrow b$ 并且使得对所有的 $x\in A$，

$$b \longrightarrow x \Rightarrow x=b$$

成立。

（2）证明(*)。

第七章

一般的汇合结果

在第六章中，我们得到了具有持续性、自返性、对称性、传递性等的结构所具有的对应结果。同时证明了这些结果都包含在汇合性（定理 6-6）中。但是，在证明汇合性也包含传递性和稠密性时，我们令其中一个标号是标号相等的并且其他三个标号之间没有区别（即：与 $\prec$ 一致）。本章我们将重新表述汇合定理以便能更好地处理问题。

7.1 一些约定

在下面的讨论中，我们仍然固定一个标号集 I，并考虑标号序列，例如

$$\mathbf{i} := i(1), i(2), \ldots, i(p)。$$

这是一个由标号 $i(1), i(2), \ldots, i(p)$ 构成的长度为 p 的序列。每个原子标号 $i(s)(s=1,2,\ldots,p)$ 允许相同。当 $p=0$ 时，$\mathbf{i}$ 是一个空序列，记为∅。

给定一个标号序列 $\mathbf{i}$ 以及结构$\mathcal{A}$的元素 a 和 b，令

$$a \xrightarrow{\mathbf{i}} b$$

表示存在元素 $x_0,x_1,x_2,\cdots,x_p$ 满足

$$a=x_0 \xrightarrow{i(1)} x_1 \xrightarrow{i(2)} x_2 \xrightarrow{i(3)} \cdots \xrightarrow{i(p)} x_p=b。$$

特别地，当 p=0 时，

$$a \xrightarrow{\varnothing} b \text{ 表示 } a=b。$$

类似地，对公式ϕ我们将

$$[1][2]\ldots[p]\phi$$

简写为

$$[\mathbf{i}]\phi,$$

其中索引 1,2,…,p 表示了所要使用的标号。对于<**i**>，情况也是一样的。

特别是

$$[\varnothing]\phi \text{和} \langle\varnothing\rangle\phi$$

就是ϕ。因此，

$$a \Vdash [\mathbf{i}]\phi$$

成立，当且仅当对每个满足 $a \xrightarrow{\mathbf{i}} b$ 的元素 b，都有 $b \Vdash \phi$。

这些记法和约定允许我们把 **i** 作为一个单独的标号进行处理。

为了表述和证明一般的汇合结果，我们考虑四个这样的标号序列。现在，我们固定四个自然数 p,q,r,s 和由这四个自然数构成的四个标号序列：

$$\mathbf{i} := i(1),i(2),\ldots,i(p),$$

$$\mathbf{j} := j(1),j(2),\ldots,j(q),$$

$$\mathbf{k} := k(1),k(2),\ldots,k(r),$$

$$\mathbf{l} := l(1),l(2),\ldots,l(s)。$$

我们将 **i**,**j**,**k** 和 **l** 作为结构性质 CONF(**i**;**j**;**k**;**l**)和公式集 Conf(**i**;**j**;**k**;**l**)中的参数。我们将证明 CONF(**i**;**j**;**k**;**l**)和 Conf(**i**;**j**;**k**;**l**)是一个对应结果中的两个互相匹配的成份。

7.2 结构的性质

7-1 定义 如果每个发散的楔形图

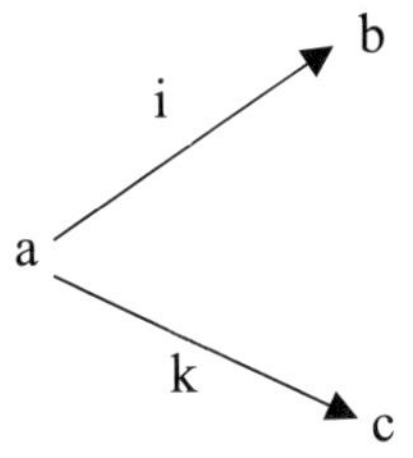

图 7-1

都存在一个收敛的楔形图

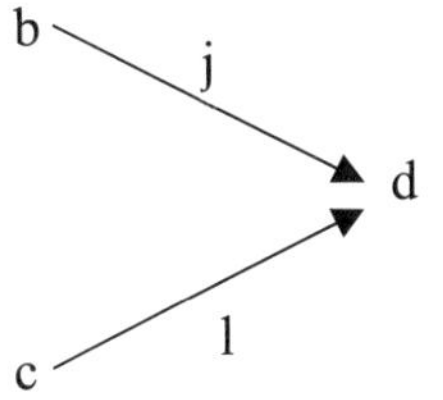

图 7-2

则称结构$\mathcal{A}$具有性质 CONF(**i**;**j**;**k**;**l**)。

特别地，当 p=q=r=s=1 时，性质 CONF(**i**;**j**;**k**;**l**)归约为第六章的(i;j;k;l)-汇合性。

下面是 p,q,r,s 取 1 或取 0 时的 16 种所有情况。

(0)∅；∅；∅；∅　(1)∅；∅；∅；l　(2)∅；∅；k；∅

(3)∅；j；∅；∅　(4)i；∅；∅；∅　(5)∅；∅；k；l

(6)∅；j；∅；l　(7)i；∅；∅；l　(8)∅；j；k；∅

(9)i；∅；k；∅　(10)i；j；∅；∅　(11)∅；j；k；l

(12)i；∅；k；l　(13)i；j；∅；∅　(14)i；j；k；∅

(15)i；j；k；l

其中，(0)是 p=q=r=s=0 的情况；(1)是 p=q=r=0，并且 s=1 的情况；(7)是 p=1，q=r=0 并且 s=1 的情况；(12)是 p=1，q=0 和 r=s=1 的情况。其中，

CONF(0)表明这个性质从某种意义上来说是空的，它适合所有的结构。因此，它具有有限的表达力。

CONF(1)表明对于满足 a=b=c 的三个元素 a,b 和 c 来说，存在一个元素 d 满足

$$a=b=c \xrightarrow{l} d，a=b=d。$$

换句话说，关系 $\xrightarrow{l}$ 是自返的。

CONF(2)表明对于满足

$$a \xrightarrow{k} c，a=b$$

的元素 a,b 和 c 来说，存在元素 d 满足

$$a=b=c=d。$$

换句话说，关系 $\xrightarrow{k}$ 是无差别的。

CONF(5)表明对于满足

$$a=b，a\xrightarrow{k}c$$

的元素 a,b 和 c 来说，存在元素 d 满足

$$b=d，c\xrightarrow{l}d。$$

也就是说，对于元素 a 和 c 来说

$$a\xrightarrow{k}c \Rightarrow c\xrightarrow{l}a。$$

换句话说，关系 $\xrightarrow{k}$ 包含在关系 $\xrightarrow{l}$ 的逆中。在 k=l 的情况下，关系 $\xrightarrow{k}$ 是对称的。

CONF(6)表明对具有性质

$$a=b=c$$

的所有元素 a,b,c 而言，存在一个元素 d 满足

$$a\xrightarrow{j}d，a\xrightarrow{l}d。$$

特别地，关系 $\xrightarrow{j}$ 和 $\xrightarrow{l}$ 都是持续的。

CONF(8)表明对于具有性质

$$a=b，a\xrightarrow{k}c$$

的元素 a,b 和 c 而言，存在一个元素 d 满足

$$a\xrightarrow{j}d，c=d。$$

即：关系 $\xrightarrow{k}$ 包含在关系 $\xrightarrow{j}$ 中。

CONF(11)表明对于具有性质

$$a\xrightarrow{k}c$$

的一对元素 a 和 c 而言，存在一个元素 d 满足下面的三角形。

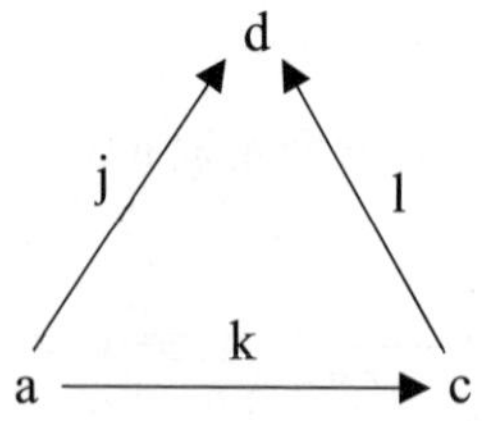

图 7-3

特别地，当 j=k=l 时，这一性质前面没有出现过。

CONF(12)表明对于每个楔形图

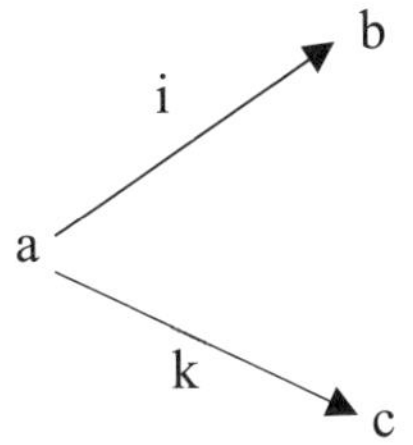

图 7-4

我们有 $c \xrightarrow{l} d$。当 i=k=l 时，关系 $\xrightarrow{l}$ 是欧性的。

CONF(15)表明的是第六章的汇合性。

事实上，所有这些性质都是第六章汇合性的特例。现在我们看一下由 CONF(**i;j;k;l**)所刻画的一些新性质（例如，当 p,q,r 或 s 中至少有一个取 2 或更大时。）

例 1　CONF(i,i;∅;∅;i)表明对于具有性质

$$a \xrightarrow{i} x \xrightarrow{i} b$$

的所有元素 a,x 和 b 而言，我们有

$$a \xrightarrow{i} b。$$

即：关系 $\xrightarrow{i}$ 是传递的。

例 2　CONF(i;∅;∅;i,i)表明对于具有性质

$$a \xrightarrow{i} b$$

的所有元素 a 和 b 而言，存在某个元素 d 满足

$$a \xrightarrow{i} d \xrightarrow{i} b。$$

于是，关系 $\xrightarrow{i}$ 是稠密的。

例 3　CONF(i,i;j;∅;l,l)表明对于具有性质

$$a \xrightarrow{i} x \xrightarrow{i} b$$

的元素 a,x 和 b 而言，存在元素 y 和 d 满足

$$b \xrightarrow{j} d \text{ 和 } a \xrightarrow{l} y \xrightarrow{l} d。$$

这是一条不常见的性质。

例 4　CONF(i;j;k,k;l,l)表明对于具有性质

$$a \xrightarrow{i} b，a \xrightarrow{k} x \xrightarrow{k} c$$

的元素 a,b,c 和 x 而言，存在元素 d 和 y 满足

$$b \xrightarrow{j} d \text{ 和 } c \xrightarrow{l} y \xrightarrow{l} d。$$

这也是一条不常见的性质。

所有这些例子表明：一般的汇合性覆盖了很多（但不是全部）我们希望的

结构性质。

从这些例子可以看出：汇合性 CONF(**i;j;k;l**) 与 CONF(**k;l;i;j**)是相同的。

7.3 公式集

令

$$\mathrm{Conf}(\mathbf{i};\mathbf{j};\mathbf{k};\mathbf{l})$$

是所有公式

$$<i>[j]\phi\rightarrow[k]<l>\phi，对于任意公式\phi$$

的集合。

下面是 Conf(**i;j;k;l**)中，p,q,r,s 取 1 或取 0 时的 16 种所有情况所对应的特征公式。

(0) $\phi\rightarrow\phi$

(1) $\phi\rightarrow<l>\phi$

(2) $\phi\rightarrow[k]\phi$

(3) $[j]\phi\rightarrow\phi$

(4) $<i>\phi\rightarrow\phi$

(5) $\phi\rightarrow[k]<l>\phi$

(6) $[j]\phi\rightarrow<l>\phi$

(7) $<i>\phi\rightarrow<l>\phi$

(8) $[j]\phi\rightarrow[k]\phi$

(9) $<i>\phi\rightarrow[k]\phi$

(10) $<i>[j]\phi\rightarrow\phi$

(11) $[j]\phi\rightarrow[k]<l>\phi$

(12) $<i>\phi\rightarrow[k]<l>\phi$

(13) $<i>[j]\phi\rightarrow<l>\phi$

(14) $<i>[j]\phi\rightarrow[k]\phi$

(15) $<i>[j]\phi\rightarrow[k]<l>\phi$

显然，这些公式中，有许多是公式 D,T,B,…的改进版本。例如，(3) 与 T，(5) 与 B，(6) 与 D，(12) 与 5。另外，通过取逆否运算可以得到：(4)与$\phi\rightarrow[i]\phi$ (即：(2)的一种形式) 等价，(7)与(8)的一种形式等价，(10)与(5)的一种形式等价。

与 7.2 节中的四个例子对应的公式分别形如

$$<i>^2\phi\rightarrow<i>\phi$$

$$<i>\phi\rightarrow<i>^2\phi$$

$$<i>^2[j]\phi\rightarrow<l>^2\phi$$

$$<i>[j]\phi\rightarrow[k]^2<l>^2\phi$$

其中，前两个公式分别是公式 4 和 R 的逆否形状。特别地，通过取逆否运算，Conf(**i;j;k;l**)与 Conf(**k;l;i;j**)等价。

然而公式集 Conf(**i**;**j**;**k**;**l**)中不包含如下的公式

$$\Box\Diamond\phi\to\Diamond\Box\phi。$$

7.4　一般的汇合结果

在这一节中，我们推广定理 6-6。但证明是类似的。

7-2 定理　对每个结构$\mathcal{A}$来说，下面三个条件是等价的。

（1）$\mathcal{A}$有属性 CONF(**i**;**j**;**k**;**l**)。

（2）$\mathcal{A}$是 Conf(**i**;**j**;**k**;**l**)的一个模型。

（3）对某个命题变项 P，$\mathcal{A} \Vdash^{u} \langle\mathbf{i}\rangle[\mathbf{j}]P\to[\mathbf{k}]\langle\mathbf{l}\rangle P$。

证明　（1）⇒（2）。假设$\mathcal{A}$有性质 CONF(**i**;**j**;**k**;**l**)并且对某个元素 a，公式ϕ和$\mathcal{A}$上赋值有

$$a \Vdash \langle\mathbf{i}\rangle[\mathbf{j}]\phi。$$

由这个假设可得：存在某个元素 b 使得

$$a \xrightarrow{i} b \text{ 并且 } b \Vdash [\mathbf{j}]\phi$$

我们只需证明：

$$a \Vdash [\mathbf{k}]\langle\mathbf{l}\rangle\phi。$$

考虑具有性质

$$a \xrightarrow{k} c$$

的任意元素 c。由性质 CONF(**i**;**j**;**k**;**l**)可得：存在一个元素 d 满足

$$b \xrightarrow{j} d \quad 和 \quad c \xrightarrow{l} d。$$

由 $b \xrightarrow{j} d$ 可得：$d \Vdash \phi$。由 $c \xrightarrow{l} d$ 可得：$c \Vdash \langle\mathbf{l}\rangle\phi$。又 $a \xrightarrow{k} c$，所以 $a \Vdash [\mathbf{k}]\langle\mathbf{l}\rangle\phi$。

（2）⇒（3）。取ϕ为 P 即可。

（3）⇒（1）。考虑任意楔形图 7-1 和由条件（3）所给命题变项 P。考虑满足下面条件的任意赋值

$$x \Vdash P \Leftrightarrow b \xrightarrow{j} x，对任意\ x\in A$$

那么，$b \Vdash [\mathbf{j}]P$。因此，$a \Vdash \langle\mathbf{i}\rangle[\mathbf{j}]P$。由条件（3）可得：$c \Vdash \langle\mathbf{l}\rangle P$。于是，存在 d 具有下面的性质

$$c \xrightarrow{l} d \text{ 和 } d \Vdash P$$

这足以使我们建构所求的楔形图 7-2。

7.5 练习

练习 1 写出具有如下性质的公式：

①对于每个结构 $a \xrightarrow{i} b$ 存在一个元素 c 并且 $b \xrightarrow{j} c$。

②对于每个结构 $a \xrightarrow{i} b$ 存在一个元素 c 使得 $b \xrightarrow{j} c$ 并且 $a \xrightarrow{k} c$。

③对于每个元素 a 存在一个元素 b 使得 $a \xrightarrow{i} b$ 并且 $b \xrightarrow{j} a$。

④对于每个结构 $a \xrightarrow{i} b \xrightarrow{j} c$ 我们有 $c \xrightarrow{k} a$。

⑤对于每个结构 $a \xrightarrow{i} b \xrightarrow{j} c$ 我们有 $a \xrightarrow{k} c$。

⑥对于每个结构 $a \xrightarrow{i} b \xrightarrow{j} c \xrightarrow{k} d$ 存在一个元素 x 使得 $a \xrightarrow{l} x \xrightarrow{m} d$。

练习 2 下面是一列左结构 **L**（在左边）和右结构 **R**（在右边）对。对于每个这样的结构对考虑结构的性质：对于每个左结构 **L** 存在一个右结构 **R**。这些不是汇合的性质，但它们可以用模态公式表示。写出适当的公式。

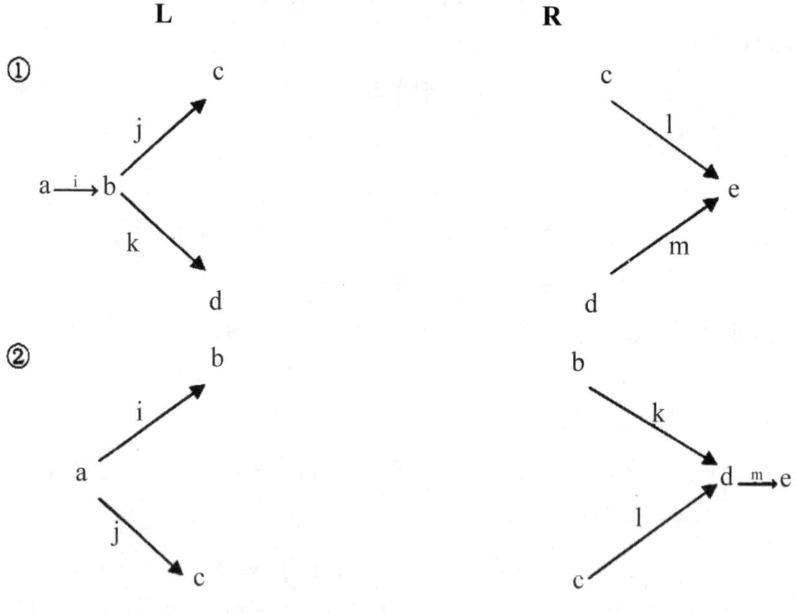

③

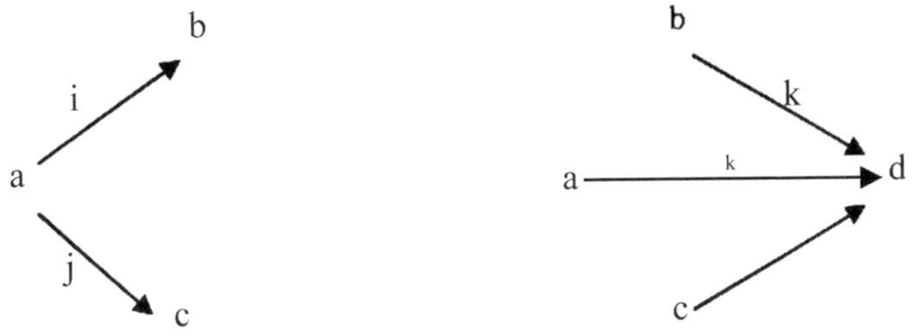

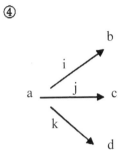

④

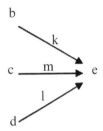

第八章

三种语义后承

本章我们希望用类似于命题逻辑中的方法为模态逻辑建立语义概念。即：在模态逻辑中，我们也希望能够定义语义后承关系：

$$\Phi \vDash \phi$$

使得非形式概念

"ϕ是Φ的逻辑后承"

更加严格。然后，定义一种匹配的关系

$$\Phi \vdash \phi。$$

这种关系使得某个实例的有效性也可以通过给出作为这个实例的确定的有穷符号序列——演绎证明得到验证。进一步地，这些证明的合理性能够机械地检验，整个过程是有穷的。

与此同时，我们还希望这两种后承关系也具有可靠性，即：

$$\Phi \vdash \phi \Rightarrow \Phi \vDash \phi$$

和充分性——可靠性的逆，即：

$$\Phi \vDash \phi \Rightarrow \Phi \vdash \phi$$

以及可靠性和充分性的结合：完全性

$$\Phi \vDash \phi \Leftrightarrow \Phi \vdash \phi。$$

但我们很快会发现事情并非如此简单。

8.1　三种语义后承

假设我们现在使用的模态语言是（带有标号集 I 的）一个任意模态语言。

回想一下，在 5.4 节中我们曾经根据三种不同的赋值关系把模态结构分为三类：朴素结构、赋值结构和点赋值结构。

8-1 定义　令 k 是一类结构（朴素结构或者赋值结构或者点赋值结构），那么对每个公式集Ψ和公式ϕ，关系

$$\Psi \vDash^{k} \phi$$

成立当且仅当如果每个 k-结构是Ψ的一个模型，那么它也是ϕ的一个模型。

5.4 节中的三种赋值关系有下面的联系。

8-2 命题　对于每个公式集Ψ和公式ϕ，下面的两个蕴涵式

$$\Psi \vDash^{p} \phi \Rightarrow \Psi \vDash^{v} \phi \Rightarrow \Psi \vDash^{u} \phi$$

成立。

证明

（1）假设

$$\Psi \vDash^{p} \phi,$$

并且考虑任意是Ψ的模型的赋值结构$(\mathcal{A},\alpha)$。我们希望证明$(\mathcal{A},\alpha)$也是ϕ的模型。为此，考虑$\mathcal{A}$中的任意元素 a，那么$(\mathcal{A},\alpha,a)$是Ψ的一个点赋值模型。因此，由假设可得：

$$a \Vdash \phi。$$

再由 a 的任意性可得：

$$(\mathcal{A},\alpha) \Vdash^{v} \phi。$$

于是，$(\mathcal{A},\alpha)$也是ϕ的模型。

（2）假设

$$\Psi \vDash^{v} \phi,$$

并且考虑任意是Ψ的模型的朴素结构$\mathcal{A}$。我们希望证明$\mathcal{A}$也是ϕ的模型。为此，考虑$\mathcal{A}$上的任意赋值α，那么$(\mathcal{A},\alpha)$是Ψ的一个赋值模型。因此，由假设可得：$(\mathcal{A},\alpha)$是ϕ的一个赋值模型。再由α的任意性可得：

$$\mathcal{A} \Vdash^{u} \phi。$$

于是，$\mathcal{A}$也是ϕ的模型。

一般来说，这两个蕴涵式的逆不成立。例如，对任意的公式ϕ，我们有

$$\phi \vDash^{v} \Box\phi,$$

但对于任意的命题变项 P，我们能很容易地找到

$$P，\neg\Box P$$

的一个点赋值模型使得

$$\phi \vDash^{P} \Box\phi$$

不成立。我们还可以证明

$$\vDash^{v} 和 \vDash^{u}$$

也是不同的。

注意：上面的例子表明$\vDash^{v}$不具有演绎性质，即

$$\Psi，\theta \vDash^{v} \phi \quad \Rightarrow \quad \Psi \vDash^{v} \theta \to \phi$$

不成立。(因为 $\vDash^{v} \theta \to \Box\theta$一般不成立)。类似地可证明 $\vDash^{u}$也不具有演绎性。但，$\vDash^{P}$具有演绎性。

8.2 存在的问题

从定义 8-1 和命题 8-2，我们可以看出模态逻辑比非模态逻辑要复杂得多。因为"模型"的概念并不是一个，它可以是一个朴素结构，还可以是一个赋值结构，也可以是一个点赋值结构。由此，我们不清楚哪些模态公式可以被看作是"逻辑"有效的，从而可以作为"逻辑后承"的基础（即公理）。特别地，哪一种后承关系$\vDash^{k}$具有一种组合的特征？我们如何描述逻辑有效的模态公式的范围，这对该后承关系又有什么影响？与$\vDash^{v}$和$\vDash^{u}$一样，缺少演绎性质的分支还有哪些？这些问题中的一些将在后面两章中讨论。

8-3 引理 对于所有的公式集Ψ和公式θ，ϕ，下面的蕴涵对每个标号 i 都成立

（1）(基础)$\phi \in \Psi \Rightarrow \Psi \vDash^{v} \phi$。

（2）(MP)$\Psi \vDash^{v} \theta \to \phi$ 并且 $\Psi \vDash^{v} \theta \quad \Rightarrow \quad \Psi \vDash^{v} \phi$。

（3）(N)$\Psi \vDash^{v} \phi \quad \Rightarrow \quad \Psi \vDash^{v} [i]\phi$。

证明

（1）的证明是微不足道的。

（2）对(MP)，对每一个赋值结构$(\mathcal{A},\alpha)$，公式ϕ和θ，如果

$$(\mathcal{A},\alpha) \Vdash^{v} \theta\to\phi \quad 并且 \quad (\mathcal{A},\alpha) \Vdash^{v} \theta,$$

那么

$$(\mathcal{A},\alpha) \Vdash^{v} \phi$$

（实际上这样的蕴涵式对任意元素都成立）。

（3）(N)的情况可以从引理 5-11 推出。

8-4 命题　对每个公式集合Φ，对任意的标号 i，令Φ^*为在[i]下的Φ的闭包。因此，Φ^*的每个元素都具有下面的形式

$$[i]\theta,$$

即：标号 i 和$\theta\in\Phi$的合成。证明：对每个公式ϕ，下面的三个条件

$$(1)\ \Phi^* \vDash^{p} \phi, \quad (2)\ \Phi^* \vDash^{v} \phi, \quad (3)\ \Phi \vDash^{v} \phi$$

是等价的。

证明　(3)⇒(1)。假设(3)成立，现在考虑Φ^*的任意点赋值模型$(\mathcal{A},\alpha,a)$，令

$$\mathcal{B} = \mathcal{A}(a)$$

是由 a 生成的子结构并且令$\beta=\alpha\restriction\mathcal{B}$。由 5.6 节中练习 5 的(3)可得：

$$(\mathcal{B},\beta) \Vdash^{v} \Phi$$

并且由(3)，我们有$(\mathcal{B},\beta)\Vdash^{v}\phi$，由此可得：$(\mathcal{B},\beta,b) \Vdash^{p} \phi$。于是，$(\mathcal{A},\alpha,a) \Vdash^{p} \phi$。其余证明留给读者。

8.3　练习

练习 1　前面给出的三种后承关系$\vDash^{k}$可以归结为一种更普遍的关系。令Θ，Ψ，Φ是公式集并且ϕ是一个公式，令

$$\Theta,\ \Psi,\ \Phi \vDash \phi$$

表示对每个点赋值，赋值结构$(\mathcal{A},\alpha,a)$，如果

$\mathcal{A}$是Θ的模型，$(\mathcal{A},\alpha)$是Ψ的模型，$(\mathcal{A},\alpha,a)$是Φ的模型

那么，

$$(\mathcal{A},\alpha,a) \Vdash \phi,$$

并且我们可以证明下面的结论。

（1）证明：

$$(p)\ \Phi \vDash^{p} \phi \Leftrightarrow \varnothing,\varnothing,\Phi \vDash \phi,$$

$$(v)\ \Psi \models^{v} \phi \Leftrightarrow \varnothing,\Psi,\varnothing \models \phi,$$

$$(u)\ \Theta \models^{u} \phi \Leftrightarrow \Theta,\varnothing,\varnothing \models \phi。$$

（2）证明：

$$① \ \Theta，\Psi，\Phi \models \phi \Leftrightarrow \Theta,\Psi,\Psi\cup\Phi \models \phi,$$

$$② \ \Theta，\Psi，\Phi \models \phi \Leftrightarrow \Theta,\Theta\cup\Psi,\Phi \models \phi,$$

因此，如果方便的话，每当我们使用这个关系式时，我们可以假设

$$\Theta\subseteq\Psi\subseteq\Phi。$$

（3）证明：如果

$$\Theta\subseteq\Theta'，\Psi\subseteq\Psi'，\Phi\subseteq\Phi',$$

那么

$$\Theta，\Psi，\Phi \models \phi \Rightarrow \Theta'，\Psi'，\Phi' \models \phi。$$

（4）推广命题 8-2。

（5）证明：

① $\phi\in\Phi \Rightarrow \Phi,\Psi,\Theta \models \phi$。

② $\Theta，\Psi，\Phi \models \theta\to\phi$并且$\Theta，\Psi，\Phi \models \theta \Rightarrow \Theta，\Psi，\Phi \models \phi$。

③ $\Theta，\Psi，\Psi \models \phi \Rightarrow \Theta，\Psi，\Psi \models \phi$。

从而推导出引理 8-3。

（6）举一个例子使得下面的两个式子

$$\Theta，\Psi，\Phi \models \theta和\Theta，\Psi，\Phi \not\models [i]\phi$$

都成立。

练习 2 对每个公式集合Φ，令Φ^*为在[i]（对任意的标号 i）下的Φ的闭包。因此，对某个复合的标号 **i** 和$\theta\in\Phi$，Φ^*的每个元素都具有如下的形式

$$[\mathbf{i}]\theta。$$

证明：对于每个公式ϕ，以下三种条件

（1）$\Phi^* \models^{p} \phi$;

（2）$\Phi^* \models^{v} \phi$;

（3）$\Phi \models^{v} \phi$;

是等价的。当证得蕴涵式(3)⇒(1)时，你会发现在 5.6 节中，练习 5 给出的生成子结构的性质是非常有用的。

第九章

形式系统

命题演算的目的是通过建立一个适当的形式系统对语义后承关系⊨给出一种语法描述。但这一目标是通过建立一个形式系统控制一个证明理论的后承关系⊢，并希望⊢的运算性质模仿⊨的运算性质。这种希望最终在完全性定理的证明中实现。

完全性定理：对任意的公式集Φ和公式ϕ，

$$\Phi \vdash \phi \Leftrightarrow \Phi \vDash \phi。$$

本章我们将上面提到的命题逻辑中的这种工作推广到模态逻辑中。在模态逻辑中，由于有许多不同的模态语义后承关系，如：$\vDash^p$，$\vDash^v$ 和$\vDash^u$，并且对我们来说，使用哪一种后承关系来处理是没有标准的。因此，我们采用一种自己感兴趣的语义后承关系。然后，设计出它的一个形式系统。在命题逻辑中，有许多不同类型的形式系统（希尔伯特、自然推理、序列，等等）。在这一章里，我们将在 9.3 节中给出的一种希尔伯特型的系统的基础上完成这项工作。

为清楚起见，我们将重述“标号集 I 的模态语言”的含义。

9-1 约定　对一个标号集 I 而言，I 的模态语言中的基本符号包含：

$$\top,\bot,\neg,\wedge,\vee,\rightarrow$$

并且，对每一个 $i\in I$，

[i]。

9.1 形式系统

本节我们将严格定义一个具有后承关系$\vdash_s$的形式系统 S 具有的三个条件

（1）S 有一个可接受的公理集 **S**。

（2）S 有一个推理的规则集 **R**。

（3）一个形式证明：$\phi_1,\phi_2,\ldots,\phi_n$。

9-2 定义 一个可接受的公理集是满足下列条件的一个公式集 **S**：

（1）**S** 包含所有（无模态词）的重言式，

（2）**S** 包含如下形状的所有公式：

(K) $[i](\theta\rightarrow\psi)\rightarrow([i]\theta\rightarrow[i]\psi)$，对于所有的公式$\theta$，$\psi$和标号 i，

（3）**S** 在代入下封闭。

9-3 定义 推理规则包括分离规则 MP 和必然化规则 Ni。

$$\text{(MP)}\quad \frac{\theta,\ \theta\rightarrow\phi}{\phi}$$

$$\text{(Ni)}\quad \frac{\phi}{[i]\phi}, \qquad \text{对每个标号 } i\in I\text{。}$$

下面的定义给出了分离规则 MP 和必然化规则 Ni 的意义。

9-4 定义 令 **S** 是一个给定的形式系统 S 的确定公理集，令Φ是一个任意的公式集（即：假设集）。

（1）一个来自Φ的 S-演绎是一个有穷公式序列

$$\phi_1,\phi_2,\ldots,\phi_n$$

并满足对每个标号 r，当 $0<r\leqslant n$ 时，下列条件之一成立。

(Hyp)公式ϕ_r是一个假设，即：Φ的一个元素。

(Ax)公式ϕ_r是一条公理，即：**S** 的一个元素。

(MP)公式ϕ_r是由序列中排在它前面的两个公式运用(MP)得到的，即：存在标号 $t,s<r$，使得ϕ_r是由$\phi_t=(\phi_s\rightarrow\phi_r)$和$\phi_s$运用(MP)得到的。

(N′)公式ϕ_r是从它前面的一个公式运用(Ni)得到的，即：存在标号 $s<r$，使得ϕ_r是$\phi_r=[i]\phi_s$（对某个标号 $i\in I$），运用(Ni)得到的。

（2）如果存在一个来自Φ的 S-演绎并且它的最后一个公式是ϕ，则称公式ϕ是公式集Φ的一个 S-后承，记作

$$\Phi \vdash_S \phi。$$

关于形式演绎的例子将在下一节中给出。现在我们介绍□（和◇）的使用。

9-5 引理　对每个形式系统 S，公式ψ和ϕ，

$$\vdash_S \psi\to\phi \quad \Rightarrow \quad \vdash_S \Box\psi\to\Box\phi$$

成立。

证明

令θ是$\psi\to\phi$，那么θ的任意演绎都可以扩展成如下的$\Box\psi\to\Box\phi$的演绎。

$$\vdots$$

$$\theta \qquad \text{(Hyp)}$$

$$\Box\theta \qquad \text{(N)}$$

$$\Box\theta\to(\Box\psi\to\Box\phi) \qquad \text{(K)}$$

$$\Box\psi\to\Box\phi \qquad \text{(MP)}$$

右边括号中给出的是演绎中每一步的理由。

下面是这个引理的推论，它与等值有关。

9-6 推论　对所有的公式ψ和ϕ，

$$\vdash_S(\psi\leftrightarrow\phi) \Rightarrow \vdash_S \Box\psi\leftrightarrow\Box\phi$$

成立。特别地，如果ψ，ϕ是重言等值，那么

$$\vdash_S \quad \Box\psi\leftrightarrow\Box\phi$$

成立。

证明

因为$\vdash_S(\psi\leftrightarrow\phi)$，所以$\vdash_S \psi\to\phi$ 和$\vdash_S \phi\to\psi$，由引理 9-5 可得：

$$\vdash_S \Box\psi\to\Box\phi\text{和}\vdash_S \Box\phi\to\Box\psi,$$

于是，$\vdash_S \Box\psi\leftrightarrow\Box\phi$。

因为ψ和ϕ重言等值，所以$\vdash_S \psi\leftrightarrow\phi$。由推论 9-6 的第一部分可得：

$$\vdash_S \Box\psi\leftrightarrow\Box\phi。$$

对于◇联结词，由于

$$\Diamond\phi\equiv\neg\Box\neg\phi,$$

而

$$\neg\Diamond\neg\phi\leftrightarrow\neg\neg\Box\neg\neg\phi\leftrightarrow\Box\neg\neg\phi\leftrightarrow\Box\phi$$

因此

$$\vdash_S \Box\phi\leftrightarrow\neg\Diamond\neg\phi。$$

又因为

$$(\psi\leftrightarrow\phi)\leftrightarrow(\neg\psi\leftrightarrow\neg\phi)$$

所以由$\vdash_S \psi\leftrightarrow\phi$可得：$\vdash_S \neg\psi\leftrightarrow\neg\phi$。由推论 9.6 的第一部分可得：

$$\vdash_S \Box\neg\psi\leftrightarrow\Box\neg\phi。$$

又因为

$$(\Box\neg\psi\leftrightarrow\Box\neg\phi)\leftrightarrow(\neg\Box\neg\psi\leftrightarrow\neg\Box\neg\phi)\leftrightarrow(\Diamond\psi\leftrightarrow\Diamond\phi),$$

所以，

$$\vdash_S \psi\leftrightarrow\phi \Rightarrow \vdash_S \Diamond\psi\leftrightarrow\Diamond\phi。$$

由此可以看出：在通常的情况下，◇也可以作为一个初始符号。

9-7 定义　令Φ是一个公式集并且ϕ是一个公式，令

$$\Phi\vdash_S^w \phi$$

表示存在有穷多个公式$\phi_1,\phi_2,\ldots,\phi_n\in\Phi$满足

$$\vdash_S \phi_1\wedge\phi_2\wedge\ldots\wedge\phi_n\rightarrow\phi,$$

其中假设集是空集。

9-8 命题　令Φ是一个公式集并且ϕ是一个公式，下式

$$\Phi\vdash_S^w \phi\Rightarrow\Phi\vdash_S \phi$$

成立。

证明

因为$\Phi\vdash_S^w \phi$，由定义 9-7 可得：存在有穷多个公式$\phi_1,\phi_2,\ldots,\phi_n\in\Phi$满足

$$\vdash_S \phi_1\wedge\phi_2\wedge\ldots\wedge\phi_n\rightarrow\phi。$$

即：$\phi_1\wedge\phi_2\wedge\ldots\wedge\phi_n\rightarrow\phi$ (已知)

$(\phi_1\wedge\phi_2\wedge\ldots\wedge\phi_n\rightarrow\phi)\rightarrow(\phi_1\rightarrow(\phi_2\rightarrow(\ldots\rightarrow(\phi_n\rightarrow\phi)))\ldots)$ (重言式)

$\phi_1\rightarrow(\phi_2\rightarrow(\ldots\rightarrow(\phi_n\rightarrow\phi)))\ldots)$ (MP)

ϕ_1 (∈Φ)

ϕ_2 (∈Φ)

⋮ ⋮

ϕ_n (∈Φ)

ϕ (使用 n 次 MP 规则)

则$\Phi\vdash_S \phi$。

然而命题 9-8 的逆不成立。特别地，当Φ=∅时，对所有的公式ϕ，

$$\vdash_S^w \phi \Rightarrow \vdash_S \phi$$

成立。

$\vdash_S^w$和$\vdash_S$之间的一个重要不同在于演绎性质。通过构造，我们有

$$\Phi,\ \theta \vdash^{w}_{S} \phi \quad \Rightarrow \quad \Phi \vdash^{w}_{S} (\theta \to \phi)。$$

但一般来说，将上式中的$\vdash^{w}_{S}$换为$\vdash_S$，结论不成立。事实上，对任意公式ϕ，由规则(N)得

$$\phi \vdash_S \Box\phi,$$

但只对特殊系统 S（无差别的系统）才有

$$\vdash_S (\phi \to \Box\phi)。$$

正是$\vdash_S$的这种‘缺陷’，我们使用较弱的后承关系$\vdash^{w}_{S}$，其中的上标 w 表示弱的。

下面的结果与这个后承概念的单调性有关。

9-9 命题　令 **S** 和 **T** 是一对公理集并且 $\mathbf{S} \subseteq \mathbf{T}$，令$\Phi$和$\Psi$是一对假设集并且$\Phi \subseteq \Psi$，对所有的公式$\phi$，

$$\Phi \vdash_S \phi \Rightarrow \Psi \vdash_T \phi$$

成立。

证明

假设$\Phi \vdash_S \phi$成立，由定义 9-4 可得：存在一个来自Φ的 S-演绎，即：存在一个有穷的公式序列

$$\phi_1,\phi_2,\ldots,\phi_n(=\phi)$$

使得对每个标号 r，当 $0<r\leqslant n$ 时，下列条件之一成立。

(Hyp)公式ϕ_r是一个假设，即：Φ的一个元素。

(Ax)公式ϕ_r是一条公理，即：**S** 的一个元素。

(MP)公式ϕ_r是从排在它前面的两个公式ϕ_s和$\phi_t=(\phi_s\to\phi_r)$运用(MP)得到的。

(N′)公式ϕ_r是从排在它前面的一个公式ϕ_s运用(Ni)得到的，即：存在标号 s <r 使得

$$\phi_r=[i]\phi_s$$

成立，对某个标号 $i\in I$。

因为$\Phi \subseteq \Psi$并且 $\mathbf{S} \subseteq \mathbf{T}$，所以对每一个 $0<r\leqslant n$，下列条件之一成立。

(Hyp)公式ϕ_r是Ψ的一个元素。

(Ax)公式ϕ_r是 **T** 的一个元素

(MP)公式ϕ_r是从排在它前面的两个公式ϕ_s和$\phi_t=(\phi_s\to\phi_r)$运用(MP)得到的。

(N′)公式ϕ_r是从排在它前面的一个公式运用(Ni)得到的，即存在 s<r，使得对某个 $i\in I$ 有

$$\phi_r=[i]\phi_s,$$

因此有穷公式序列$\phi_1,\phi_2,\ldots,\phi_n(=\phi)$是一个来自$\Psi$的 **T**-演绎。由于最后一项是$\phi$，因此$\Psi \vdash_T \phi$。

9.2 一些单模态系统

本节给出一些特殊的、著名的单模态语言中的形式系统。这些形式系统都是用第二章中给出的模态公式 D,T,B,4,5 与 **K** 系统进行不同组合形成的。

1. K 系统

K 是第一个并且也是最小的单模态系统。它的公理包括所有重言式的实例和所有形如公式 K 的实例。因此，系统 **K** 的公理集是满足定义 9-2 的最小集合。为方便起见，有时我们也将系统 **K** 记作 K。

2. 其他系统

其他单模态系统都是扩充 K 得到的。例如，

KD，KT，KB，K4，K5

是在形式系统 K 上分别增加公理

D，T，B，4，5

得到的。同样，还有

KDT，KDB，KD4，KD5

KTB，KT4，KT5

KB4，KB5

K45

和

KDTB，KDB4，KB45

等等。

在这些系统中，有两个特别重要，它们是

S4=KT4　和　S5=KT5。

表面看来，五个公式 D,T,B,4,5 能够产生 2^5=32 个不同的系统，但我们将看到，这 32 个系统中有些是等价的。实际上，只有 15 个互不等价的系统。

如何来比较两个形式系统？说两个形式系统等价是什么意思？对此，我们有：

9-10 定义　令 S 和 T 是两个系统，并且 S 的公理集为 **S**，T 的公理集为 **T**，如果对所有的公式ϕ，

$$\vdash_S \phi \quad \Rightarrow \vdash_T \phi$$

成立，记作 $S \leqslant T$，并称系统 S 比系统 T 弱，或者系统 T 比系统 S 强。

9-11 命题　如果 $S \leqslant T$，则对任意的公式集Φ和公式φ，有

$$\Phi \vdash_S \phi \quad \Rightarrow \quad \Phi \vdash_T \phi。$$

证明

因为 $S \leqslant T$，所以，由定义 9-10 可得：

$$\vdash_S \phi \quad \Rightarrow \quad \vdash_T \phi。$$

此时，$\vdash_S \phi \Leftrightarrow \Phi \vdash_S \phi$并且$\vdash_T \phi \Leftrightarrow \Phi \vdash_T \phi$。故，

$$\Phi \vdash_S \phi \quad \Rightarrow \quad \Phi \vdash_T \phi。$$

9-12 定义　令 S 和 T 是两个系统，如果

$$S \leqslant T \quad 并且 \quad T \leqslant S,$$

则称系统 S 和系统 T 是等价的，记作：$S \equiv T$。

下面我们考察 K,KD,KT,…,KDTB45 之间的关系。

例 1　证明 $D \leqslant T$，即：由 T 可以推出 D。

证明

要证 $D \leqslant T$，只需证 $\vdash_T D$。对于任意的公式φ，令

$$\alpha = \Box\neg\phi，\beta = \Box\phi，\gamma = \neg\alpha = \Diamond\phi$$

因此，

$$D(\phi)为\beta \to \gamma,$$

$$T(\phi)为\beta \to \phi$$

并且

$$T(\neg\phi)为\alpha \to \neg\phi。$$

下面的公式序列是包括 T 作为公理的任意系统 S 的一个 S-演绎。每个公式的右面给出了该公式的理由。

$\alpha \to \neg\phi$	(T)
$(\alpha \to \neg\phi) \to (\phi \to \neg\alpha)$	(重言式)
$\phi \to \gamma$	(MP)
$\beta \to \phi$	(T)
$(\beta \to \phi) \to ((\phi \to \gamma) \to (\beta \to \gamma))$	(重言式)
$(\phi \to \gamma) \to (\beta \to \gamma)$	(MP)
$\beta \to \gamma$	(MP)

于是，$\vdash_T D$。因此，假设$\vdash_D \phi$，所以，$\vdash_T \phi$。

由此可得下面的一些结果。

9-13 推论 KD≤KT，KD4≤S4(=KT4)，KD5≤S5(=KT5)。

例 2 证明 B≤S5。

证明

要证 B≤S5，只需证 $\vdash_{S5}$ B。由

$\Box\neg\phi\to\neg\phi$	(T)
⋮	(重言式)
$\phi\to\Diamond\phi$	(MP)
$\Diamond\phi\to\Box\Diamond\phi$	(5)
⋮	(重言式)
⋮	(MP)
$\phi\to\Box\Diamond\phi$	(MP)

于是，$\vdash_{S5}$ B。因此，假设$\vdash_{B}\phi$，故，$\vdash_{S5}\phi$。

9-14 推论 KDB5≤S5。

证明

由推论 9-13 可得：KD5≤S5=KT5。又因为$\vdash_{S5}$ B，那么

KDB5≤KTB5=KT5=S5。

9-15 命题 对于所有的模态系统而言，它们都有下面两个导出规则：

$$\frac{\theta\to\phi}{\Box\theta\to\Box\phi} \quad 和 \quad \frac{\theta\to\phi}{\Diamond\theta\to\Diamond\phi},$$

我们把这两个规则都称为（EN），即：扩展的必然性规则。

第一个规则的证明如下：

$\theta\to\phi$	(Hyp)
$\Box(\theta\to\phi)$	(N)
$\Box(\theta\to\phi)\to(\Box\theta\to\Box\phi)$	(K)
$\Box\theta\to\Box\phi$	(MP)

第二个规则的证明如下：

$\theta\to\phi$

⋮

$\neg\phi\to\neg\theta$

⋮

$\Box\neg\phi\to\Box\neg\theta$

⋮

$\Diamond\theta\to\Diamond\phi$

有了这些导出规则，就可以使一些演绎变得更容易。

例 3　证明 $\vdash_{KB5}$ 4。

证明

$$\Diamond\neg\phi\to\Box\Diamond\neg\phi \quad (5)$$
$$\vdots$$
$$\Diamond\Box\phi\to\Box\phi$$
$$\vdots$$
$$\Box\Diamond\Box\phi\to\Box\Box\phi$$
$$\Box\phi\to\Box\Diamond\Box\phi \quad (B)$$
$$\vdots$$
$$\Box\phi\to\Box\Box\phi \quad (4)$$

例 3 表明：在有公式 B 的情况下，从公式 5 可以推出公式 4。由此可得下面的结果。

9-16 推论　K4≤KB5，KDB4≤KDB5。

证明

证明类似于推论 9-14。

例 4　证明 $\vdash_{KB4}$ 5。

证明

$$\Box\neg\phi\to\Box^2\neg\phi \quad (4)$$
$$\vdots$$
$$\Diamond^2\phi\to\Diamond\phi$$
$$\vdots \quad (EN)$$
$$\Box\Diamond^2\phi\to\Box\Diamond\phi$$
$$\Diamond\phi\to\Box\Diamond^2\phi \quad (B)$$
$$\vdots$$
$$\Diamond\phi\to\Box\Diamond\phi \quad (5)$$

例 4 表明：在有公式 B 的情况下，从公式 4 可以推出公式 5。由此可得下面的结果。

9-17 推论　K5≤KB4，KT5≤KTB4。

例 5　证明　$\vdash_{KDB4}$ T。

证明

$$\Box\phi\to\Box^2\phi \quad (4)$$
$$\Box^2\phi\to\Diamond\Box\phi \quad (D)$$
$$\vdots$$

$$\Box\phi\to\Diamond\Box\phi$$

$$\neg\phi\to\Box\Diamond\neg\phi \qquad \text{(B)}$$

$$\vdots$$

$$\Diamond\Box\phi\to\phi$$

$$\vdots$$

$$\Box\phi\to\phi \qquad \text{(T)}$$

由该结果以及推论9-14、9-16和9-17可以得到S5的两个不同的公理系统。

9-18 定理 S5=KDB4=KDB5。

证明

因为

$$\begin{aligned} S5 &= KT5 && \text{(定义)} \\ &\leqslant KTB4 && \text{(推论 9-17)} \\ &\leqslant KDB4 && \text{(例 5)} \\ &\leqslant KDB5 && \text{(推论 9-16)} \\ &\leqslant S5 && \text{(推论 9-14)} \end{aligned}$$

9.3 一些多模态系统

上节提到的一些单模态系统历史上是基于各种各样的哲学问题产生的。例如，T 系统最初是为了表达“必然的”等模态词的某些特征而产生的；D 系统最初是为了表达“应该的”等模态词的某些特征而产生的。与此同时，还有对时间和自然语言的时态特征进行的各种分析。这产生了时态逻辑，现在称为时间逻辑，与此同时，还产生了一个更为广泛的应用领域。

时间逻辑是研究为刻画时间流而设计的某种双模态系统（和各种扩张），它的加标转移结构具有如下的形式

$$\mathcal{A}=(A, \xrightarrow{+}, \xrightarrow{-}),$$

其中关系 $\xrightarrow{+}$ 表示向前流动的时间，$\xrightarrow{-}$ 表示向后流动的时间。这两个关系之间没有联系，现在，我们需要对它们附加一些最低的限制。

9-19 定义 一个时间结构是一个双模态结构

$$\mathcal{A} = (A, \xrightarrow{+}, \xrightarrow{-})$$

其中每一个关系都具有传递性并且它们互为逆关系。

利用我们已经得到的一些对应结果，我们可以用一个标准的形式系统描述这个结构。因此，我们用有方块算子[+]和[-]的双模态语言来描述它并且在该语言中考虑所有具有以下形状的公式

$$[+]\phi\to[+]^2\phi$$

$$[-]\phi\to[-]^2\phi$$

$$\phi\to[+]<->\phi$$

$$\phi\to[-]<+>\phi$$

令 TEMP 是由上面四种形式的公式作公理得到的一个标准的形式系统。

9-20 定理　一个双模态结构$\mathcal{A}$（如上）是一个时间结构当且仅当它是系统 TEMP 的模型。

证明

令$\mathcal{A}$是系统 TEMP 的模型，那么如下形状的公式

$$[+]\phi\to[+]^2\phi$$

$$[-]\phi\to[-]^2\phi$$

$$\phi\to[+]<->\phi$$

$$\phi\to[-]<+>\phi$$

在$\mathcal{A}$上有效。由对应原理和汇合性 CONF(5)可得：$\mathcal{A}$是一个时间结构。

反之，令$\mathcal{A} = (A, \xrightarrow{+}, \xrightarrow{-})$是一个时间结构，由定义 9-19 可得：关系$\xrightarrow{+}$和$\xrightarrow{-}$都是传递的并且它们互为逆关系。由于$\xrightarrow{+}$，$\xrightarrow{-}$有传递性，由对应原理可得：

$$[+]\phi\to[+]^2\phi$$

$$[-]\phi\to[-]^2\phi$$

在结构$\mathcal{A}$上有效。又由于关系$\xrightarrow{+}$和$\xrightarrow{-}$互为逆，则由 CONF(5)和对应原理可得：

$$\phi\to[+]<->\phi$$

$$\phi\to[-]<+>\phi$$

在结构$\mathcal{A}$上有效。因此，结构$\mathcal{A}$是系统 TEMP 的一个模型。

前面已经提到，时间逻辑可以用来分析自然语言的一些时态性质。20 世纪 90 年代发展起来的情景理论尝试分析自然语言的更广泛的信息内容。这形成了另一个双模态系统。

现在考虑有方块算子[≈]和□的双模态语言并且令 SL（即：情景逻辑）是由下面的公式作为公理的形式系统：

$$[\approx]\phi\to\phi \qquad \Box\phi\to\phi$$

$$[\approx]\phi\to[\approx]^2\phi \qquad \Box\phi\to\Box^2\phi$$

$$\phi\to[\approx]\langle\approx\rangle\phi$$

以及公式

$$[\approx]\Box\phi\to\Box[\approx]\phi$$

其中，ϕ是任意的公式。该语言的结构为

$$\mathcal{A}=(A,\xrightarrow{\approx},\longrightarrow)$$

并且 SL 的模型有下面的特征。

9-21 定理 结构$\mathcal{A}=(A,\xrightarrow{\approx},\longrightarrow)$是 SL 的模型当且仅当下面的三条都成立：

（1）$\xrightarrow{\approx}$是一个等价关系。

（2）$\longrightarrow$是一个前序关系。

（3）对于每个关系 $a\longrightarrow b\xrightarrow{\approx}c$，存在元素 d 使得 $a\xrightarrow{\approx}d\longrightarrow c$ 成立。

证明

（1）因为公式$[\approx]\phi\to\phi$、$[\approx]\phi\to[\approx]^2\phi$和$\phi\to[\approx]\langle\approx\rangle\phi$分别与自返性、传递性和对称性对应，所以，$\xrightarrow{\approx}$是一个等价关系。

（2）因为公式$\Box\phi\to\phi$和$\Box\phi\to\Box^2\phi$分别与自返性和传递性对应，所以，$\longrightarrow$是一个前序关系。

（3）只需证明：$[\approx]\Box\phi\to\Box[\approx]\phi$成立当且仅当对于每个关系 $a\longrightarrow b\xrightarrow{\approx}c$，存在元素 d 使 $a\xrightarrow{\approx}d\longrightarrow c$ 成立。

动态逻辑也是一种多模态逻辑。我们将在第十五章中专门介绍这种逻辑。

9.4 可靠性

在上一章我们引入了三种语义后承关系$\vDash^k$（其中 k=P,v,u），但没有给出“逻辑上有效的”模态公式的定义。本节我们给出“逻辑上有效的”模态公式的定义。

9-22 定义　令 S 是带有公理集 **S** 的一个标准形式系统。令 $k\in\{P,v,u\}$。对每个公式集Φ和公式φ，关系

$$\Phi\vDash_S^k\phi$$

成立当且仅当如果每个 k-结构是 S 和Φ的模型，那么它也是φ的模型。

注意：因为

$$\Phi\vDash_S^k\phi\quad\Leftrightarrow\quad\Phi\cup S\vDash^k\phi,$$

所以对$\vDash_S^k$的分析可以归约为对$\vDash^k$之一的分析。然而带有参数的$\vDash_S^k$能够产生更丰富的理论。

对于一个形式系统 S 来说，现在它有五个后称关系。其中有两个证明关系

$$\vdash_S^k\quad,\quad\vdash_S,$$

三个语义关系

$$\vDash_S^P,\ \vDash_S^v,\ \vDash_S^u。$$

在这些关系中，我们已经知道

$$\Phi\vdash_S^w\phi\quad\Rightarrow\quad\Phi\vdash_S\phi,$$

利用命题 8-2（Ψ=Φ∪S）可得：

$$\Phi\vDash_S^P\phi\Rightarrow\Phi\vDash_S^v\phi\Rightarrow\Phi\vDash_S^u\phi。$$

特别地，还有：

9-23 定理（可靠性）　令 S 是一个任意的形式系统，Φ是一个假设集并且φ是一个公式，则下面的蕴涵式成立

$$\Phi\vdash_S\phi\Rightarrow\Phi\vDash_S^v\phi。$$

证明

施归纳于演绎$\Phi\vdash_S\phi$的长度。

因为$\Phi\vdash_S\phi$，由定义 9.4，令

$$\phi_1,\phi_2,\ldots,\phi_n(=\phi)$$

是一个来自Φ的 S-演绎。下面施归纳于 m 证明$\Phi\vDash_S^v\phi_m$（当 m=n 时，就有$\Phi\vDash_S^v\phi$）。

当 m=1 时，如果$\phi_m\in\Phi$，由引理 8-3 可得：$\Phi\vDash_S^v\phi_m$；如果$\phi_m\in\mathbf{S}$，则$\vdash_S\phi_m$。由此可得：$\vDash_S^v\phi_m$。于是，$\Phi\vDash_S^v\phi_m$。

假设对所有的 $j<m$，$\Phi\vdash_S\phi_j\Rightarrow\Phi\vDash_S^v\phi_j$。

最后证明：对任意的 m，$\Phi\vdash_S\phi_m\Rightarrow\Phi\vDash_S^v\phi_m$。

①如果$\phi_m\in\Phi$或者ϕ_m是公理，则由上面的推理可得：$\Phi\vDash_S^v\phi_m$。

②如果ϕ_m是由公式ϕ_i和公式$\phi_j(=\phi_i\rightarrow\phi_m)$运用（MP）得到的，则由归纳假设

可得：

$$\Phi \vDash^{v}_{S} \phi_i \qquad \text{和} \qquad \Phi \vDash^{v}_{S} \phi_i \rightarrow \phi_m,$$

再由引理 8-3 可得：$\Phi \vDash^{v}_{S} \phi_m$。

③如果ϕ_m是$[i]\phi_j$（$j<m$，i 是任意的标号），则由归纳假设可得：$\Phi \vDash^{v}_{S} \phi_j$，再由引理 8-3 可得：$\Phi \vDash^{v}_{S} [i]\phi_j$（$j<m$，i 是任意的标号）。即：$\Phi \vDash^{v}_{S} \phi_m$。

综合①②和③可得：对任意的 m，如果$\Phi \vdash_S \phi_m \Rightarrow \Phi \vDash^{v}_{S} \phi_m$。

再由归纳法可得：$\Phi \vdash_S \phi \Rightarrow \Phi \vDash^{v}_{S} \phi$。

利用可靠性定理,我们可以证明：不同的公理集给出不同的形式系统。

例 6 利用推论 9-13，我们知道：KD≤KT。因此，为了证明这两个系统不同，只需找到一个公式ϕ使得

$$\vdash_{KT} \phi，\text{但} \nvdash_{KD} \phi。$$

就足够了。利用可靠性定理，只需证明：

$$\nvDash^{v}_{KD} \phi。$$

为了得到这个结果，对于任意的命题变项 P，令

$$\phi = T(P) = (\Box P \rightarrow P)。$$

显然，$\vdash_{KT} \phi$成立。

现在考虑只有两点 a 和 b，并满足可及关系

$$a \longrightarrow b \longrightarrow a$$

的任意结构$\mathcal{A}$。即：对于所有点 x，

$$x \prec a \Leftrightarrow x=b, \qquad x \prec b \Leftrightarrow x=a。$$

由于$\mathcal{A}$是持续的，因此，它是 KD 的一个模型。

现在构造$\mathcal{A}$上的满足下面条件

$$\alpha(P)=\{b\}$$

的任意赋值α，那么$(\mathcal{A},\alpha)$是 KD 的模型。由于

$$a \Vdash \neg P, \qquad b \Vdash P$$

因此，

$$a \Vdash \neg P, \qquad a \Vdash \Box P$$

故，

$$a \Vdash \neg\phi。$$

得出结论，$(\mathcal{A},\alpha)$不是ϕ的模型。于是，$\vDash^{v}_{KD} \phi$不成立。

9.5　练习

练习 1　对任意的公式θ，ϕ和ψ，证明下面的结论。

(1) $\vdash_K \Box(\theta\wedge\psi)\leftrightarrow\Box\theta\wedge\Box\psi$

(2) $\vdash_K \Diamond(\theta\to\psi)\to(\Box\theta\to\Diamond\psi)$

(3) $\vdash_K \Diamond\top\to D(\phi)$

(4) $\vdash_K \neg\Diamond\phi\to\Box(\theta\to\phi)$

(5) $\vdash_K \Box\phi\to\Box(\theta\to\phi)$

(6) $\vdash_K (\Diamond\phi\to\Box\theta)\to\Box(\phi\to\theta)$

(7) $\vdash_K (\Diamond\phi\to\Box\theta)\to(\Box\phi\to\Box\theta)$

(8) $\vdash_K (\Diamond\phi\to\Box\theta)\to(\Diamond\phi\to\Diamond\theta)$

(9) $\vdash_K \Diamond\phi\to D(\theta)$

练习 2　证明下面的结论。

(1) $\vdash_{K4} \Box\Diamond^2\phi\leftrightarrow\Box\Diamond\phi$

(2) $\vdash_{K4} (\Box\Diamond)^2\phi\leftrightarrow\Box\Diamond\phi$

练习 3　考虑形式系统 K5 并且令$\vdash$为$\vdash_{K5}$。对任意的公式ϕ，证明下面的结论。

(1) $\vdash \Diamond\Box\phi\to\Box\phi$

(2) $\vdash \Box\Diamond\Box\phi\to\Box^2\phi$

(3) $\vdash \Diamond^2\Box\phi\to\Diamond\Box\phi$

(4) $\vdash \Diamond\Box\phi\to\Box\Diamond\Box\phi$

(5) $\vdash \Diamond\Box^2\phi\to\Box^2\phi$

(6) $\vdash \Diamond\Box\phi\to\Box^2\phi$

(7) $\vdash \Box\Diamond\Box\phi\to\Box^3\phi$

(8) $\vdash \Diamond\Box\phi\to\Box^3\phi$

(9) $\vdash \Box^2\phi\to\Box\Diamond\Box\phi$

(10) $\vdash \Diamond\Box\phi\to\Diamond^2\Box\phi$

(11) $\vdash \Box^2\phi\to\Box^3\phi$

(12) $\vdash \Diamond\Box\phi\to\Diamond\Box^2\phi$

练习 4　对于某些结构，算子$\Box$和$\Diamond$的解释一致。在这种情况下我们可以用$\bigcirc$表示它们。这样的结构被函数 **next** 控制，我们把它看作一个嘀嗒嘀嗒响的钟表。

(1)对一个对应于模态算子□和◇的转移关系 $\longrightarrow$ 的结构$\mathcal{A}$，证明下面的条件是等价的。

①存在一个函数 **next**：A $\longrightarrow$ A 使得

$$a \longrightarrow b \Leftrightarrow \mathbf{next}(a)=b，对于所有 a,b\in A 成立。$$

②对于所有公式ϕ，$\mathcal{A} \Vdash^{u} \Box\phi \leftrightarrow \Diamond\phi$。

(2)令 **A** 是结构$\mathcal{A}=(A, \longrightarrow, \stackrel{\bullet}{\longrightarrow})$的类，其中 $\longrightarrow$ 是由函数 **next** 给出的一个嘀嗒嘀嗒响的钟表并且 $\stackrel{\bullet}{\longrightarrow}$ 是 $\longrightarrow$ 的*-闭包。证明 **A** 是以下（对于所有公式ϕ）每个形状的模型。

$\bigcirc\phi\leftrightarrow\neg\bigcirc\neg\phi$，　　　　$[\bullet]\phi\leftrightarrow[\bullet]^2\phi$，

$[\bullet]\phi\leftrightarrow\phi\wedge\bigcirc[\bullet]\phi$，　　　　$[\bullet](\phi\rightarrow\bigcirc\phi)\rightarrow(\phi\rightarrow[\bullet]\phi)$。

练习 5　证明：在 K5 中，一个公式ϕ的模态变体有如下的关系图并且这些公式是不同的。

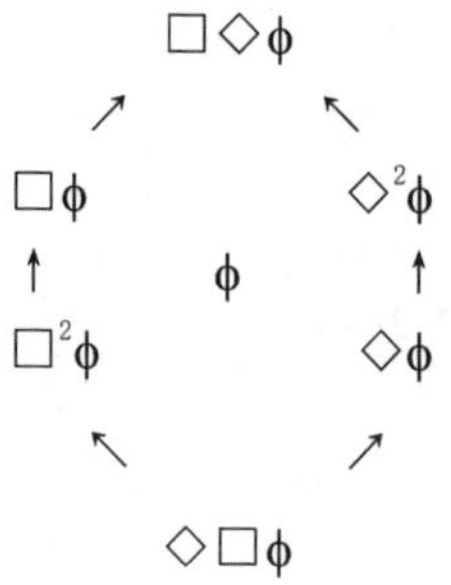

练习 6　同 8.3 节中练习 2，对每个公式集Φ，令Φ*是：对任意标号 i，Φ在[i]之下的闭包。Φ*的每一个元素具有如下形式：对某个复合标号 **i** 和θ∈Φ，

$$[\mathbf{i}]\theta。$$

令 S 是一个任意的标准形式系统。

（1）证明

$$\Phi \vdash_S \Phi^*$$

并且对所有的公式ϕ，以下所有三个蕴涵式

$$\Phi \vdash^{w}_{S} \phi \Rightarrow \Phi^* \vdash^{w}_{S} \phi \Rightarrow \Phi \vdash_S \phi \Rightarrow \Phi^* \vdash_S \phi$$

都成立。进一步，证明：最左边的蕴涵式是不可逆的。

（2）模拟命题逻辑演绎定理的证明证明在(1)中，中间和右边的蕴涵式都是可逆的。

（3）扩展 8.3 中练习 2 的结果，证明下面的三个条件

$$\Phi^* \models^{p}_{S} \phi,\quad \Phi^* \models^{v}_{S} \phi,\quad \Phi \models^{u}_{S}$$

是等价的。

练习 7　找出不是以下形状公式的模型的时间结构。

(1) $[+]\bot$　　(2) $\langle+\rangle\top$　　(3) $[+]\phi\to\phi$　　(4) $\phi\to[-]\phi$

(5) $[-]^2\phi\to[+]\phi$　　(6) $[+]^2\phi\to[+]\phi$　　(7) $\langle+\rangle\phi\to[+]\phi$　　(8) $[+]\phi\to[+]\phi$

练习 8　下列公式中哪些以所有时间结构为模型。

(1) $\langle+\rangle[+]\phi\to[+]\langle+\rangle\phi$　　(2) $\langle+\rangle[+]\phi\to[-]\langle-\rangle\phi$

(3) $\langle+\rangle[-]\phi\to[-]\langle+\rangle\phi$　　(4) $\langle+\rangle[-]\phi\to[+]\langle-\rangle\phi$

练习 9　由于基本时间系统 TEMP 太弱，所以不具有时间的许多假定性质。在此练习和以下练习中，我们考虑 TEMP 的一些加强系统。对于每一个公式ϕ，令

$$[\approx]\phi\text{是}[-]\phi\wedge\phi\wedge[+]\phi\text{的缩写，}$$

并令 LINTIM 是通过增加公理

$$[\approx]\phi\to[-][+]\phi,\quad [\approx]\phi\to[+][-]\phi$$

构成的 TEMP 的扩张系统。为了理解这种扩张，对于每一个时间结构$\mathcal{A}$，令$\approx$为$\mathcal{A}$上满足如下条件的关系：对于 $a,b\in A$，

$$a\approx b \Leftrightarrow a\xrightarrow{-}b \text{ 或者 } a=b \text{ 或者 } a\xrightarrow{+}b$$

（1）证明：对于 TEMP 的每一个模型$\mathcal{A}$，

$$a\Vdash\phi \Leftrightarrow \text{对所有的 } x,\ a\approx x\Rightarrow x\Vdash\phi$$

成立（对于$\mathcal{A}$上的所有赋值，$a\in\mathcal{A}$和公式ϕ）。

（2）证明：对于 TEMP 的每个模型$\mathcal{A}$，下面的三个条件是等价的

①对每个公式ϕ，$\mathcal{A}\Vdash^{u}[\approx]\phi\to[-][+]\phi$，

②对每个公式ϕ，$\mathcal{A}\Vdash^{u}\langle+\rangle[\approx]\phi\to[+]\phi$，

③对每个元素的楔形图

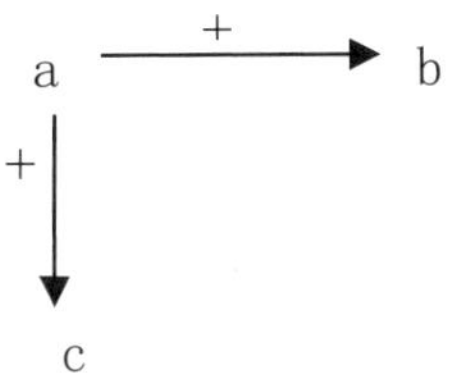

我们有 $b\approx c$。

（3）对于 LINTIM 的一个任意模型$\mathcal{A}$：

①证明：关系≈是包含 $\xrightarrow{+}$（并且 $\xrightarrow{-}$）的最小等价关系。

②证明：每个$\mathcal{A}$的≈等价类是由 $\xrightarrow{+}$ 线序的。

（4）证明：线序集合的每个不交并为 LINTIM 提供了一个模型。

练习 10 该练习是练习 9 的继续。每一个线序集(A，<)都产生 LINTIM 的一个模型（即：将 a $\xrightarrow{+}$ b 解释为 a<b，等）。特别地，

$$\mathcal{N}=(N,<),\ \mathcal{Z}=(Z,<),\ \mathcal{Q}=(Q,<),\ \mathcal{R}=(R,<)$$

都是 LINTIM 的模型。

（1）找出一个语句ϕ使得$\mathcal{N},\mathcal{Z},\mathcal{Q}$和$\mathcal{R}$都是它的模型，但 $\nvdash_{LINTIM}\phi$。

（2）找出语句θ和ψ使得

$$\mathcal{N}\Vdash^{u}\theta,\ \mathcal{Z}\nvDash^{u}\theta,\ \mathcal{Q}\nvDash^{u}\psi,\ \mathcal{R}\Vdash^{u}\psi。$$

（3）找出一个公式使得$\mathcal{Q}$和$\mathcal{R}$是它的模型而$\mathcal{N}$和$\mathcal{Z}$不是它的模型。

（4）你能找到一个公式θ使得$\mathcal{R}\Vdash^{u}\theta$但$\mathcal{Q}\nvDash^{u}\theta$吗？

第十章

一般完全性结果

本章我们证明两个完全性结果，一个应用于所有标准的形式系统，另一个只应用于受限制的类。对于这两个结果我们只考虑假设集Φ为空集的情况，即：只讨论逻辑的情况。

10.1 引言

令 S 是一个形式系统，$\mathcal{M}$是 S 语言的一个适当的结构类。$\mathcal{M}$中的元素可以是朴素的，赋值的或者是点赋值的结构。但是，对于一个给定的结构类$\mathcal{M}$而言，它的元素必须是同一种结构。即：$\mathcal{M}$中的元素都是朴素结构，或者都是赋值结构，或者都是点赋值的结构。

10-1 定义 令 S 是一个形式系统，$\mathcal{M}$是 S 的语言的一个结构类。如果对每个公式ϕ都有

$$\vdash_S \phi \Leftrightarrow \mathcal{M} \Vdash^k \phi, \qquad \textbf{式 10-1}$$

其中$\Vdash^k$是适合于$\mathcal{M}$的一种可满足关系，则称 S 和$\mathcal{M}$是完全匹配的。

式 10-1 被称为一个完全性结果，其中蕴涵式⇒是可靠性部分，蕴涵式⇐是充分性部分。

这种完全性结果通常用来解决以下两种不同的问题之一：

（1）给定系统 S，问题是要找到和 S 完全匹配的一个结构类$\mathcal{M}$。这样做的原因是为了用更多代数的方法来分析 S 的性质，因此，在选择$\mathcal{M}$时将考虑这一点。

（2）已知结构类$\mathcal{M}$，问题是要找到一个完全和$\mathcal{M}$匹配的系统 S。这样做的原因是为了得到一个统一的方法来描述$\mathcal{M}$中结构的共同性质。因此，我们就必须使 S 尽可能的简单。

当然，对一个任意给定的 S 来说，也许不存在$\mathcal{M}$和它匹配，也许有几个$\mathcal{M}$和它匹配。反之，对$\mathcal{M}$也同样。因此，证明一个完全性结果不仅仅是一种常规的验证，而且这些结果还能显示一些一般的特点以及一些共同使用的技术，这些将在本章和后面的章节中描述。

本章中我们将证明一个适用于所有标准系统 S 的完全性结果并给出一个解决问题（1）的方法。这种普遍的应用意味着这个结果实际上是很弱的；然而，这个结果为大多数完全性结果提供了一个基础，在这个意义上，其他完全性结果的证明都是在这个基础上的改进。

10.2　一致集

从现在开始，令 S 是一个固定的但是任意的并具有公理集 **S** 的标准形式系统。我们将构造一个和 S 完全匹配的赋值结构类。实际上，我们将构造出两个这样的结构类，在某种意义上，它们是两种相反的极端情况。

对其中一个而言，令$\mathcal{M}$是 S 的模型的所有赋值结构的类。对每个公式ϕ，我们有

$$\mathcal{M} \Vdash^{v} \phi \Leftrightarrow \vDash^{v}_{S} \phi。$$

由可靠性结果可得：

$$\vdash_{S} \phi \Rightarrow \vDash^{v}_{S} \phi。$$

如果我们可以证明上面蕴涵式的逆也成立，那么也可以推出完全性结果。

对另一个而言，我们有：

10-2 定义　令 S 是一个形式系统，令$(\mathfrak{S},\sigma)$是一个赋值结构，如果$(\mathfrak{S},\sigma)$ 是

S 的模型（即：$\mathcal{M}$的一个元素）并且$(\mathfrak{S},\sigma)$与 S 完全匹配，则称$(\mathfrak{S},\sigma)$是 S 的一个典范赋值结构。

因此，我们本章的最终目的是证明下面的完全性和刻画结果。

10-3 定理　令 S 是具有典范赋值结构$(\mathfrak{S},\sigma)$的一个标准形式系统。对每个公式ϕ，条件

（1）$(\mathfrak{S},\sigma) \Vdash^{v} \phi$；

（2）$\vdash_S \phi$；

（3）$\vDash^{v}_{S} \phi$

是等价的。

证明　注意（2）⇒（3）恰好是可靠性。由于$(\mathfrak{S},\sigma)$是 S 的模型，所以立刻可得：（3）⇒（1）。因此，该证明主要是证明：（1）⇒（2）。

为了完成（1）⇒（2）的证明，我们需要下面的讨论和工作。

直观上，利用 S 从Φ中推出一个矛盾，则称公式集Φ相对于系统 S 是不一致的。因为 S 不具有演绎性质，所以我们在说明这一点时必须特别小心。要说明这一点，关键是是否存在Φ的公式$\phi_1,\ldots,\phi_n$使得

$$\vdash_S \phi_1 \wedge \ldots \wedge \phi_n \to \bot \qquad \textbf{式 10-2}$$

成立。如果这样的公式存在，那么Φ（相对于 S）是不一致的；如果这样的公式不存在，那么Φ（相对于 S）是一致的。这一点，可以用弱的后承证明关系$\vdash^{w}_{S}$进行定义。

10-4 定义　令 S 是一个形式系统并且Φ是一个公式集，如果$\Phi \nvdash^{w}_{S} \bot$，即：不存在$\Phi$的公式$\phi_1,\ldots,\phi_n$使得式 10-2 成立，则称公式集$\Phi$是 S-一致的，否则称公式集$\Phi$是 S-不一致的。在不引起混淆的情况下，可省略 S，简称为一致或不一致。

令 ***CON*** 是所有这样的 S-一致集的集簇。

10-5 命题　令 S 是一个系统并且Φ是一个公式集，下面的两个条件是等价的

（1）Φ是 S-一致的；

（2）不存在公式ϕ使得$\Phi \vdash_S \phi$并且$\Phi \vdash_S \neg\phi$同时成立。

根据定义 10-4 和命题 10-5，显然空公式集$\varnothing$是一致的并且一致的公式集还具有下面的一些性质。

性质 1　公式集Φ是一致的，当且仅当Φ的每个有穷子集都是相容一致的。

性质 2　令Φ是一个一致的公式集并且θ,ψ是任意的公式，下面的结论成立：

（1）如果$(\theta\wedge\psi)\in\Phi$，那么$\Phi\cup\{\theta,\psi\}$是一致的；

（2）如果$\neg(\theta\vee\psi)\in\Phi$，那么$\Phi\cup\{\neg\theta,\neg\psi\}$是一致的。

性质 3　令Φ是一个一致的公式集并且θ,ψ是任意的公式，下面的结论成立：

（1）如果$(\theta\vee\psi)\in\Phi$，那么$\Phi\cup\{\theta\}$是一致的或者$\Phi\cup\{\psi\}$是一致的；

（2）如果$\neg(\theta\wedge\psi)\in\Phi$，那么$\Phi\cup\{\neg\theta\}$是一致的或者$\Phi\cup\{\neg\psi\}$是一致的。

性质 4　令Φ是一个一致的公式集并且θ,ψ是任意的公式，下面的结论成立：

（1）如果$(\theta\to\psi)\in\Phi$，那么$\Phi\cup\{\neg\theta\}$是一致的或者$\Phi\cup\{\psi\}$是一致的；

（2）如果$\neg(\theta\to\psi)\in\Phi$，那么$\Phi\cup\{\theta,\neg\psi\}$是一致的。

性质 5　令Φ是一个一致的公式集并且θ是任意的公式，如果$\neg\neg\theta\in\Phi$，那么$\Phi\cup\{\theta\}$是一致的。

关于不一致的性质，我们有下面的一些结论。

性质 6　对任意的命题变项 P，$\{P,\neg P\}$是不一致的。特别地，$\{\bot\}$是不一致的。

性质 7　令Φ是一个任意的公式集，对任意的公式θ,ψ：

（1）如果$\theta\wedge\psi\in\Phi$并且Φ,θ或者Φ,ψ不一致，那么Φ不一致；

（2）如果$\neg(\theta\wedge\psi)\in\Phi$并且$\Phi,\neg\theta$及$\Phi,\neg\psi$不一致，那么$\Phi$不一致。

性质 8　令Φ是一个任意的公式集，对任意的公式θ,ψ：

（1）如果$\theta\vee\psi\in\Phi$并且Φ,θ及Φ,ψ都不一致，那么Φ不一致；

（2）如果$\neg(\theta\vee\psi)\in\Phi$并且$\Phi,\neg\theta$或者$\Phi,\neg\psi$不一致，那么$\Phi$不一致。

性质 9　令Φ是一个任意的公式集，对任意的公式θ,ψ：

（1）如果$\theta\to\psi\in\Phi$并且$\Phi,\neg\theta$及Φ,ψ都不一致，那么Φ不一致；

（2）如果$\neg(\theta\to\psi)\in\Phi$并且$\Phi,\theta,\neg\psi$不一致，那么$\Phi$不一致。

10.3　极大一致集

10-6 定义　如果公式集Φ是 S-一致的但它的真扩张不是 S-一致的，则称公式集Φ是极大 S-一致的。令 $\boldsymbol{S}$ 是所有这样的极大 S-一致集的集合。

显然，$\boldsymbol{S}$ 的每个元素 s 也是 $\boldsymbol{CON}$ 的一个元素并且对每个公式ϕ,

$$s\cup\{\phi\}\in\boldsymbol{CON}\Rightarrow\phi\in s$$

成立。这种极大性保证了极大一致的公式集有下面的性质。

10-7 命题　令 $s\in\boldsymbol{S}$，那么不存在公式ϕ使得ϕ和$\neg\phi$都在 s 中并且不存在公式ϕ使得ϕ和$\neg\phi$都不在 s 中。

证明

假如存在公式ϕ使得ϕ和$\neg\phi$都在 s 中，此与 s 一致矛盾。因为$\vdash_S \phi\wedge\neg\phi\to\bot$，而且，如果$\phi\notin s$，那么 $s\cup\{\phi\}$是不一致的。因此，存在 s 中有穷多个元素的一个合取式σ满足

$$\vdash_S \sigma\wedge\phi\to\bot。\qquad \textbf{式 10-3}$$

由此可得：$\vdash_S \sigma\to\bot$。类似地，如果$\neg\phi\notin s$，那么存在 s 中有穷多个元素的一个合取式τ满足

$$\vdash_S \tau\wedge\neg\phi\to\bot。\qquad \textbf{式 10-4}$$

由此可得：$\vdash_S \tau\to\bot$。于是，利用重言式

$$\vdash_S (\sigma\to\bot)\to(\tau\to\bot)\to(\sigma\wedge\tau\to\bot)$$

可得：

$$\vdash_S \sigma\wedge\tau\to\bot。$$

由此可得：s 实际上是不一致的，矛盾！因此，s 只包含ϕ和$\neg\phi$之一。

10-8 命题　令 $s\in\boldsymbol{S}$，对于任意的公式ϕ，存在 s 中元素的一个合取式ρ使得

$$\vdash_S \rho\to\phi,$$

则ϕ在 s 中。即：s 关于蕴涵是封闭的。

证明　假设对于任意的公式ϕ，存在 s 中元素的一个合取式ρ使得

$$\vdash_S \rho\to\phi,$$

则ϕ在 s 中。若$\phi\notin s$，则 s 中有穷多个元素的一个合取式σ使得(10.3)式和下面的式子成立

$$\vdash_S \sigma\wedge\rho\to\bot。$$

由此可得：s 是不一致的。

10-9 定理　公式集 s 是极大 S-一致的，当且仅当下面两个条件同时成立。

（1）s 是一致的；

（2）对任意的公式ϕ，$\phi\in s$ 或者$\neg\phi\in s$。

证明　如果 s 是极大一致的，由定义 10-6 可得：s 是一致的。再由命题 10-7 可得：对任意的公式ϕ，$\phi\in s$ 或者$\neg\phi\in s$。反之，如果条件（1）和（2）成立，并假设 s 是 s′的真子集，令$\theta\in s'$并且$\theta\notin s$，由条件（2）可得：$\neg\theta\in s$，所以$\neg\theta\in s'$。因此，s′不一致。故 s 是一个极大一致集。

10-10 定理　令 $s\in\boldsymbol{S}$，那么

$$\top\in s,\ \bot\notin s$$

并且对于所有公式θ，ψ和ϕ，下面的等价式成立。

（1）$\neg\phi\in s \quad \Leftrightarrow \quad \phi\notin s$。

（2）$\theta\wedge\psi\in s \quad \Leftrightarrow \quad \theta\in s$ 并且 $\psi\in s$。

（3）$\theta\vee\psi\in s \quad \Leftrightarrow \quad \theta\in s$ 或者 $\psi\in s$。

（4）$\theta\to\psi\in s \quad \Leftrightarrow \quad \theta\notin s$ 或者 $\psi\in s$。

证明

因为⊤和⊥互为否定，由命题 10-9 可得：$\top\in s$，$\bot\notin s$。

（1）的证明。假设 $\phi\in s$ 成立，因为 $\neg\phi\in s$，此与 s 是一致的矛盾！故 $\phi\notin s$。反之，假设 $\neg\phi\notin s$ 成立，因为 $\phi\notin s$，此与 s 是极大一致矛盾！故 $\neg\phi\in s$。

（2）的证明。假设 $\theta\notin s$ 或者 $\psi\notin s$ 成立，由 s 的极大性可得：s,θ或者 s,ψ是不一致的。因为 $\theta\wedge\psi\in s$，由 10-2 中的性质 7 可得：s 不一致，此与 s 极大一致矛盾！故，$\theta\in s$ 并且 $\psi\in s$。反之，假设 $\theta\wedge\psi\notin s$ 成立，由 s 的极大性可得：$\neg(\theta\wedge\psi)\in s$。因为 $\theta\in s$ 并且 $\psi\in s$，所以 s,¬θ及 s,¬ψ不一致。由 10-2 中的性质 7 可得：s 不一致，此与 s 极大一致矛盾！所以，$\theta\wedge\psi\in s$ 成立。

（3）的证明。假设 $\theta\notin s$ 并且 $\psi\notin s$ 成立，由 s 的极大性可得：s,θ及 s,ψ都不一致，又因为 $\theta\vee\psi\in s$，由 10-2 中的性质 8 可得：s 不一致，此与 s 极大一致矛盾！因此，$\theta\in s$ 或者 $\psi\in s$ 成立。反之，假设 $\theta\vee\psi\notin s$ 成立，由 s 的极大性可得：$\neg(\theta\vee\psi)\in s$。又因为 $\theta\in s$ 或者 $\psi\in s$，所以 s,¬θ或者 s,¬ψ不一致。由 10-2 中的性质 8 可得：s 不一致，此与 s 极大一致矛盾！所以，$\theta\vee\psi\in s$ 成立。

（4）的证明。假设 $\theta\notin s$ 或者 $\psi\in s$ 不成立，即：$\theta\in s$ 并且 $\psi\notin s$ 成立。由 s 的极大性可得：s,¬θ及 s,ψ都不一致。又因为 $\theta\to\psi\in s$，由 10-2 中的性质 9 可得：s 不一致，此与 s 极大一致矛盾！故，$\theta\notin s$ 或者 $\psi\in s$。反之，假设 $\theta\to\psi\in s$ 不成立，由 s 的极大性可得：$\neg(\theta\to\psi)\in s$，因为 $\theta\notin s$ 或者 $\psi\in s$，所以 s,θ,¬ψ不一致。由 10-2 中的性质 9 可得：s 不一致，此与 s 极大一致矛盾！故，$\theta\to\psi\in s$ 成立。

然而定理 10-10 中不包含与联结词[i]对应的条目，与此有关的性质将在下节中给出。

S 的最重要的性质是，它是非空的并且有足够多的元素来区分所有公式两两之间的不同。

10-11 定理（基本存在结果）对每个 S-一致的公式集Φ而言，存在一个 $s\in\boldsymbol{S}$ 使得 $\Phi\subseteq s$。

证明

令

$$\phi_0,\phi_1,\ldots,\phi_n,\ldots(n\in\omega)$$

是所有公式的一个任意枚举，定义公式集合序列

$$\Delta_0,\Delta_1,\ldots,\Delta_n,\ldots(n\in\omega)$$

如下：

$$\Delta_0=\Phi,$$

$$\Delta_{n+1}=\begin{cases}\Delta_n\cup\{\phi_n\}，如果\Delta_n\cup\{\phi_n\}是 S-一致的；\\ \Delta_n，否则。\end{cases}$$

由构造可得：

$$\Phi=\Delta_0\subseteq\Delta_1\subseteq\ldots\subseteq\Delta_n\subseteq\ldots\qquad(n\in\omega)$$

并且每个Δ_n都是 S-一致的。令

$$s=\cup\{\Delta_n|n\in\omega\},$$

则 s 是一致的。否则如果它不是一致的，那么 s 的某个有穷部分不是一致的，并且该有穷部分一定包含在某个Δ_n中，而该Δ_n是一致的，矛盾！下面证明 s 是极大的。

考虑满足条件 $s\cup\{\phi\}\in\boldsymbol{CON}$ 的任意公式ϕ。由于至少存在一个指标 $n\in\omega$使得$\phi=\phi_n$。于是，

$$\Delta_n\cup\{\phi_n\}\subseteq s\cup\{\phi\}$$

并且$\Delta_n\cup\{\phi_n\}$也是一致的，特别地，

$$\phi=\phi_n\in\Delta_{n+1}\subseteq s。$$

因此，s 具有极大性。

尽管定理 10-11 是本章最重要的结果，但实际上，定理 10-3 以及其他几个结果也是如此。因为它们仅仅是定理 10-11 的不同表述。下面的结论也是如此。它表明：定理 10-11 的一个简单推论是从一个假设集可以得到 S-演绎性。

10-12 定理　对每一个公式集Φ和公式ϕ，下面的两个条件

（1）$\Phi\vdash^{w}_{S}\phi$；

（2）$(\forall s\in\boldsymbol{S})(\Phi\subseteq s\Rightarrow\phi\in s)$

是等价的。

证明　（1）⇒（2）。如果$\phi\notin s$，那么$s\cup\{\phi\}$是不一致的。于是，$s\vdash\neg\phi$。另外，因为$\Phi\vdash^{w}_{S}\phi$并且$\Phi\subseteq s$，所以 $s\vdash\phi$。矛盾！故，$\phi\in s$。

（2）⇒（1）。假设$\Phi\cup\{\neg\phi\}\in\boldsymbol{CON}$，由定理 10-11 可得：存在一个 $s\in\boldsymbol{S}$使得$\Phi\cup\{\neg\phi\}\subseteq s$，由此可得：$\neg\phi\in s$。再由（2）可得：$\phi\in s$。矛盾！于是，

$$\Phi\cup\{\neg\phi\}\notin\boldsymbol{CON}。$$

但是，存在Φ的元素的一个合取式τ使得

$$\vdash_S \tau\wedge\neg\phi \rightarrow \bot。$$

又因为(τ∧¬φ→⊥)→(¬φ→⊥)是一个重言式，所以$\vdash_S \neg\phi\rightarrow\bot$。于是，$\vdash_S \top\rightarrow\phi$。由此得到（1）。

在定理 10-12 中，当Φ=∅时，有：

10-13 推论 对于每个公式φ，下面的等价式

$$\vdash_S \phi \Leftrightarrow (\forall s\in \boldsymbol{S})(\phi\in s)$$

成立。

10.4 典范结构和典范赋值

令$\mathcal{A}$是一个加标转移结构，由定义 4-1 知：$\mathcal{A}$是由一个非空集 A 和二元关系 $\xrightarrow{i}$ 的一个适当的加标族构成。令 ***S*** 是 S 的基于公式的极大一致集的集合。因此，对每个标号 i∈I，

令

$$\xrightarrow{i}$$

是 ***S*** 上的一个关系，并且对每对 s,t∈ ***S***，

$$s\xrightarrow{i}t$$

成立当且仅当对所有的公式φ，

$$[i]\phi\in s \Rightarrow \phi\in t。$$

我们也用

$$t\prec_i s$$

表示 $s\xrightarrow{i}t$ 成立。

特别地，当 $s\xrightarrow{i}t$ 时，

$$\phi\in t \Rightarrow \langle i\rangle\phi\in s$$

成立。因此，我们有下面的结论。

10-14 定理 对于每个 s∈***S*** 和公式φ，下面的等价式

$$[i]\phi\in s \Leftrightarrow (\forall t\prec_i s)(\phi\in t)$$

成立。

证明

(⇒)。由$\prec_i$的定义可以得到该蕴涵式。

(⇐)。考虑公式集

$$\Psi=\{\psi|[i]\psi\in s\},$$

由 $\prec_i$ 的定义和假设可得：

$$\Psi\subseteq t\in \boldsymbol{S} \Rightarrow t\prec_i s \Rightarrow \psi\in t。$$

由定理 10-12，存在 $\psi_1,\ldots,\psi_n\in\Psi$ 满足

$$\vdash_S \psi_1\wedge\ldots\wedge\psi_n\rightarrow\psi$$

利用引理 9-5 和上式可得：

$$\vdash_S [i]\psi_1\wedge\ldots\wedge[i]\psi_n\rightarrow[i]\psi。$$

由于每个 $[i]\psi_r\in s$ 并且 s 在蕴涵下封闭，因此，$[i]\psi\in s$。

10-15 定义　令 $\mathcal{A}=(A,\mathbf{A})$ 是一个加标转移结构，其中 $\mathbf{A}=(\xrightarrow{i}|i\in I)$，令 $\boldsymbol{S}$ 是 S 的基于公式的极大一致集的集合。对每个标号 $i\in I$，令

$$\xrightarrow{i}$$

是 $\boldsymbol{S}$ 上的一个关系，并且对每对 $s,t\in\boldsymbol{S}$，

$$s\xrightarrow{i}t$$

成立当且仅当对所有的公式 ϕ，

$$[i]\phi\in s \Rightarrow \phi\in t。$$

则称 $\mathfrak{S}=(\boldsymbol{S},\mathcal{A})$ 是 S 的一个典范结构。即：S 的典范结构 $\mathfrak{S}$ 是基于公式的极大一致集的集合 $\boldsymbol{S}$ 的一个结构。

一般来说，朴素典范结构 $\mathfrak{S}$ 不是 S 的模型。但是，如果适当选取赋值来丰富朴素典范结构 $\mathfrak{S}$，那么就有可能成为 S 的模型。

10-16 定义　令 $\mathfrak{S}$ 是一个典范模型，令赋值 σ 满足

$$\text{对任意的命题变项 P，}\sigma(P)=\{s\in\boldsymbol{S}\,|P\in s\} \qquad (*)$$

则称 σ 是 $\mathfrak{S}$ 上的一个典范赋值。

(*)式等价于对于 $s\in\boldsymbol{S}$ 和命题变项 P，

$$s\Vdash P\Leftrightarrow P\in s。\qquad (**)$$

一般地，我们有：

10-17 引理　对于每个 $s\in\boldsymbol{S}$ 和公式 ϕ，下面的等价式

$$s\Vdash\phi\Leftrightarrow\phi\in s$$

成立。

证明

对于每个公式 ϕ 考虑以下条件

$$(\forall s\in\boldsymbol{S})(s\Vdash\phi\Leftrightarrow\phi\in s) \qquad (\phi)$$

下面施归纳于ϕ复杂度验证(ϕ)式成立。

由定理 10-10 中$\top\in$s 并且$\bot\notin$s 可知：基本情况成立。由定理 10-10 中的等价式可知：命题联结词的情况都成立。因此，下面仅证明[i]的情况也成立。

对一个给定的 s$\in\boldsymbol{S}$ 和公式ϕ，我们有

$$\begin{aligned} s \Vdash [i]\phi &\Leftrightarrow (\forall t \prec_i s)(t \Vdash \phi) && (\Vdash\text{的定义}) \\ &\Leftrightarrow (\forall t \prec_i s)(\phi \in t) && (\text{归纳假设}) \\ &\Leftrightarrow [i]\phi \in s && (\text{定理 10-14}) \end{aligned}$$

于是，对[i]ϕ，(ϕ)式成立。故，引理 10-17 得证。

由引理 10-17 和推论 10-13，我们有：

10-18 推论　典范赋值结构($\mathfrak{S}$,σ)是 S 的模型。

现在，我们完成定理 10-3 证明中未完成的部分。

证明　对每个公式ϕ，

$$\begin{aligned} (\mathfrak{S},\sigma) \Vdash^{v} \phi &\Leftrightarrow (\forall s \in \boldsymbol{S})(s \Vdash \phi) && (\Vdash\text{的定义}) \\ &\Leftrightarrow (\forall s \in \boldsymbol{S})(\phi \in s) && (\text{引理 10-17}) \\ &\Leftrightarrow \ \vdash_S \phi && (\text{推论 10-13}) \end{aligned}$$

这就证明了（1）$\Rightarrow$（2）。

10.5　评述

表面上，对任意的标准系统 S，定理 10-3 对（10.1 节的）问题（1）给出了两种解决方法。但是，这两个解决方法并没有太大的实用价值。一方面我们知道，可以通过找出 S 的所有赋值模型的类来分析 S。遗憾的是，为了找出这个大类，我们必须首先对 S 有极为广泛的了解（在这种情况下，我们不需要完全性结果）。另一方面我们知道，可以通过找出一个具体的赋值模型来对 S 进行分析。遗憾的是，这个模型需要由 S 来构造，决定其性质的过程又涉及到对 S 的分析（这使该方法意义不大）。

虽然这两种方法都有这样或那样的缺陷，定理 10-3 仍然是有价值的。因为它至少告诉我们每个标准的形式系统具有单独的一个特征赋值模型（该事实不很显而易见）。但是，为了使其充分发挥作用，我们现在对该定理加以改进。我们通过增强结论或者通过改进证明以获取更多的信息来做到这一点。

我们有两种可能的改进方法。

第一种方法是不再考虑赋值，而是找出由朴素结构组成的特征结构类$\mathcal{M}$。对一个经过适当处理的系统 S 来说，这是可以做到的（对于 S，$\mathfrak{S}$本身就是 S 的模型）。这样的系统 S 就有一个完全不需由 S 来定义的特征结构类$\mathcal{M}$，并且完全性结果开辟了 S 上的另一种真正的处理方法。下一章中将对此进行讨论。

第二种方法是找出一个完全由有限结构构成的特征结构类。那么这就使在系统内机械测试演绎性成为可能。（因为，测试一个有限结构的有效性是假定可机械操作的。）同样，我们发现存在许多适用这种方法的系统，这些都会在后面的章节中进行讨论。

当然也存在有不可知完全性结果（定理 10-3 不能涵盖）的形式系统，也可以找出有各种不同复杂性和特性的理论。虽然我们这本教材无法对它们加以详细介绍，但还是应该提及它们。然而一些更复杂的形式系统将在后面的章节中描述。

10.6　练习

本题是 8.3 节的练习 2 和 9.5 节的练习 6 的继续，并使用了它们中的符号以及与之相关的内容。因此，对于一个任意的形式系统 S 和公式集Φ，令 $\boldsymbol{S}(\Phi)$是满足：$\Phi^*\subseteq s$ 的所有 $s\in\boldsymbol{S}$ 的集合。将$\mathfrak{S}$的转换关系限制在 $\boldsymbol{S}(\Phi)$上，那么集合 $\boldsymbol{S}(\Phi)$可转变为一个转移结构$\mathfrak{S}(\Phi)$。因此，$\mathfrak{S}$是特殊情况$\mathfrak{S}(\varnothing)$。用同样的方法，令$\sigma$是$\mathfrak{S}$上的典范赋值在$\mathfrak{S}(\Phi)$的限制。

（1）证明：对于每个 $s\in\boldsymbol{S}(\Phi)$，公式ϕ和标号 i，下面的条件

①$[i]\phi\in s$；

②对每一个 $t\in\boldsymbol{S}(\Phi)$，如果 $s\xrightarrow{i}t$，那么$\phi\in t$，

是等价的。

（2）证明：对所有的 $s\in\boldsymbol{S}(\Phi)$和公式ϕ，

$$s\Vdash\phi\Leftrightarrow\phi\in s$$

成立。

（3）证明：$(\mathfrak{S}(\Phi),\sigma)$是 $S\cup\Phi^*$的模型。

（4）证明：对每一个公式ϕ，下面的条件

(a) $\Phi^*\ \vdash^{w}_{S}\ \phi$

(b l) $\Phi \vdash_S \phi$　　　(b r) $\models^{w}_{S} \phi$

(c l) $\Phi^{*} \vdash_S \phi$　　　(c r) $\Phi^{*} \models^{v}_{S} \phi$

(d) $(\mathfrak{S}(\Phi),\sigma)$是$\phi$的模型。

是等价的。

第十一章

克里普克-完全性

每一个形式系统都与三个主要的后承关系（和几个次要后承关系）有关，它们是

$$\vdash_S,\ \vDash_S^v,\ \vDash_S^u。$$

从可靠性我们知道，对于每一个公式ϕ以下蕴涵成立

$$\vdash_S \phi \Rightarrow \vDash_S^v \phi \Rightarrow \vDash_S^u \phi。$$

第十章中的完全性结果表明：上式中的第一个蕴涵是一个等价式，而且存在一个固定的赋值结构$(\mathfrak{S},\sigma)$使得等价式两端都等价于

$$(\mathfrak{S},\sigma) \Vdash^v \phi。$$

本章我们重点讨论以上蕴涵式中的第三项 $\vDash_S^u \phi$。一般来说，该项和其他两项是不等价的。

11.1 克里普克-完全性

11-1 定义 令 S 是一个形式系统，如果

$$对所有的公式\phi，\vdash_S \phi \quad \Leftrightarrow \quad \vDash^u_S \phi$$

成立，则称 S 是克里普克-完全的。

本章我们将证明：我们常用的许多形式系统都是克里普克完全的。实际上，它们中的大多数具有更强的性质。

11-2 定义 令 S 是一个形式系统，如果它的典范（朴素）结构$\mathfrak{S}$是 S 的模型，则称 S 是一个典范的形式系统。

例如，最小的形式系统 **K** 是典范的(因为每一个模态结构都是 **K** 的模型)。其他典范系统将稍后给出。下面先讨论典范性的作用。

11-3 定理 令 S 是一个有典范赋值结构$(\mathfrak{S},\sigma)$的典范形式系统。对每个公式ϕ，下面的条件

（1）$\mathfrak{S} \Vdash_u \phi$

（2）$(\mathfrak{S},\sigma) \Vdash_v \phi$

（3）$\vdash_S \phi$

（4）$\vDash^v_S \phi$

（5）$\vDash^u_S \phi$

是等价的。特别是，每一个典范系统都是克里普克-完全的。

证明

（1）⇒（2）由 5.4 节中$\Vdash^u$的定义得到。（2）⇒（3）和（3）⇒（4）分别是定理 10-3 的（1）⇒（2）和（2）⇒（3）。（4）⇒（5）是直接的。最后（5）⇒（1）是定义 11-2 的直接结果。

为了进一步说明该定理，在下一节中，我们给出一组有趣的典范系统。

11.2 一些典范系统

到目前为止，我们所知道的唯一的典范系统就是最小的模态系统 **K**。本节我们将介绍一些其他的典范系统，在下一节中我们将介绍如何生成这样的系统。

例 1 现在我们考察系统 KD，它是在 **K** 的基础上增加如下所有公式

$$D(\phi)：\Box\phi \to \Diamond\phi \qquad （对任意的\phi）$$

得到的。我们知道该公式集以持续性为特征，因此有下面重要的结果。

11-4 引理 令 S 为任意的系统并且 KD≤S，那么 S 的典范结构$\mathfrak{S}$是持续的。

证明

考虑任意的 $s\in\boldsymbol{S}$（这里，$\boldsymbol{S}$ 是 S 的极大一致集的集合）。我们必须找出一个 $t\in\boldsymbol{S}$ 使得

$$s\longrightarrow t,$$

即：对每个公式ϕ

$$\Box\phi\in s\Rightarrow\phi\in t。$$

为了证明这一点，令Φ满足

$$\Phi=\{\phi|\Box\phi\in s\}。$$

现在，只需证明Φ是 S-一致的。（因为定理 10-11 提供了存在 $t\in\boldsymbol{S}$ 使得$\Phi\subseteq t$，因此 $s\longrightarrow t$）。

用反证法。假设Φ不是 S-一致的，那么有

$$\Phi\vdash^{w}_{S}\bot。$$

因此，存在$\phi_1,\ldots,\phi_n\in\Phi$满足

$$\vdash_S\phi\rightarrow\bot，亦即：\vdash_S\neg\phi。$$

其中，ϕ是$\phi_1\wedge\ldots\wedge\phi_n$。使用(N)得到

$$\vdash_S\Box\neg\phi。$$

由于 KD≤S，我们可以使用 D($\neg\phi$)得到

$$\vdash_S\Diamond\neg\phi。$$

因此，等价替换$\Diamond\neg\phi$得到：

$$\vdash_S\neg\Box\phi\ ，亦即：\vdash_S\Box\phi\rightarrow\bot。$$

最后，由于

$$\vdash_K\Box\phi_1\wedge\ldots\wedge\Box\phi_n\rightarrow\Box\phi,$$

我们看到$\Box\phi\in s$，并且更重要的是

$$s\vdash_S\bot。$$

矛盾！

由于 KD 的（朴素）模型恰好是持续结构，这个结果有下面的一个直接推论。

11-5 推论　系统 KD 是典范的。因此也是克里普克-完全的。

例 2　下一个典范性的例子是考虑通过在基本公理基础上增加所有公式

$$R(\phi):\ \Box^2\phi\rightarrow\Box\phi\qquad（对任意的\phi）$$

得到的系统 KR。由于 KR 的模型具有稠密性，因此我们的目标是证明 KR 的典范结构也具稠密性。为了做到这一点，我们需要下面的引理。

第十一章

11-6 引理　令 S 是任意的形式系统，令 $r,t\in\boldsymbol{S}$ 满足：对所有的公式ϕ，

$$\Box^2\phi\in r\Rightarrow\phi\in t。$$

那么，对某个 $s\in\boldsymbol{S}$，我们有

$$r\longrightarrow s\longrightarrow t。$$

证明

考虑公式集

$$\Phi=\{\theta|\Box\theta\in r\}\cup\{\Diamond\psi|\psi\in t\},$$

只需证明Φ是 S-一致的即可。

用反证法。假设Φ不是 S-一致的，那么存在$\theta_1,\ldots,\theta_m,\psi_1,\ldots,\psi_n$使得

$$\vdash_S(\theta_1\wedge\ldots\wedge\theta_m\wedge\Diamond\psi_1\wedge\ldots\wedge\Diamond\psi_n\rightarrow\bot)。$$

令

$$\theta=\theta_1\wedge\ldots\wedge\theta_m\text{ 并且 }\psi=\psi_1\wedge\ldots\wedge\psi_n。$$

注意，由于$\vdash_K\Box\theta_1\wedge\Box\theta_2\leftrightarrow\Box(\theta_1\wedge\theta_2)$并且$\vdash_K\theta\rightarrow\theta_1\wedge\theta_2$，因此，

$$\vdash_K(\Box\theta_1\wedge\ldots\wedge\Box\theta_m\rightarrow\Box\theta),\vdash_K(\Diamond\psi\rightarrow\Diamond\psi_1\wedge\ldots\wedge\Diamond\psi_n)$$

使得$\Box\theta\in r$，$\psi\in t$。由这些蕴涵式还可以得到：

$$\vdash_S(\theta\wedge\Diamond\psi\rightarrow\bot),$$

上式还可以等价表示为

$$\vdash_S(\theta\rightarrow\neg\Diamond\psi)\text{ 或者 }\vdash_S(\theta\rightarrow\Box\neg\psi)。$$

因此，用(EN)可得：

$$\vdash_S(\Box\theta\rightarrow\Box^2\neg\psi)。$$

但由于$\Box\theta\in r$，于是$\Box^2\neg\psi\in r$，因此$\neg\psi\in t$，矛盾！

这就证明了Φ是 S-一致的并且（由基本存在结果）存在某 $s\in\boldsymbol{S}$，而$\Phi\subseteq s$，即：对所有公式θ,ψ有

$$\Box\theta\in r\Rightarrow\theta\in s，\psi\in t\Rightarrow\Diamond\psi\in s。$$

由前式得到 $r\longrightarrow s$，由后式得到 $s\longrightarrow t$。

利用这个结果，我们立刻得到一个与引理 11-4 类似的结果。

11-7 引理　令 S 为任意系统并且 $KR\leqslant S$，那么 S 的典范结构$\mathfrak{S}$是稠密的。

证明

考虑任意 $r,t\in\boldsymbol{S}$ 并且 $r\rightarrow t$。这与公式 R 一起可以证明：对于每个公式ϕ，我们有：

$$\Box^2\phi\in r\Rightarrow\Box\phi\in r\Rightarrow\phi\in t$$

那么由引理 11-6 得到 $s\in\boldsymbol{S}$ 并且 $r\longrightarrow s\longrightarrow t$。

11-8 推论　系统 KR 是典范的并因此也是克里普克-完全的。

11.3　汇合诱导的完全性

现在我们已经知道 K，KD，KR 是三个典范系统，同时，它们也是克里普克-完全的。引理 11-4 和引理 11-7 也保证了 KDR 是典范的。实际上这些结果利用汇合性也可以得到。

在第七章中，每个四-元标号序列

$$\mathbf{i} := i(1),i(2),\ldots,i(p),$$

$$\mathbf{j} := j(1),j(2),\ldots,j(q),$$

$$\mathbf{k} := k(1),k(2),\ldots,k(r),$$

$$\mathbf{l} := l(1),l(2),\ldots,l(s)。$$

给我们两个相关的工具。第一，存在一个结构的性质

$$\mathrm{CONF}(\mathbf{i};\mathbf{j};\mathbf{k};\mathbf{l}),$$

它与下图的形成有关

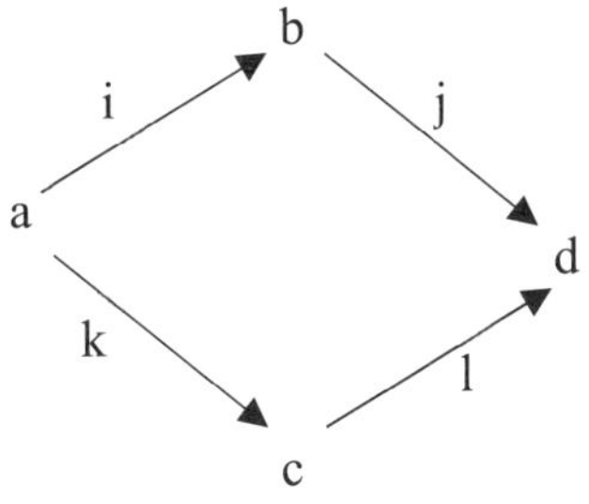

第二，存在一个公式集

$$\langle i\rangle[j]\phi\to[k]\langle l\rangle\phi,（对任意的\phi）。$$

即：　　　$\mathrm{Conf}(\mathbf{i};\mathbf{j};\mathbf{k};\mathbf{l})$。

我们知道，一个结构具有性质 $\mathrm{CONF}(\mathbf{i};\mathbf{j};\mathbf{k};\mathbf{l})$当且仅当它是 $\mathrm{Conf}(\mathbf{i};\mathbf{j};\mathbf{k};\mathbf{l})$的模型。

现在我们把 $\mathrm{Conf}(\mathbf{i};\mathbf{j};\mathbf{k};\mathbf{l})$看作一个公理模式，特别地，我们可以形成下面的系统

$$\mathrm{K}(\mathbf{i};\mathbf{j};\mathbf{k};\mathbf{l})$$

它的公理恰好是集合 $\mathrm{Conf}(\mathbf{i};\mathbf{j};\mathbf{k};\mathbf{l})$。进一步地，令$\Sigma$是任意四-元组

$$\sigma = (\mathbf{i};\mathbf{j};\mathbf{k};\mathbf{l})$$

（不同长度和组成成分的标号序列）的集合。令

$$K(\Sigma)$$

是系统，它的公理是所有集合 Conf(σ)。其中，$\sigma\in\Sigma$。为方便起见，我们把这样的系统称为一个汇合系统。我们将在本节证明下面的结果。

11-9 定理 每个汇合系统是典范的并且也是克里普克-完全的。

为了证明这个结果，我们需要用引理 11-4 和引理 11-7 的一个推广形式，为此我们需要引理 11-6 的一个扩展。

11-10 引理 令 S 是一个任意的形式系统，$r,t\in\boldsymbol{S}$ 并且令

$$\mathbf{i} := i(1),i(2),\ldots,i(p)$$

是一个标号序列并且满足对于所有公式ϕ，

$$[\mathbf{i}]\phi\in r \Rightarrow \phi\in t$$

成立。那么对某个极大 S-一致集序列 $s(0),s(1),\ldots,s(p)\in\boldsymbol{S}$，有

$$r=s(0)\xrightarrow{i(1)}s(1)\xrightarrow{i(2)}\cdots\xrightarrow{i(p)}s(p)=t。$$

证明

施归纳于 **i** 的长度 p。

当 p=0 时，由已知

$$\phi\in r \Rightarrow \phi\in t$$

即：$r\subseteq t$，由 r 的极大性可得：r=t。 因此，我们可以令 s(0)=r=t。

对于归纳步骤(p>0)我们可以将 **i** 分解成两个非空序列 **j** 和 **k** 的毗连，记作

$$\mathbf{i}=\mathbf{j}^\frown\mathbf{k}。$$

那么与 r 和 t 有关的性质是：对任意的ϕ，

$$[\mathbf{j}][\mathbf{k}]\phi\in r \Rightarrow \phi\in t。$$

现在只需证明：对某个 $s\in\boldsymbol{S}$ 使得

$$[\mathbf{j}]\phi\in r \Rightarrow \phi\in s，[\mathbf{k}]\phi\in s \Rightarrow \phi\in t。$$

现在可以使用归纳假设给出我们想要的序列。

剩下的证明类似引理 11-6 的证明。

因此，考虑下面的公式集

$$\Phi=\{\theta|[\mathbf{j}]\theta\in r\}\cup\{\langle\mathbf{k}\rangle\psi|\psi\in t\}。$$

现在，我们只需证明Φ是 S-一致的。

用反证法。假设Φ不是 S-一致的，那么存在$\theta_1,\ldots,\theta_m$,和$\langle\mathbf{k}\rangle\psi_1,\ldots,\langle\mathbf{k}\rangle\psi_n\in\Phi$使得

$$\vdash_S(\theta_1\wedge\ldots\wedge\theta_m\wedge\langle\mathbf{k}\rangle\psi_1\wedge\ldots\wedge\langle\mathbf{k}\rangle\psi_n\rightarrow\bot),$$

即：

$$\vdash_S \langle\mathbf{k}\rangle\psi_1\wedge\ldots\wedge\langle\mathbf{k}\rangle\psi_n \rightarrow(\theta_1\wedge\ldots\wedge\theta_m \rightarrow\bot)。\quad (1)$$

令

$$\theta=\theta_1\wedge\ldots\wedge\theta_m \quad 并且 \quad \psi=\psi_1\wedge\ldots\wedge\psi_n。$$

由于

$$\vdash_K(\langle\mathbf{k}\rangle\psi\rightarrow\langle\mathbf{k}\rangle\psi_1\wedge\ldots\wedge\langle\mathbf{k}\rangle\psi_n) \quad (2)$$

成立，并且$[\mathbf{j}]\theta\in r$，$\psi\in t$，那么由以上蕴涵(1)和(2)式可以推出

$$\vdash_S \langle\mathbf{k}\rangle\psi \rightarrow(\theta_1\wedge\ldots\wedge\theta_m\rightarrow\bot),$$

由此可得：

$$\vdash_S \theta\wedge\langle\mathbf{k}\rangle\psi\rightarrow\bot。\quad (3)$$

(3)式又可以被等价地表示为

$$\vdash_S \theta\rightarrow[\mathbf{k}]\neg\psi。$$

对上式应用(EN)得到：

$$\vdash_S [\mathbf{j}]\theta\rightarrow[\mathbf{j}][\mathbf{k}]\neg\psi。$$

但由于$[\mathbf{j}]\theta\in r$，所以$[\mathbf{j}][\mathbf{k}]\neg\psi\in r$。由归纳假设可得：$\neg\psi\in t$，这与$\psi\in t$矛盾！

下面的引理是引理 11-4 和引理 11-7 的一个推广。

11-11 引理　令 $\mathbf{i},\mathbf{j},\mathbf{k},\mathbf{l}$ 为一个固定的四-元标号序列，令 S 是一个满足条件 $K(\mathbf{i};\mathbf{j};\mathbf{k};\mathbf{l})\leqslant S$ 的形式系统，那么 S 的典范结构$\mathfrak{S}$具有性质 $CONF(\mathbf{i};\mathbf{j};\mathbf{k};\mathbf{l})$。

证明

考虑满足下面条件的任意 $p,q,r\in\boldsymbol{S}$。

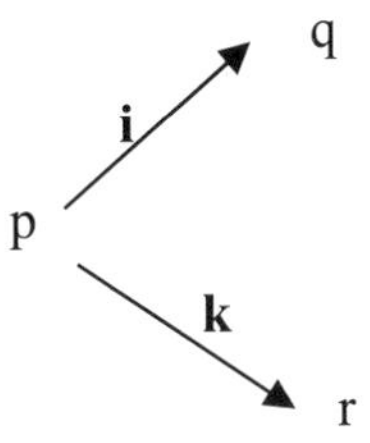

现在，我们必须给出某 $s\in\boldsymbol{S}$ 使得

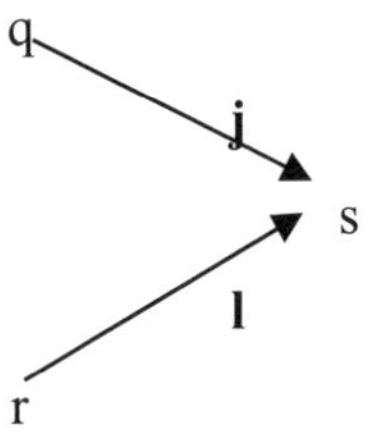

成立。为了得到这一点，现在考虑公式集

$$\Phi=\{\theta|[\mathbf{j}]\theta\in q\}\cup\{\psi|[\mathbf{l}]\psi\in r\}。$$

由引理 11-10 可以证明Φ是 S-一致的。

用反证法。假设Φ不是 S-一致的，那么（由于[·]和∧可交换）存在公式θ, ψ∈Φ 使得[**j**]θ∈q，[**l**]ψ∈r 并且

$$\vdash_S \theta\wedge\psi\to\bot。 \quad (1)$$

(1)式可以等价表示为

$$\vdash_S \theta\to\neg\psi。 \quad (2)$$

用(EN)可得

$$\vdash_S [\mathbf{j}]\theta\to[\mathbf{j}]\neg\psi,$$

使得[**j**]¬ψ∈q。但 $p\xrightarrow{\mathbf{i}}q$ 使得<**i**>[**j**]¬ψ∈p 并因此，由 Conf(**i**;**j**;**k**;**l**)可得：[**k**]<**l**>¬ψ∈p。最后，由于

$$q\xrightarrow{\mathbf{k}}r,$$

因此，<**l**>¬ψ∈r，即：¬[**l**]ψ∈r，矛盾！

现在可以看出定理 11-9 是引理 11-11 的一个直接结果。

11.4 练习

练习 1 令 S 是任意的标准形式系统，它的所有公理都是语句。证明

（1）S 是一个典范系统；

（2）KD 是一个典范系统。

练习 2 对任意的公式ϕ，令 E 和 F 分别是如下形状的所有公式组成的集合

$$E:=\Diamond\top\to(\Box\phi\to\phi),\quad F:=\Box(\Box\phi\to\phi)$$

现在分别考虑以下两个标准的形式系统

$$S=KE,\quad S=KF$$

（1）为 S 找出一个对应结果。

（2）证明：S 是一个典范系统。

练习 3 对于固定的标号 i,j,k,l,m,n，令 K(i,j,k,l,m,n)是一个公理化的形式系统，其公理是 6.4 节练习 3 中的所有公式 K(i,j,k,l,m,n)。证明该系统是一个典范系统。

练习 4 令 S 是一个公理化的标准形式系统，其公理是所有对任意ϕ和ψ有以下形状的公式：

$$\Box(\Box\phi\rightarrow\psi)\vee\Box(\Box\psi\rightarrow\phi)。$$

证明：S 是典范的。

练习 5 令 i,j,k,l,m,n 为固定标号，S 为一个形式系统，其公理是：对任意 ϕ和ψ，

$$(<i>[l]\phi\wedge<k>[n]\psi)\rightarrow<m>[j](\phi\wedge\psi)。$$

证明：S 是典范的。

第十二章

互模拟

12.1 态射

转移结构和赋值转移结构都是关系结构的例子。关于这两种关系结构，本章介绍一种标准的方法来比较它们的代数性质，即：利用一个态射来比较这两种关系结构的代数性质。

12-1 定义 （1）令$\mathcal{A}$和$\mathcal{B}$是两个具有相同标号的（朴素）结构，并且 A 是结构$\mathcal{A}$的基础集，B 是结构$\mathcal{B}$的基础集，f 是一个 A 到 B 的函数，即：

$$f: A \longrightarrow B$$

并且满足

(Rel$^{\rightarrow}$)对每个标号 i 和$\mathcal{A}$的元素 a,x 使得

$$a \xrightarrow{i} x \Rightarrow f(a) \xrightarrow{i} f(x) \qquad \text{式 12-1}$$

成立，则称 f 是从结构$\mathcal{A}$到结构$\mathcal{B}$的一个态射，记作

$$\mathcal{A} \xrightarrow{f} \mathcal{B}。$$

（2）令$(\mathcal{A},\alpha)$和$(\mathcal{B},\beta)$是两个赋值结构，f 是条件 1 中两个朴素结构之间的态射，如果

$(\mathrm{Val}^{\rightarrow})$对每个命题变项 P 和结构$\mathcal{A}$中的元素 a

$$a\in\alpha(P) \Rightarrow f(a)\in\beta(P) \quad \text{式 12-2}$$

成立，则称 f 是从赋值结构$(\mathcal{A},\alpha)$到赋值结构$(\mathcal{B},\beta)$的一个态射，记作

$$(\mathcal{A},\alpha) \xrightarrow{f} (\mathcal{B},\beta)。$$

需要注意的是：定义中的两个条件语句是蕴涵式而不是等值式。

给出一个由上面定义的态射 f，我们自然要考虑，在 f 的作用下，那些公式保持不变，反之是否也成立。即：公式ϕ对$\mathcal{A}$中的每个元素 a，下面两个蕴涵式之一

$$(\mathcal{A},\alpha,a) \Vdash \phi \Rightarrow (\mathcal{B},\beta,f(a))\Vdash \phi，(\mathcal{B},\beta,f(a))\Vdash \phi \Rightarrow (\mathcal{A},\alpha,a) \Vdash \phi$$

或者

$$(\mathcal{A},\alpha,a) \Vdash \phi \Leftrightarrow (\mathcal{B},\beta,f(a))\Vdash \phi \quad \text{式 12-3}$$

成立。但是，我们考虑的不是一般态射 f 所对应的公式ϕ的类，而是以某种方式限制的态射。

首先假定对结构$\mathcal{A}$中的所有公式ϕ和元素 a，我们考虑的是能使等价式 12-3 成立的那些态射 f。通常，在 f 上进行一种简单的限制就能保证这一点。由此得到的态射被称为 Z-字形态射或者 p-态射。我们之所以对限制感兴趣，是因为一旦把限制解释清楚，就可以将限制清晰地用于 A 和 B 之间的关系和函数。这些用某种方式限制的关系被称为互模拟，本章将详细讨论它。

一个更广泛的问题是对于一个受限的公式类寻找态射 f 使得等价式 12-3 成立。由于它包含的参数太多，因此这种普遍的形式没有预期的结果好。然而这种态射被称为过滤，我们将在下一章中讨论。

12.2 Z-字形态射

在文献中，你会发现术语“Z-字形态射”和“p-态射”几乎可以互换。然而进一步观察发现，这是两个关系很近的概念，对这两个概念作出严格的区分很有益。因此，我们将对下列概念使用这两个术语。

12-2 定义 这里定义两类态射。

1. p-态射

令$\mathcal{A}$和$\mathcal{B}$是两个具有相同标号的（朴素）结构，

$$\mathcal{A} \xrightarrow{f} \mathcal{B}$$

是$\mathcal{A}$和$\mathcal{B}$之间的一个态射 f，使得

(Rel$^{\leftarrow}$)对每个标号 i 和结构$\mathcal{A}$中的元素 a，结构$\mathcal{B}$中的元素 y，有 $f(a) \xrightarrow{f} y$，那么存在$\mathcal{A}$中的一个元素 x 使得

$$a \xrightarrow{i} x \text{ 并且 } f(x)=y$$

成立，则称 f 是$\mathcal{A}$和$\mathcal{B}$之间的一个 p-态射。

2. Z-字形态射

令$(\mathcal{A},\alpha)$和$(\mathcal{B},\beta)$是两个具有相同标号的赋值结构，

$$(\mathcal{A},\alpha) \xrightarrow{f} (\mathcal{B},\beta)$$

是$(\mathcal{A},\alpha)$和$(\mathcal{B},\beta)$之间的一个 p-态射 f（如 1 中），使得

(Val$^{\leftarrow}$)对每个命题变项 P 和$\mathcal{A}$中的元素 a，蕴涵式

$$a \in \alpha(P) \Leftarrow f(a) \in \beta(P)$$

成立，则称 f 是$(\mathcal{A},\alpha)$和$(\mathcal{B},\beta)$之间的一个 Z-字形态射。

条件(Val$^{\leftarrow}$)是定义 12-1 中条件(Val$^{\rightarrow}$)的逆。由于 f 是态射，它也必须满足这个条件，因此每个 Z-字形态射满足下面的等价条件：对适当的命题变项 P 和 $a \in A$，

(Val$^{\leftrightarrow}$) $$a \in \alpha(P) \Leftrightarrow f(a) \in \beta(P)。$$

注意，给定任意的 p-态射

$$\mathcal{A} \xrightarrow{f} \mathcal{B}$$

和$\mathcal{B}$上的赋值β，等价条件 Val$^{\leftrightarrow}$可以用来构造$\mathcal{A}$上的赋值α，使得 f 成为一个 Z-字形态射

$$(\mathcal{A},\alpha) \xrightarrow{f} (\mathcal{B},\beta)。$$

由于上述原因，不必太关注 p-态射和 Z-字形态射之间的区别。

利用 Z-字形态射可以得到下面的结果，这也是我们为什么要引入 Z-字形态射的原因。

12-3 定理 令$(\mathcal{A},\alpha)$和$(\mathcal{B},\beta)$是两个具有相同标号的赋值结构，令

$$(\mathcal{A},\alpha) \xrightarrow{f} (\mathcal{B},\beta)$$

是一个 Z-字形态射，那么对于结构$\mathcal{A}$中的所有元素 a 和公式ϕ

$$(\mathcal{A},\alpha,a) \Vdash \phi \Leftrightarrow (\mathcal{B},\beta,b) \Vdash \phi$$

成立。

这个定理是本章主要分析的一个简单结论，因此现在我们不需要证明它。

12.3　互模拟

给定一对具有相同标号的赋值结构

$$(\mathcal{A},\alpha)和(\mathcal{B},\beta),$$

令 R 是联结两个结构之间语义性质的关系，即：

$$R \subseteq A\times B。$$

特别地，我们定义下面两种关系。

12-4 定义　令$(\mathcal{A},\alpha)$和$(\mathcal{B},\beta)$是两个具有相同标号的赋值结构。

(~)令~是 A 和 B 之间如下定义的一个二元关系，

$$a \sim b \Leftrightarrow (\forall P\in Var)(a\in\alpha(P) \Leftrightarrow b\in\beta(P))$$

其中，$a\in A$ 和 $b\in B$。如果 $R\subseteq\sim$，则称 R 是一个匹配。

(≈)令≈是 A 和 B 之间的一个二元关系，并满足：对所有的 $a\in\mathcal{A}$和 $b\in\mathcal{B}$

$$a \approx b$$

成立，当且仅当，对所有的公式ϕ，

$$(\mathcal{A},\alpha,a) \Vdash \phi \Leftrightarrow (\mathcal{B},\beta,b) \Vdash \phi$$

成立，则称≈是语义等价关系。

注意：语义等价关系≈是一个匹配。我们的目的是寻找各种近似于≈的关系。

12-5 定义　令$(\mathcal{A},\alpha)$和$(\mathcal{B},\beta)$是两个具有相同标号的赋值结构。

(1)对每个标号 i，如果$\mathcal{A}$中的元素 a 和$\mathcal{B}$中的元素 b 具有关系 R，即：aRb，那么

$$向后的条件：(\forall y \prec_i b)(\exists x \prec_i a)(xRy)$$

$$向前的条件：(\forall x \prec_i a)(\exists y \prec_i b)(xRy)$$

都成立，则称 R 具有向后和向前的性质。

(2)如果一个匹配具有向后和向前的性质，则称这个匹配是一个互模拟。

例如，空关系是一个无意义的互模拟，随后我们将看到更有趣的例子。我们先看一下≈和互模拟之间的联系。

12-6 定理　两个赋值结构$(\mathcal{A},\alpha)$和$(\mathcal{B},\beta)$之间的每个互模拟包含在语义等价关系中。

证明

令 R 是两个赋值结构($\mathcal{A}$,α)和($\mathcal{B}$,β)之间任意的互模拟，对每个公式ϕ，考虑下面的条件

对每个 a∈A 和 b∈B，如果 aRb，那么 $a \Vdash \phi \Leftrightarrow b \Vdash \phi$。 (ϕ)

我们将证明：施归纳于ϕ的复杂度，对所有的公式ϕ，条件(ϕ)成立。

1. 归纳基始成立

因为 R 是一个匹配的，由定义 12.4 可知：归纳基始成立。

2. 布尔联结词成立

利用归纳假设，立刻可得各种布尔联结词的情况成立。下面仅给出合取式的证明，其他联结词的证明类似。

对每个 a∈A 和 b∈B,如果 aRb，并且 $a \Vdash \varphi\wedge\psi$，那么 $a \Vdash \varphi$并且 $a \Vdash \psi$。由归纳假设可得：$b \Vdash \varphi$并且 $b \Vdash \psi$。由此可得：$b \Vdash \varphi\wedge\psi$。反之，同理可证。

3. 对任意的标号 i，[i]ϕ的情况成立

考虑任意的公式[i]ϕ和元素 a 和 b，如果 aRb，那么

$$a \Vdash [i]\phi \Leftrightarrow (\forall x \prec_i a)(x \Vdash \phi) \qquad (定义)$$

$$\Leftrightarrow (\forall y \prec_i b)(y \Vdash \phi) \qquad (*)$$

$$\Leftrightarrow b \Vdash [i]\phi \qquad (定义)$$

这里的(*)表示使用了归纳假设和向后、向前的性质可证，即：

对每个 $x \prec_i a$ 假设 $x \Vdash \phi$，并且考虑任意的 $y \prec_i b$。向后的条件保证存在一个特殊的 $x \prec_i a$ 使得 xRy。但由归纳假设和(ϕ)可得：

$$x \Vdash \phi \Leftrightarrow y \Vdash \phi,$$

由此可得：$y \Vdash \phi$。这证明了(*)式的一半，同理可证(*)的逆。

这就完成了所有需要的归纳步骤。

定理 12-6 表明语义等价关系≈位于~之下，所有互模拟之上。我们需要弥补这一差距，但先让我们看看如何将互模拟归入 Z-字形态射。

12-7 定义 令$\mathcal{A}$和$\mathcal{B}$是两个具有相同标号的（朴素）结构，

$$\mathcal{A} \xrightarrow{f} \mathcal{B}$$

是$\mathcal{A}$和$\mathcal{B}$之间的任意态射并且关系 F⊂A×B，对于 a∈A 和 b∈B 满足

$$aFb \Leftrightarrow f(a)=b,$$

则称作 f 的态射图，记作 **F**。

12-8 定理 考虑具有如上态射图 **F** 的任意态射 f。

（1）态射 f 是一个 p-态射，当且仅当 **F** 具有向后和向前的性质。

（2）给定一个结构上的赋值，态射 f 是 Z-字形态射，当且仅当 **F** 是一个互模拟。

证明

我们将详细证明这两个结论。因此，考虑任意的函数

$$f: A \longrightarrow B$$

我们将依次证明：

（1）函数 f 具有 $Rel^{\rightarrow}$（因此是一个态射）当且仅当 **F** 有向前的性质。

（2）函数 f 具有 $Rel^{\leftarrow}$当且仅当 **F** 具有向后的性质。

（3）给定$\mathcal{A}$上的赋值α和$\mathcal{B}$上的赋值β，函数 f 具有 $Val^{\leftrightarrow}$当且仅当 **F** 是一个匹配。

对（1）首先假定 f 具有 $Rel^{\rightarrow}$并且考虑满足下面条件的任意 $a,x \in A$ 和 $b \in B$，

$$a\mathbf{F}b,\ a \xrightarrow{i} x,$$

那么 f(a)=b，由 $Rel^{\rightarrow}$，我们有 $b \xrightarrow{i} f(x)$。因此，令 y=f(x)就验证了 **F** 具有向前的性质。反之，假定 **F** 具有向前的性质，考虑满足 $a \xrightarrow{i} x$ 的那些 $a,x \in A$。令 b=f(x)，因此 a**F**b 使得（由向前的性质）存在某个 $y \in B$ 具有

$$x\mathbf{F}y,\ b \xrightarrow{i} y。$$

由于 y=f(x)，所以，$f(a) \xrightarrow{i} f(x)$。

对（2）假定 f 具有 $Rel^{\leftarrow}$并考虑满足下面条件的 $a \in A$ 和 $y \in B$，

$$a\mathbf{F}b,\ b \xrightarrow{i} y,$$

那么 f(a)=b 并满足 f(a)=y，因此，由 $Rel^{\leftarrow}$，存在某个 $x \in A$ 满足

$$f(x)=y,\ a \xrightarrow{i} x$$

因此，**F** 具有向后的性质。反之，同理可证。

对（3）直接证明即可。

这个结果结合定理 11-6 给出了定理 11-3 的一个证明。

关于 Z-字形态射，现在我们只需要知道一个 Z-字形态射在什么条件下才能够成为一个互模拟。

12.4 最大的互模拟

令

$$(\mathcal{A},\alpha)\text{和}(\mathcal{B},\beta)$$

是一对固定的赋值结构。我们已经知道在这两个赋值结构之间至少存在一个互模拟，即：空关系。然而这并不能长期吸引我们的注意力（即使空关系可能是唯一的互模拟）。一个更有趣的例子是在另一端的大小。

12-9 定理 存在一个唯一最大的互模拟，即：一个包含所有其他互模拟的互模拟。

证明

令$\mathcal{R}$是所有互模拟族，因此$\mathcal{R}$是非空的（因为$\varnothing\in\mathcal{R}$）。令

$$\mathcal{S}=\cup\mathcal{R}$$

即：令$\mathcal{S}$是满足下面条件的关系：对 $a\in A$ 和 $b\in B$

$$a\,\mathcal{S}\,b \text{ 当且仅当存在某个 } R\in\mathcal{R} \text{ 使得 } aRb。$$

显然，$\mathcal{S}$ 是一个匹配(实际上，$\mathcal{S}$ 包含在≈中)并且$\mathcal{S}$ 包含所有的互模拟。因此，只需证明$\mathcal{S}$ 具有向后和向前的性质即可。

对于一个固定的标号 i，考虑任意的 $a\in A$ 和 $b\in B$。还要考虑满足 $x\prec_i a$ 的任意的 $x\in A$。即：对任意的 $x\in A$，$x\prec_i a$。由$\mathcal{S}$ 的定义可得：存在某个 $R\in\mathcal{R}$ 使得 aRb。但由于 R 是一个互模拟，因此存在某个 $y\prec_i b$，使得 xRy。特别地，$x\mathcal{S}y$。由此我们验证了$\mathcal{S}$ 具有向前的性质。同理可证：$\mathcal{S}$ 具有向后的性质。

由于最大互模拟的特殊地位，我们令

$$\approxeq$$

表示最大的互模拟。特别地，我们有下面的包含关系式：

$$\approxeq\subseteq\approx\subseteq\sim。$$

上面的包含关系式给出了≈的上、下界。通常这三种关系是不同的，但是有一种情况可以使得≊和≈是一致的。

12-10 定义 令$\mathcal{A}$是一个结构，如果对于每个标号 i 和$\mathcal{A}$的元素 a，只存在有穷个元素 x 满足

$$a\xrightarrow{i}x,$$

则称结构$\mathcal{A}$是像有穷的。特别地，每个有穷的结构和每个确定的结构都是像有

穷的。

12-11 定理　假设两个结构$\mathcal{A}$和$\mathcal{B}$是像有穷的，那么两个关系$\approxeq$和$\approx$是一致的。

证明

证明$\approx$具有向后和向前性即可。下面我们将证明$\approx$具有向前性；向后性的验证方法与此类似。

对某个标号 i，考虑满足条件 $a \approx b$ 和 $x \prec_i a$ 的元素 $x, a \in A$ 和 $b \in B$。我们必须找到某个 $y \in B$ 使得 $y \prec_i b$ 并且 $x \approx y$。

令 $y_1, \ldots, y_n$ 是满足 $y_r \in B$ 和 $y_r \prec_i b$ $(1 \leqslant r \leqslant n)$ 的所有元素。我们把研究限制在有穷集$\{y_1, \ldots, y_n\}$上。用反证法。假定不存在 y_r 使得 $x \approx y_r$ 成立$(1 \leqslant r \leqslant n)$。那么对每个 $1 \leqslant r \leqslant n$，存在一个公式$\theta_r$使得

$$x \Vdash \neg\theta_r, \qquad y_r \Vdash \theta_r。$$

令ϕ是

$$\theta_1 \vee \ldots \vee \theta_n,$$

并满足：对每个 $1 \leqslant r \leqslant n$，$y_r \Vdash \phi$，因此

$$b \Vdash [i]\phi。$$

但由于 $a \approx b$，我们有

$$a \Vdash [i]\phi,$$

因此 $x \Vdash \phi$，特别地，对每个 r $(1 \leqslant r \leqslant n)$，都有

$$x \Vdash \theta_r。$$

矛盾！

12.5　一个匹配层

在定理 12-9 的证明中，我们给出了$\approxeq$的构造，除了说明$\approxeq$是一个互模拟之外，这个构造并没有给我们提供更多的信息。现在，我们介绍$\approxeq$的另一种构造，它给出了一种测量$\approxeq$复杂性的方法。为了描述这种方法，我们需要下面的一些预备知识。

12-12 定义　给定一个关系 R，如果对每个 $a \in A$ 和 $b \in B$，

$$aR^{\blacktriangledown}b$$

成立当且仅当

$$aRb$$

成立并且对每个标号 i，下面的两个条件

$$(\forall x \prec a)(\exists y \prec_i b)(xRy)$$

和

$$(\forall y \prec b)(\exists x \prec_i a)(xRy)$$

都成立，当 $R^{\blacktriangledown} \subseteq R$ 时，则称关系 $R^{\blacktriangledown}$ 是 R 诱导出的关系。

注意：算子 $(\cdot)^{\blacktriangledown}$ 是单调的。即：对于所有关系 R 和 S，下面的蕴涵式

$$S \subseteq R \Rightarrow S^{\blacktriangledown} \subseteq R^{\blacktriangledown}$$

成立。

互模拟还是匹配的固定点，即：匹配 R 满足 $R^{\blacktriangledown}=R$。

令 Ord 是序数的类。对于一个给定的关系 R，由 $(\cdot)^{\blacktriangledown}$ 的一个迭代，我们定义递降链

$$(R_\alpha|\alpha \in \mathrm{Ord}),$$

即：我们令

$$R_0=R,$$
$$R_{\alpha+1}=(R_\alpha)^{\blacktriangledown}, \quad \text{对每个序数}\alpha$$
$$R_\lambda=\cap\{R_\alpha|\alpha<\lambda\}, \text{对每个极限序数}\lambda。$$

在基数的基础上，降链最终是稳定的，即：对所有序数 $\alpha \geqslant \infty$，存在某个序数 ∞ 使得

$$R_\alpha = R_\infty。$$

事实上，∞ 是第一个满足 $R_{\alpha+1}=R_\alpha$ 的序数。特别地，如果父亲关系 R 是一个匹配关系，那么稳定的子孙关系 R_∞ 是一个互模拟。

12-13 定理　对于每个匹配 R，匹配 R_∞ 是包含在 R 中的最大互模拟。

证明

我们已经注意到：R_∞ 是一个互模拟并且 $R_\infty \subseteq R$。考虑任意的其他互模拟 $S \subseteq R$。用 $(\cdot)^{\blacktriangledown}$ 的单调性，我们有

$$S=S^{\blacktriangledown} \subseteq R^{\blacktriangledown}=R_1。$$

用同样的方法，对所有的 $\alpha \in \mathrm{Ord}$，由归纳可得：

$$S \subseteq R_\alpha。$$

特别地，$S \subseteq R_\infty$。

由于 $\approx$ 是最大互模拟并且包含在 ~ 中，于是 $\approx$ 是包含在 ~ 中的最大互模拟。因此，我们可以应用上面的构造从 ~ 得到 $\approx$。对每个序数 α 和极限序数 λ，令

$$\sim_0=\sim,$$

$$\sim_{\alpha+1}=(\sim_\alpha)^\blacktriangledown,$$

$$\sim_\lambda=\bigcap\{\sim_\alpha|\alpha<\lambda\},$$

那么≊恰好是$\sim_\infty$，序数∞是~和≊之间距离的一种度量，因此也告诉我们关于≊的复杂度。

12.6　一类例子

本节我们将看到一类特别简单的例子。这些例子表明∞所要求的值可以是无穷大的。

在所有的例子中，两个赋值结构$(\mathcal{A},\alpha)$和$(\mathcal{B},\beta)$相同，因此我们只需关注这两赋值结构之一，比如$\mathcal{A}$。对每个命题变项 P，令

$$\alpha(P) = A$$

这表示关系~恰好是 A×A，即：对所有的 a,b∈A，a~b 都成立。

结构$\mathcal{A}$是单模态的，实际上，

$$\mathcal{A} = (A, \longrightarrow)$$

其中，A 是一个序数并且对于 a,b∈A，

$$a \longrightarrow b \Leftrightarrow b<a$$

而<是 A 上的标准序。

对这些例子，我们还可以更简明地刻画关系$\sim_\alpha$。

12-14 命题　对每个序数α和 a,b∈A，下面两个条件

（1）$a\sim_\alpha b$；

（2）a=b 或者α≤a,b

是等价的。

证明

施归纳于α。

对所有的 a，b，由于 $a\sim_0 b$ 并且 0≤a,b，因此当α=0 时结论成立。

对归纳步骤$\alpha\mapsto\alpha+1$，首先假设 $a\sim_{\alpha+1}b$ 并且 a≠b。那么 a<b，因此令

$$y=a,\quad \sim_{\alpha+1}=(\sim_\alpha)^\blacktriangledown$$

的向后的性质产生满足 $x\sim_\alpha y$ 的某个 x<a。由于 x≠y，归纳假设给出α≤x,a 使得

$$\alpha \leqslant x < a < b。$$

因此$\alpha+1 \leqslant a,b$。

反之，假定$\alpha+1 \leqslant a,b$并且考虑任意的$x<a$，我们需要某个y满足$x \sim_\alpha y$。但是如果$x>a$，那么我们可以取$y=x$，如果$\alpha \leqslant x$，那么我们可以取$y=\alpha$，对于这两种情况，由归纳假设给出$x \sim_\alpha y$。

对归纳步骤是一个极限序数λ的情况，我们有

$$\begin{aligned} a \sim_\lambda b &\Leftrightarrow (\forall \alpha<\lambda)(a \sim_\alpha b) \\ &\Leftrightarrow (\forall \alpha<\lambda)(a=b \text{ 或者} \alpha \leqslant a,b) \\ &\Leftrightarrow a=b \text{ 或者}(\forall \alpha<\lambda)(\alpha \leqslant a,b) \\ &\Leftrightarrow a=b \text{ 或者} \lambda \leqslant a,b。\end{aligned}$$

这类例子表明：对每个序数α，关系$\sim_\alpha$和$\sim_{\alpha+1}$可能是不同的。因为令A是一个序数，它至少是$\alpha+2$。那么

$$a=\alpha\ ,\ b=\alpha+1$$

是A的两个元素，显然

$$a \sim_\alpha b，\text{并非}(a \sim_{\alpha+1} b)。$$

12.7　分层语义的等价性

现在，我们反过来考虑两个固定的赋值结构

$$(\mathcal{A},\alpha)\text{和}(\mathcal{B},\beta)。$$

每个公式集Γ给出了这两个结构之间的一个关系$|\Gamma|$，这个关系被定义为：对$a \in A$并且$b \in B$，

$$a|\Gamma|b \text{ 当且仅当}(\forall \phi \in \Gamma)(a \Vdash \phi \Leftrightarrow b \Vdash \phi)。$$

因此，例如，

$$|Var|\text{是}\sim \quad \text{并且} \quad |Form|\text{是}\approx。$$

注意：许多不同的集合Γ能够给出相同的关系$|\Gamma|$。特别是，如果Γ^B是Γ的布尔闭包，那么

$$|\Gamma^B|=|\Gamma|。$$

当Γ在子公式下封闭时，这些关系$|\Gamma|$是最有用的，但一般情况下，我们不需要这种假设。

对于每个集合Γ，令$\Gamma^\Box$是满足如下条件的集合：

ϕ 或者 $[i]\phi$，对某个$\phi\in\Gamma$和某个标号 i。

我们感兴趣的是$|\Gamma|$和$|\Gamma^{\Box}|$之间的比较。

12-15 引理　对每个公式集Γ，都有$|\Gamma|^{\blacktriangledown}\subseteq|\Gamma^{\Box}|$。

证明

该定理的证明与定理 12-6 证明中的归纳步骤基本相同。因此，详细证明略。

下面，令

$$\Delta_0 = \text{Var}\cup\{\top,\bot\}$$

使得$(\Delta_0)^B$是命题公式集，因此用上面的评注

$$|\Delta_0| = \sim = \sim_0$$

现在，对于每个 $r<\omega$，令

$$\Delta_{r+1} = (\Delta_r{}^B)^{\Box}。$$

产生一个满足条件

$$\Delta_\omega=\cup\{\Delta_r|r<\omega\}=\text{Form}$$

的递升链

$$\Delta_0\subseteq\Delta_0{}^B\subseteq\ldots\subseteq\Delta_r\subseteq\Delta_r{}^B\subseteq\Delta_{r+1}\subseteq\ldots,$$

因此，

$$|\Delta_\omega| = \approx。$$

现在，我们考虑$|\Delta_r|$，并证明下面的结论。

12-16 引理　对每个 $r<\omega$，$\sim_r\subseteq|\Delta_r|$成立。

证明

由于

$$\sim_0 = |\Delta_0|$$

对 r，现在假定包含关系成立，于是

$$\sim_{r+1}=\sim_r{}^{\blacktriangledown}\text{（由 12.5 节最后的讨论）}$$

$$\subseteq|\Delta_r|^{\blacktriangledown}\text{（归纳假设）}$$

$$=(\Delta_r{}^B)^{\blacktriangledown}\text{（因为}\Delta_r{}^B\text{是}\Delta_r\text{的布尔闭包）}$$

$$\subseteq(\Delta_r{}^{B\Box})\text{（由}(\cdot)^{\blacktriangledown}\text{和}\Delta_r{}^{B\Box}\text{的定义）}$$

$$=|\Delta_{r+1}|\text{（由}\Delta_{r+1}\text{的定义）。}$$

对极限的情况，我们有下面的结论。

12-17 推论　$\sim_\omega\subseteq\approx$。

我们已经看到关系$\sim_\omega$和$\approx$一致的条件是像有穷。由此可得：$\sim_\omega$和$\simeq$也是一致

的。因此，我们现在就是要找到一种自然的条件迫使$\sim_\omega$和$\approx$一致，并使得这些条件又与$\lessapprox$不同。

为了这种目的，我们引入下面的概念。

12-18 定义 令Γ是一个公式集，$(\mathcal{A},\alpha)$和$(\mathcal{B},\beta)$是本节约定的两个固定的赋值结构。如果存在Γ中的有穷多个元素$\gamma_1,\ldots,\gamma_n$使得对每个$\phi\in\Gamma$，存在这样一个γ满足

$$(\mathcal{A},\alpha),\ (\mathcal{B},\beta)\Vdash^{v}(\phi\leftrightarrow\gamma),$$

则称公式集Γ是本质有穷的。

如，任意有穷的公式集都是本质有穷的公式集。另外，Var 对于 12.6 节中序数的例子是本质有穷。

回想一下，我们曾说过：如果只存在有穷个标号，那么我们说标号集是有穷的。

12-19 引理 假定标号集是有穷的，令Γ是一个本质有穷的公式集，那么Γ^{B}和$\Gamma^{\Box}$也是本质有穷的。

证明

令$\gamma_1,\ldots,\gamma_n$是给定的Γ的有穷多个生成元，即：$\gamma_1,\ldots,\gamma_n$生成Γ。我们考虑形式为

$$\pm\gamma_1\wedge\pm\gamma_2\wedge\ldots\wedge\pm\gamma_n$$

的公式ψ，这里每个$\pm\gamma_i(i=1,\ldots,n)$或者是$\gamma$，或者是$\neg\gamma$。注意：仅存在有穷多个这样的公式$\psi$。

$\gamma_1,\ldots,\gamma_n$每个的布尔组合重言等值于形状为

$$\psi_1\vee\ldots\vee\psi_m$$

的公式ϕ。这里每个公式ψ_r是刚才所描述的ψ这类公式。因此，Γ^{B}是本质有穷的。

最后，由于标号集是有穷的，因此Γ也是本质有穷的。

下面的结果将解释我们为什么要引入本质有穷的概念。

12-20 命题 如果公式集Γ是本质有穷的，那么关系$|\Gamma|^{\blacktriangledown}$和$(\Gamma^{\Box})$是一致的。

证明

由引理 12-15 可得：

$$|\Gamma|^{\blacktriangledown}\subseteq(\Gamma^{\Box})。$$

因此只需证明：假定Γ是本质有穷的，$(\Gamma^{\Box})\subseteq|\Gamma|^{\blacktriangledown}$。

令$\gamma_1,\ldots,\gamma_n$是给定的Γ的生成元。考虑满足条件 $a|\Gamma^{\Box}|b$ 的任意的 $a\in A$ 和 $b\in B$。对某个标号 i 还要考虑满足 $x\prec_i a$ 的任意 x。我们必须得到存在某个 $y\prec_i b$ 使得

$x|\Gamma|y$ 成立。令

$$\psi:=\pm\gamma_1\wedge\ldots\wedge\pm\gamma_n,$$

由标号的选择，这里的每个 $\pm\gamma_i(i=1,\ldots,n)$ 是 γ 或者 $\neg\gamma$ 并满足下面的条件：

$$x\Vdash\pm\gamma。$$

注意，

$$x\Vdash\psi,\ \psi\in\Gamma^{\Box},\ [i]\neg\psi\in\Gamma^{\Box}。$$

由于 $a|\Gamma^{\Box}|b$，现在 $a\Vdash\langle i\rangle\psi$ 使得 $b\Vdash\langle i\rangle\psi$，由 $b\Vdash\langle i\rangle\psi$ 可得：存在某个 $y\prec_i b$ 使得 $y\Vdash\psi$。现在只需证明 $x|\Gamma|y$。但对每个 $\phi\in\Gamma$，存在某个 γ 使得

$$x\Vdash(\phi\leftrightarrow\gamma)\quad,\quad y\Vdash(\phi\leftrightarrow\gamma)。$$

因此，由 x 和 y 对 ψ 的关系得到

$$x\Vdash\phi\Leftrightarrow y\Vdash\phi。$$

12-21 定理　假定标号集是有穷的并且 Var 是本质有穷的，那么对于每个 $r<\omega$，关系 $\sim_r$ 和 $|\Delta_r|$ 是一致的。特别地，$\sim_\omega$ 和 $\approx$ 是一致的。

证明

由定义，$\sim_0$ 和 $|\Delta_0|$ 是一致的。假设 $\sim_r$ 和 $|\Delta_r|$ 一致，由命题 12-20 可得

$$\sim_{r+1}=(\sim_r)^{\blacktriangledown}=(|\Delta_r|)^{\blacktriangledown}=|\Delta^{B}{}_{r}|^{\blacktriangledown}=|(\Delta^{B}{}_{r})^{\Box}|=(|\Delta_{r+1}|),$$

由归纳得到需要的结果。

定理 12-21 表明，对于 12.6 序数的例子，关系 $\sim_\omega$ 和 $\approx$ 是一致的。对于这些例子，关系 $\lessapprox$ 可能是较小的。

12.8　练习

练习 1　证明如下内容。

（1）两个态射（在两个相同的结构之间）的合成还是一个态射。

（2）两个 p-态射的合成还是一个 p-态射；两个 Z-字形态射的合成还是一个 Z-字形态射。

练习 2　对于单模态语言，单元素集 $\{0\}$ 是两个转移结构

$$\mathcal{L}\ 和\ \mathcal{R}$$

的基础集，这里 $\mathcal{L}$ 上的转移关系是空的，$\mathcal{R}$ 上的转移关系不是空的。

（1）证明唯一的指派 $g: A\rightarrow\{0\}$ 定义一个态射

$$\mathcal{A}\xrightarrow{g}\mathcal{R},$$

并且这个态射是一个 p-态射当且仅当$\mathcal{A}$是持续的。

（2）证明：态射

$$\mathcal{L} \xrightarrow{f} \mathcal{A}$$

是与$\mathcal{A}$的元素对应的双射，并且 p-态射（在这个方向上）是与$\mathcal{A}$的那些隐蔽的元素对应的双射。

（3）确定态射

$$\mathcal{A} \longrightarrow \mathcal{L}，\mathcal{R} \longrightarrow \mathcal{A},$$

哪些态射是 p-态射？

练习 3 令

$$\mathcal{A} \xrightarrow{f} \mathcal{B}$$

是一个 p-态射并且令α是$\mathcal{A}$的一个赋值。证明存在$\mathcal{B}$上的两个赋值λ和ρ使得下面的结论成立：

（1）$(\mathcal{A},\alpha) \xrightarrow{f} (\mathcal{B},\lambda)$和$(\mathcal{A},\alpha) \xrightarrow{f} (\mathcal{B},\rho)$都是 Z-字形态射。

（2）对于$\mathcal{B}$上的任意赋值β，

$$(\mathcal{A},\alpha) \xrightarrow{f} (\mathcal{B},\beta)$$

是一个 Z-字形态射当且仅当$\lambda \leqslant \beta \leqslant \rho$，即：对于所有的命题变项 P，

$$\lambda(P) \subseteq \beta(P) \subseteq \rho(P)$$

成立。

练习 4 令$\mathcal{A}$和$\mathcal{B}$为结构并且 $A \subseteq B$，令 f 是 A 到 B 的嵌入，即，f：A $\longrightarrow$ B。

（1）证明：f 是一个态射。

（2）证明：$\mathcal{A} \subseteq_g \mathcal{B}$当且仅当（在练习 5.6 第 5 题的意义上）f 是一个 p-态射。

练习 5 令

$$R \subseteq A \times B, \quad S \subseteq B \times C$$

是两个关系。连续合成

$$R;S \subseteq A \times C$$

是满足下面条件的关系：对于 $a \in A$ 和 $c \in C$，

$$a(R;S)c \Leftrightarrow (\exists b \in B)(aRbSc)。$$

（1）证明：两个向前和向后关系的连续合成是一个向前和向后的关系，并且两个互模拟的连续合成是一个互模拟。

（2）令

$$f：A \longrightarrow B，g：B \longrightarrow C$$

分别是具有图 **F** 和 **G** 的两个函数。证明：连续合成 **F;G** 是函数合成 gf 的图。

练习 6　结构

$$\mathcal{N}=(N,\longrightarrow)$$

的基础集是自然数集 N，N 上的后继关系被定义为：对于 $a,b\in N$

$$a\longrightarrow b\Leftrightarrow a=b+1$$

令ν是 N 上的赋值并满足：对所有的命题变项 P，

$$\nu(P)=N。$$

现在考虑诱导出的匹配层$\sim_{\bullet}$。

（1）证明：对于任意的 $a,b\in N$ 并且 $r<\omega$，

$$a\sim_{r+1}b\Leftrightarrow a=b\leqslant r \text{ 或者 } a,b>r。$$

证明$\sim_{\omega}$和$\sim_{\infty}$恰好相等，即：$\sim_{\omega}=\sim_{\infty}$。

（2）对于每个 $k\in N$，找一个句子ϕ_k使得对所有的 $a\in N$，

$$a\Vdash\phi_k\Leftrightarrow a=k。$$

第十三章

过滤

13.1 引言

在第十二章中，我们分离出一类赋值态射

$$(\mathcal{A},\alpha) \longrightarrow (\mathcal{B},\beta),$$

即：Z-字形态射，对 Z-字形态射而言，下面的等价式成立：对所有的元素 $a \in A$ 和所有公式ϕ,

$$(\mathcal{A},\alpha,a) \Vdash \phi \Leftrightarrow (\mathcal{B},\beta,f(a)) \Vdash \phi。$$

当这两个结构独立地给出并且涉及所有公式时，这些态射是最有用的。然而在大多数情况下，我们只给出赋值结构$(\mathcal{A},\alpha)$并且要求构造一个赋值结构$(\mathcal{B},\beta)$以及一个适当的态射 f 使得等价式仅对受限的一类公式成立。多半我们还要求$\mathcal{B}$是有穷的和尽可能的小。本章我们将采用最普通的方法来获得这种态射，即：过滤的方法。正如随后我们将会在第十四章中看到的那样，这种方法对于各种形式系统的完全性和可判定性具有一些重要的结论。

在这一章中，Γ是某个固定的公式集，这个公式集假定在子公式下是封闭的。在大多数的应用中，集合Γ是一个给定公式的所有子公式组成的。我们的目标是保证对所有的公式$\phi\in\Gamma$，等价式成立。

13-1 定义　令$(\mathcal{A},\alpha)$和$(\mathcal{B},\beta)$是两个赋值结构。

（1）从$(\mathcal{A},\alpha)$到$(\mathcal{B},\beta)$的一个态射

$$A \xrightarrow{f} B$$

并满足：对每个命题变项$P\in\Gamma$和所有的$a\in A$，

$$a\in\alpha(P) \Rightarrow f(a)\in\beta(P)$$

成立，则称 f 是一个Γ-态射。

（2）从$(\mathcal{A},\alpha)$到$(\mathcal{B},\beta)$的一个Γ-态射 f，如果满足

(Sur)f 是一个满射；

(Var)对每个命题变项$P\in\Gamma$和元素$a\in A$，

$$a\in\alpha(P) \Leftrightarrow f(a)\in\beta(P);$$

(Fil)对每个标号 i 和满足$[i]\phi\in\Gamma$的公式ϕ，对于$\mathcal{B}$中满足条件$f(a) \xrightarrow{i} f(x)$的$\mathcal{A}$中的所有元素 a 和 x，蕴涵式

$$a \Vdash [i]\phi \quad \Rightarrow x \Vdash \phi$$

成立，则称 f 是一个从$(\mathcal{A},\alpha)$到$(\mathcal{B},\beta)$的Γ-过滤。

注意：对命题变项$P\notin\Gamma$不存在任何限制，特别地，过滤 f 不需要是一个满的赋值态射。

现在要做的第一件事情就是证明为什么过滤是有用的。

13-2 定理　令 f 是一个（如上的）Γ-过滤。那么对每个公式$\phi\in\Gamma$，$\mathcal{A}$中的所有元素 a，下面的等价式

$$(\mathcal{A},\alpha,a) \Vdash \phi \Leftrightarrow (\mathcal{B},\beta,f(a)) \Vdash \phi \qquad (*)$$

成立。

证明

施归纳于ϕ进行证明。

当$\phi=\top$和$\phi=\bot$时，(*)式显然成立。

当$\phi=P\in Var$时，要么$P\in\Gamma$，要么$P\notin\Gamma$。当$P\in\Gamma$时，因为 f 是一个Γ-过滤，由定义 13-1 中(Var)的定义可以得到(*)式；当$P\notin\Gamma$时，在这种情况下没有什么要证明的。

由于Γ在子公式下是封闭的，因此关于命题联结词的归纳步骤容易推出。因此，略。

当ϕ是$[i]\theta$时，我们固定标号 i 并考虑满足$[i]\theta\in\Gamma$的任意公式θ，因此$\phi\in\Gamma$，而归纳假设为：

$$x \Vdash \theta \Leftrightarrow f(x) \Vdash \theta，对所有的 x\in A。$$

现在我们需要证明：

$$a \Vdash [i]\theta \Leftrightarrow f(a) \Vdash [i]\theta，对所有的 a\in A。$$

首先假定 $a \Vdash [i]\theta$并考虑满足 $f(a) \xrightarrow{i} y$ 的任意的 $y\in B$。因为 f 是满射，那么存在某个 $x\in A$ 使得 $f(x)=y$ 。但是由定义 13-1 中(Fil)的定义可得：$x \Vdash \theta$，由归纳假设可得：$y \Vdash \theta$使得 $f(a) \Vdash [i]\theta$。反之，假定 $f(a) \Vdash [i]\theta$并考虑满足 $a \xrightarrow{i} x$ 的任意的 $x\in A$。由于 f 是一个态射，所以，$f(a) \xrightarrow{i} f(x)$使得 $f(x) \Vdash \theta$。由归纳假设可得 $x \Vdash \theta$。因此，$a \Vdash [i]\theta$。

13.2 具有典范性的基础集

我们已经固定了集合Γ。现在我们固定赋值结构$(\mathcal{A},\alpha)$并转向本章的主题。

给定$(\mathcal{A},\alpha)$和Γ，我们怎样才能构造一个$(\mathcal{A},\alpha)$的尽可能小的Γ-过滤呢？

考虑 A（$\mathcal{A}$所带的基础集）上的等价关系~：对所有的 $a,x\in A$，

$$a\sim x \Leftrightarrow (\forall\phi\in\Gamma)(a \Vdash \phi \Leftrightarrow x \Vdash \phi)$$

令

$$B=A/\sim,$$

即：令 B 是 A 的等价类的集合。对每个 $a\in A$，令 $a^{\sim}$是 a 所属的等价类的集合，即：令

$$a^{\sim}=\{x\in A|a\sim x\}$$

令

$$A \xrightarrow{f} B$$

$$a \mapsto a^{\sim}$$

是一个典范满射。我们希望在 B 上以这样一种方式构造一个赋值结构$(\mathcal{B},\beta)$使得 f 是一个Γ-过滤。

在构造之前，我们首先计算一下 B 的大小。

13-3 引理　假定公式集Γ是有穷的，那么 B 也是有穷的。实际上，$card(B)\leqslant 2^{card(\Gamma)}$。

证明

从Γ到 2 的所有函数的集合

$$\{f|f: \Gamma \longrightarrow 2\}$$

是有穷的，并且它的基数为：$2^{card(\Gamma)}$。对每个 $a\in\Gamma$，令

$$f_a: \Gamma \longrightarrow 2$$

是如下的函数：对$\phi\in\Gamma$，

$$f_a(\phi)=\begin{cases} 1, \text{如果 } a \Vdash \phi; \\ 0, \text{如果 } a \Vdash \neg\phi。\end{cases}$$

因此，~的定义可以重新表述为：

$$a\sim x \quad \Leftrightarrow \quad f_a=f_x,$$

特别地，我们有一个单射

$$B \longrightarrow \{f|f:\Gamma \longrightarrow 2\}。$$

$$a^{\sim} \mapsto f_a$$

这正是我们所需要的结果。

13.3　最左侧和最右侧的过滤

现在，我们的主要问题是如何把 B 转变成满足适当条件的一个转移结构。实际上，完成这个工作有许多方法。但是有一种“最左侧”（或者∃-）的解决方法和一种“最右侧”（或者∀-）的解决方法。下面我们将详细讨论这两种方法。

对每个标号 i，令 $\xrightarrow{i}_1$ 是 B=A/~上的关系，并满足对 $b,y\in\mathcal{B}$，

$$b \xrightarrow{i}_1 y \Leftrightarrow (\exists a\in b, x\in y)(a \xrightarrow{i} x)。$$

令$\mathcal{B}^l=(B=A/\sim, \xrightarrow{i}_1)$是$\mathcal{B}$上的对应结构。于是，我们有：

13-4 引理　一个典范指派 $f: A \longrightarrow B$ 是一个从$\mathcal{A}$到$\mathcal{B}^l$上的满态射。

证明

对某个 $a,x\in A$ 和标号 i，假定 $a \xrightarrow{i} x$，那么

$$a\in f(a), x\in f(x), a \xrightarrow{i} x。$$

因此，$a \xrightarrow{i}_1 x$。

令λ是$\mathcal{B}^l$上的赋值并满足：对所有的命题变项 $P\in\Gamma$和元素 $a\in A$，

$$b\in\lambda(P)\Leftrightarrow(\exists a\in b)(a\in\alpha(P))。$$

对其他的命题变项 P，赋值λ(P)是不重要的，但为了严格起见，对于这样的 P，我们令

$$\lambda(P)=\varnothing。$$

13-5 定理　指派

$$(\mathcal{A},\alpha)\xrightarrow{f}(\mathcal{B}^l,\lambda)$$

是一个Γ-过滤。

证明

由引理 13-4 和λ的构造，指派 f 是一个从$(\mathcal{A},\alpha)$到$(\mathcal{B}^l,\lambda)$的满的Γ-态射。下面只需要验证性质(Var)和(Fil)成立。

根据构造，我们有：对所有的 $a\in A$ 和命题变项 $P\in\Gamma$，

$$a\in\alpha(P)\Rightarrow f(a)\in\lambda(P)。$$

反之，对某个 $a\in A$ 和命题变项 $P\in\Gamma$，如果 $f(a)\in\lambda(P)$，那么由λ的定义可得，存在某个 $x\in f(a)$使得 $x\in\alpha(P)$。但另一方面，由~的定义，x~a 使得我们有 $a\in\alpha(P)$，故(Var)成立。

最后验证(Fil)。考虑任意的元素对 $a,x\in A$ 使得 $f(a)\xrightarrow{i}{}_l f(x)$(在$\mathcal{B}^l$中)。那么根据 $\xrightarrow{i}{}_l$的定义，存在 $u,v\in A$ 具有

$$u\sim a\ ,\ v\sim x\ ,\ u\xrightarrow{i}v。$$

因此，对具有$[i]\phi\in\Gamma$的每个公式φ，根据~的定义可以推出

$$a\Vdash[i]\phi\Rightarrow u\Vdash[i]\phi\quad(\text{由~的定义})$$

$$\Rightarrow v\Vdash\phi\ (\text{由 } u\xrightarrow{i}v\text{，即：}\Vdash\text{的定义})$$

$$\Rightarrow x\Vdash\phi。(\text{由~的定义})$$

以上是最左侧过滤的构造方法。下面介绍最右侧过滤的构造方法。

对每个标号 i，令 $\xrightarrow{i}{}_r$为 B=A/~上的关系并满足：对 $b,y\in B$，

$$b\xrightarrow{i}{}_r y\Leftrightarrow\text{对满足}[i]\phi\in\Gamma\text{的每个公式}\phi,$$

$$(\forall a\in b,x\in y)(a\Vdash[i]\phi\Rightarrow x\Vdash\phi)。$$

令$\mathcal{B}^r$是在$\mathcal{B}$上对应的结构。

13-6 引理　指派

$$f：A\longrightarrow B$$

是一个$\mathcal{A}$到$\mathcal{B}^r$上的满态射。

证明

假设 $a\xrightarrow{i}x$，考虑对任意的 $u\in f(a)$，$v\in f(x)$。那么

$$u\sim a\ ,\ x\sim v$$

并且对满足$[i]\phi\in\Gamma$的每个公式ϕ，有

$$u \Vdash [i]\phi \Rightarrow a \Vdash [i]\phi \qquad (\sim\text{的定义})$$
$$\Rightarrow x \Vdash \phi \qquad (\Vdash\text{的定义})$$
$$\Rightarrow v \Vdash \phi \qquad (\sim\text{的定义})$$

使得 $f(a) \xrightarrow{i}{}_r f(x)$。

令ρ为$\mathcal{B}^r$ 上的赋值并满足：对所有命题变项 $P\in\Gamma$和元素 $a\in A$

$$b\in\rho(P) \Leftrightarrow (\forall a\in b)(a\in\alpha(P))。$$

对其他命题变项 P，赋值$\rho(P)$是不重要的，但为了严格起见，我们令这样的 P，满足：

$$\rho(P) = B。$$

13-7 定理　指派

$$(\mathcal{A},\alpha) \xrightarrow{f} (\mathcal{B}^r,\rho)$$

是一个Γ-过滤。

证明

只需验证条件(Var)和(Fil)成立。

对于(Var),考虑任意命题变项 $P\in\Gamma$和元素 $a\in\alpha(P)$。那么对每个 $x\in f(a)$，我们有 $x\sim a$ 使得 $x\in\alpha(P)$并由此得：$f(a)\in\rho(P)$。反之，如果 $f(a)\in\rho(P)$，那么由$a\in f(a)$可得：$a\in\alpha(P)$。

为了验证(Fil),我们考虑具有 $f(a) \xrightarrow{i}{}_r f(x)$性质的任意 $a,x\in A$。那么由 $a\in f(a)$和 $x\in f(x)$，对每个适当的公式ϕ，我们有

$$a \Vdash [i]\phi \Rightarrow x \Vdash \phi。$$

13.4　夹在最左侧和最右侧中间的过滤

到目前为止，我们至少有两种方法把典范商

$$A \xrightarrow{f} B$$

转换为一个Γ-过滤。除了这两种方法之外，本节我们将证明，所有 B 上的相容的Γ-过滤结构都夹在$(\mathcal{B}^l,\lambda)$和$(\mathcal{B}^r,\rho)$之间。在证明这个结果之前，我们先证明下面的结论。

13-8 引理　恒等映射

$$B \longrightarrow B$$
$$b \mapsto b$$

给出了一个从$(\mathcal{B}^l,\lambda)$到$(\mathcal{B}^r,\rho)$的Γ-态射。

证明

对任意的标号 i，考虑满足条件 $b \xrightarrow{i}_l y$ 的任意的 b,y∈B。由 $\xrightarrow{i}_l$ 的定义，存在 a∈b 和 x∈y 使得 $a \xrightarrow{i}_l x$。现在考虑任意的 u∈b 和 v∈y。那么

$$u \sim a, x \sim v$$

使得对满足[i]φ∈Γ的每个公式φ，都有

$$u \Vdash [i]\phi \Rightarrow a \Vdash [i]\phi \quad (\sim\text{的定义})$$
$$\Rightarrow x \Vdash \phi \quad (\Vdash\text{的定义})$$
$$\Rightarrow v \Vdash \phi \quad (\sim\text{的定义})$$

使得 $b \xrightarrow{i}_r y$。这就证明了恒等映射是一个从 $\mathcal{B}^l$ 到 $\mathcal{B}^r$ 的态射。

现在考虑任意的命题变项 P∈Γ和元素 b∈B。如果 b∈λ(P)，那么根据λ的定义，存在某个 a∈b 并且 a∈α(P)，由ρ的定义，b=f(a)∈ρ(P)。因此，

$$b \in \lambda(P) \Rightarrow b \in \rho(P)。$$

注意，在上面的证明中，如果 b∉ρ(P)可得：存在 a′∈f(a)(a′∉α(P))，那么因为 a∈b，所以 a′~a，但 a∈α(P)，矛盾！

13-9 定义　令($\mathcal{B}$,β)是集合 B=A/~上的任意赋值结构。如果下列两个条件

（1）对于每个标号 i 和元素 b,y∈B，有

$$b \xrightarrow{i}_l y \Rightarrow b \xrightarrow{i} y \Rightarrow b \xrightarrow{i}_r y;$$

（2）对每个命题变项 P∈Γ，有

$$\lambda(P) \subseteq \beta(P) \subseteq \rho(P),$$

成立，则称($\mathcal{B}$,β)是夹在最左侧和最右侧过滤中间的Γ-过滤，简称Γ-中间过滤。

这些条件界定了Γ-过滤的范围。

13-10 定理　令($\mathcal{B}$,β)是一个基于商集 B 的赋值结构。那么典范指派 f: $A \longrightarrow B$ 是一个Γ-过滤，当且仅当($\mathcal{B}$,β)是一个中间过滤。

证明

首先假定 f 是一个Γ-过滤。

考虑任意的标号 i 和元素 b,y∈B。如果 $b \xrightarrow{i}_l y$，那么存在 a∈b 和 x∈y 使得 $a \xrightarrow{i} x$。因此，由 f 是一个态射可得

$$b=f(a) \xrightarrow{i} f(x)=y。$$

又如果 $b \xrightarrow{i} y$，那么对每个 a∈b 和 x∈y 可得：$f(a) \xrightarrow{i} f(x)$，并使得(Fil)满足 $b \xrightarrow{i}_r y$。类似地，由每个命题变项 P∈Γ以及满足条件 f(a)=b 的元素 a∈A 和 b∈B，我们有

$$b \in \lambda(P) \Rightarrow a \in \alpha(P) \Rightarrow b \in \beta(P)$$

并且

$$b \in \beta(P) \Rightarrow a \in \alpha(P) \Rightarrow b \in \rho(P),$$

这就证明了$(\mathcal{B},\beta)$是Γ-中间过滤。

反之，假设我们知道$(\mathcal{B},\beta)$是Γ-中间过滤。那么对于每个 $a,x \in A$，由于 f 是一个$\mathcal{A}$到$\mathcal{B}^{\mathrm{I}}$的态射，因此

$$a \xrightarrow{i} x \Rightarrow f(a) \xrightarrow{i}{}_{\mathrm{I}} f(x)$$
$$\Rightarrow f(a) \xrightarrow{i} f(x)。$$

故，f 是一个$\mathcal{A}$到$\mathcal{B}$的态射。剩下的只需验证(Var)和(Fil)成立。

性质(Var)几乎可以用中间过滤的两端的过滤直接推出。

最后为了验证(Fil)，假设对某个 $a,x \in A$，$f(a) \xrightarrow{i} f(x)$，那么 $f(a) \xrightarrow{i}{}_{\mathrm{I}} f(x)$。因此，对每个适当的公式φ，我们有

$$a \Vdash [i]\phi \Rightarrow x \Vdash \phi。$$

13.5　分离结构

我们在 12.4 节中，定义了两赋值结构之间的语义等价关系≈。作为这个关系的一种特殊情况，现在我们可以考虑在一个赋值结构$(\mathcal{A},\alpha)$上的关系。

13-11 定义　令$(\mathcal{A},\alpha)$是一个赋值结构，对所有 $a,x \in A$，如果 A 上的关系≈满足

$$a \approx x \Leftrightarrow \text{对所有公式}\phi，(\mathcal{A},\alpha,a) \Vdash \phi \Leftrightarrow (\mathcal{A},\alpha,x) \Vdash \phi$$

并且该关系恰好是一个相等关系，即：对所有的 $a,x \in A$，如果

$$a \approx x \Rightarrow a = x$$

成立，则称赋值结构$(\mathcal{A},\alpha)$是分离的。

下面，我们将讨论过滤构造是怎样产生分离结构的。

因此，固定一个赋值结构$(\mathcal{A},\alpha)$的常用数据：一个 A 上可诱导出等价关系~的公式集Γ和商集 B=A/~。

令

$$(\mathcal{A},\alpha) \xrightarrow{f} (\mathcal{B},\beta)$$

是一个过滤，其中目标结构$(\mathcal{B},\beta)$的基础集是 B。需要注意的是：对于所有 $a,x \in A$，

$$a \sim x \Leftrightarrow f(a) = f(x)$$

成立。

13-12 引理　满足上面条件的结构$(\mathcal{B},\beta)$是分离的。

证明

对每个 $a,x \in A$，可得：

$$f(a)\approx f(x)\Rightarrow \text{对所有公式}\phi，f(a)\Vdash\phi\Leftrightarrow f(x)\Vdash\phi \quad (\approx\text{的定义})$$
$$\Rightarrow \text{对所有公式}\phi\in\Gamma，f(a)\Vdash\phi\Leftrightarrow f(x)\Vdash\phi \quad (\text{限制})$$
$$\Rightarrow \text{对所有公式}\phi\in\Gamma，a\Vdash\phi\Leftrightarrow x\Vdash\phi \quad (\text{过滤的定义})$$
$$\Rightarrow a\sim x \quad (\sim\text{的定义})$$
$$\Rightarrow f(a)=f(x)。 \quad (\text{由上面的分析})$$

13-13 命题 假设赋值结构$(\mathcal{A},\alpha)$是有穷的并且是分离的。

（1）证明：对$\mathcal{A}$中的每一对不同的元素 a,x，存在一个公式$\xi_{a,x}$区分 a 和 x。在这种意义下，下面的两个式子

$$(\mathcal{A},\alpha,a)\Vdash\xi_{a,x} \quad \text{和} \quad (\mathcal{A},\alpha,x)\Vdash\neg\xi_{a,x}$$

成立。

（2）证明：对每个 $a\in A$，存在一个公式ρ_a使得：对所有的 $x\in A$

$$(\mathcal{A},\alpha,x)\Vdash\rho_a\Leftrightarrow x=a$$

成立。

（3）证明：对每个 $X\subseteq A$，存在一个公式τ_X使得：对所有的 $a\in A$

$$(\mathcal{A},\alpha,a)\Vdash\tau_X \quad \Leftrightarrow \quad a\in X$$

成立。

令μ是$\mathcal{A}$上的任意赋值并且令$(\cdot)^\mu$是由下式给定的代入：对每个命题变项 P，

$$P\longrightarrow\tau_{\mu(P)}。$$

（4）证明：对 A 的所有元素 a 和公式ϕ，

$$(\mathcal{A},\mu,a)\Vdash\phi\Leftrightarrow(\mathcal{A},\alpha,a)\Vdash\phi^\mu$$

成立。

证明

（1）假设 $a\neq x$。那么因为$(\mathcal{A},\alpha)$是分离的，所以 $a\not\approx x$，这就给出了我们所要求的公式$\xi_{a,x}$。

（2）因为 A 是有穷的，令

$$\rho_a=\bigwedge\{\xi_{a,x}|x\in A-\{a\}\},$$

这就获得了我们所要求的ρ_a。

（3）令

$$\tau_X=\bigvee\{\rho_a|a\in X\}。$$

（4）当ϕ=P 时，由（3）可得。因此，对于一个一般的ϕ所产生的结果，归纳于ϕ的结构证明。

13.6　练习

练习 1　令Γ是语句的集合（无命题变项的公式）。注意，对这样的集合Γ，在Γ-过滤的概念中，赋值起的作用非常小。

下面是一个具有 13 个元素的单模态结构$\mathcal{A}$，其中所有的转移关系都被清楚地显示出来。（特别地，没有一个结点是自返的）

（1）确定由Γ诱导出的$\mathcal{A}$上的等价关系~。

（2）证明$\mathcal{A}$的最左侧和最右侧的Γ-过滤是恒等关系并且它们都恰好有四个元素。

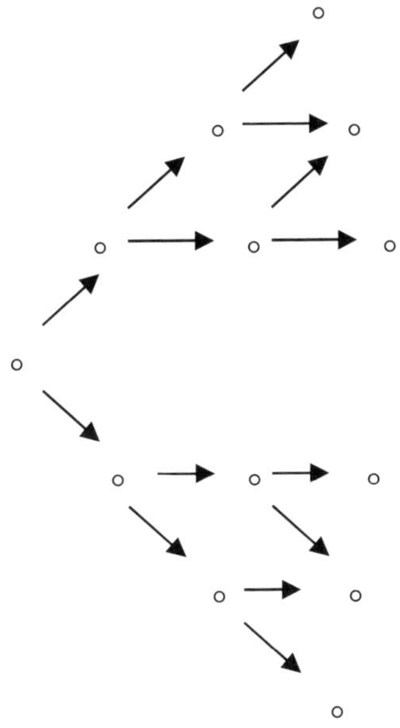

练习 2　令$\mathcal{N}^{+}$和$\mathcal{N}^{-}$是两个在 N（自然数集）上的单模态结构并分别具有如下的转移关系：

$$a \xrightarrow{+} b \Leftrightarrow b=a+1，a \xrightarrow{-} b \Leftrightarrow a=b+1。$$

令Γ是语句集。

（1）证明：$\mathcal{N}^{+}$的最左侧Γ-过滤完全坍塌到一个自返点上。

（2）证明：$\mathcal{N}^{-}$的最右侧Γ-过滤是一个同态。

练习 3 考虑无穷的单模态结构$\mathcal{A}$

这里清楚地列出了所有的转移关系（特别地，没有结点是自返的），令Γ是一个语句集。构造$\mathcal{A}$的一个最左侧的Γ-过滤。

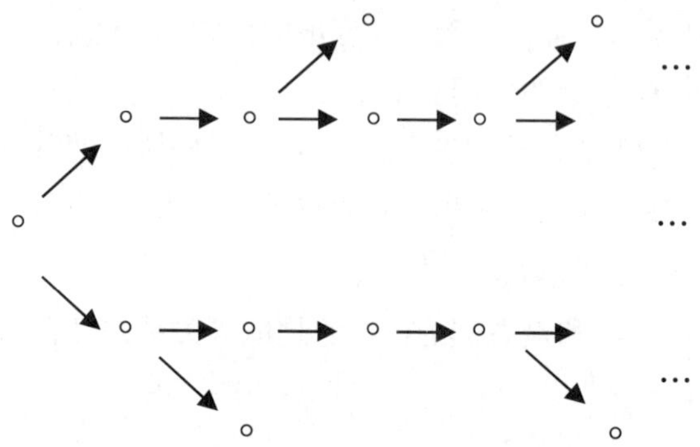

练习 4 证明过滤的概念既不需要有穷的性质，也不需要分离的性质。

练习 5 令Γ是一个命题变项的集合，令$\mathcal{A}$是任意的单模态结构，令α是$\mathcal{A}$上的任意赋值并且对每个 $a\in A$ 存在命题变项 $P\in\Gamma$使得$\alpha(P)=\{a\}$。确定$(\mathcal{A},\alpha)$的最左侧和最右侧的Γ-过滤。

练习 6 假设赋值结构$(\mathcal{A},\alpha)$既是有穷的又是分离的。

（1）证明：对$\mathcal{A}$的每个不同的元素对 a,x，有一个公式$\xi_{a,x}$区分 a 和 x，在这个意义上，下面两个式子

$$(\mathcal{A},\alpha,a)\Vdash\xi_{a,x}\quad 并且\quad (\mathcal{A},\alpha,x)\Vdash\neg\xi_{a,x}.$$

成立。

（2）证明：对于每个 $a\in A$ 存在一个公式ρ_a使得：对所有的 $x\in A$，

$$(\mathcal{A},\alpha,a)\Vdash\rho_a\Leftrightarrow x=a。$$

（3）证明：对于每个 $X\subseteq A$ 存在一个公式τ_X使得：对所有的 $x\in A$，

$$(\mathcal{A},\alpha,a)\Vdash\tau_X\ \Leftrightarrow\ a\in X。$$

（4）令μ是$\mathcal{A}$上的任意赋值并且令$(\cdot)^\mu$是满足下面条件的代入

$$对每个命题变项 P，P\to\tau_{\mu(P)}。$$

证明：对$\mathcal{A}$的所有元素 a 和公式φ，

$$(\mathcal{A},\mu,a)\Vdash\phi\Leftrightarrow(\mathcal{A},\alpha,a)\Vdash\phi^\mu。$$

练习 7 令Γ是所有公式的集合并且令

$$(\mathcal{A},\alpha)\xrightarrow{f}(\mathcal{B},\beta)$$

是一个满的赋值态射。

（1）证明：如果 f 是一个 Z-字形态射，那么 f 是一个Γ-过滤。

（2）证明：如果$(\mathcal{B},\beta)$是有穷的、分离的并且 f 是一个Γ-过滤，那么 f 是一个 Z-字形态射。

第十四章 有穷模型性质

我们已经介绍过几个形式为

$$\vdash_S \phi \Leftrightarrow \mathcal{M}\text{是}\phi\text{的模型}$$

的完全性结果的例子，这里 S 是一个标准系统，$\mathcal{M}$是适当的结构类并且ϕ是一个任意的公式。然而在所有这些情况中，很少有或者没有关于在$\mathcal{M}$中结构大小的信息。本章我们研究对一个有穷结构类$\mathcal{M}$而言，这样的一个等价性的存在结果。

14.1 有穷模型性质(fmp)的定义

令 S 是任意标准的形式系统，考虑下面三个有穷结构类。

F=S 的有穷赋值结构模型类

G=S 的有穷朴素结构模型类

H=S 的分离赋值结构模型类

对于任意的结构类K，令 $TH(K)$={ϕ|K是ϕ的模型}。显然

$$TH(F)\subseteq TH(H)\text{并且 }TH(F)\subseteq TH(G)$$

（由于$H\subseteq F$并且G上的一个元素的每个赋值都产生一个F的元素）。

fmp 的许多有用的性质都依赖于下面的结果。

14-1 定理　$TH(F)=TH(G)=TH(H)$。

证明

由上面的讨论：$TH(F)\subseteq TH(H)$，$TH(F)\subseteq TH(G)$，因此现在只需证明

$$TH(G)\subseteq TH(H)\subseteq TH(F)$$

就能得到该定理的结果。

首先证明：$TH(G)\subseteq TH(H)$。对任意的$(\mathcal{A},\alpha)\in H$，从命题 13-13 知道，对$\mathcal{A}$上的每个赋值$\mu$和公式$\phi$，存在一个$\phi$的代入实例$\phi^{\mu}$使得

$$(\mathcal{A},\mu)\Vdash^{v}\phi\Leftrightarrow(\mathcal{A},\alpha)\Vdash^{v}\phi^{\mu}。$$

特别地，由于 S 的公理在代入下是闭的，并且$(\mathcal{A},\alpha)$是 S 的模型，那么$(\mathcal{A},\mu)$也是 S 的模型（因为$(\mathcal{A},\mu)\Vdash^{v}\phi\Leftrightarrow(\mathcal{A},\alpha)\Vdash^{v}\phi^{\mu}$）。因此，$\mathcal{A}$是 S 的模型并且$\mathcal{A}\in G$。

这表明对每个公式ϕ，

$$\phi\in TH(G)\Rightarrow\mathcal{A}\Vdash^{u}\phi\Rightarrow(\mathcal{A},\alpha)\Vdash^{v}\phi。$$

因此（由于$(\mathcal{A},\alpha)$是H的任意元素），我们有

$$\phi\in TH(G)\Rightarrow\phi\in TH(H)。$$

其次证明：$TH(H)\subseteq TH(F)$。对任意的$(\mathcal{A},\alpha)\in F$并且令$\approx$是如下定义的 A 上的语义等价关系：

$$a\approx b\Leftrightarrow\text{对所有的公式}\phi\text{和 }a,b\in A\text{，}a\Vdash\phi\Leftrightarrow b\Vdash\phi。$$

我们知道，用$\approx$对$(\mathcal{A},\alpha)$进行切割，产生一个过滤

$$(\mathcal{A},\alpha)\xrightarrow{f}(\mathcal{B},\beta)，$$

使得对所有的公式ϕ和 $a\in A$，

$$(\mathcal{A},\alpha,a)\Vdash\phi\Leftrightarrow(\mathcal{B},\beta,f(a))\Vdash\phi。$$

由于$\mathcal{B}$是分离的，因此$(\mathcal{B},\beta)\in H$。由此可得：对每个公式ϕ，

$\phi\in TH(H)$

$\Rightarrow(\mathcal{B},\beta)\Vdash^{v}\phi$

$\Rightarrow$ 对任意 $a\in A$，有 $f(a)\in B=A/\approx$并且$(\mathcal{B},\beta,f(a))\Vdash\phi$

$\Rightarrow(\mathcal{A},\alpha,a)\Vdash\phi$

$\Rightarrow$ 因为 a 是 A 的任意元素，所以$(\mathcal{A},\alpha)\Vdash^{v}\phi$

$\Rightarrow$ 结构$(\mathcal{A},\alpha)$是F的任意元素，则F是ϕ的赋值结构模型类

$\Rightarrow\phi\in TH(F)$。

现在，令

$$S(\text{fin}) = TH(F) = TH(G) = TH(H)$$

使得对所有的公式ϕ，

$$\vdash_S \phi \Rightarrow \phi \in S(\text{fin})。$$

14-2 定义 如果上面的蕴涵式是等价式，即：$\vdash_S \phi \Leftrightarrow \phi \in S(\text{fin})$，则称系统 S 具有有穷模型性，简记作 fmp。

关于有穷模型性质的可判定性，我们不做详细的讨论，仅给出下面的几个结论。

14-3 定理 令 S 是一个具有 fmp 的有穷公理化系统，则 S 是可判定的。

14-4 引理 假定 S 是一个标准的形式系统并且$\mathcal{M}$是任意的有穷结构类并满足下面的等价式

$$\vdash_S \phi \Leftrightarrow \mathcal{M}\text{是}\phi\text{的一个模型，}$$

那么 S 具有 fmp。

fmp 是获得完全性的另一种方法。

14-5 定理 令 S 是一个具有 fmp 的标准系统，那么 S 是克里普克-完全的。

定理 14-3 和 14-5 表明，具有 fmp 的有穷公理化系统是可判定的和克里普克-完全的。因此，这样的系统是令人满意的。

14.2 经典系统的一个特征

本节我们讨论一些具有 fmp 的有穷公理化系统的实例。

经典系统都是一些单模态系统，这些单模态系统都是在公理 K 的基础上，添加公理

D, T, B, 4, 5

的各种组合而成的。通常，这样的系统有 15 个。本节我们将用不同的过滤来表明每个这样的系统都具有 fmp。

首先说明最小的单模态系统 **K** 具有 fmp。

14-6 定理 最小的单模态系统 **K** 具有 fmp。

证明

考虑满足下式的任意公式ϕ，

$$\nVdash_K \phi。$$

现在，只要能构造一个有穷赋值结构使得它是系统 **K** 的模型但不是公式ϕ的模型即可。

我们知道，存在某个赋值结构$(\mathcal{A},\alpha)$是 **K** 模型但不是ϕ模型。该模型可能不是有穷的，因此，我们可以取$(\mathcal{A},\alpha)$的一个分离生成需要的模型。

令Γ是ϕ的子公式集并且令

$$(\mathcal{A},\alpha) \xrightarrow{f} (\mathcal{B},\beta)$$

是任意的Γ-过滤（或者称它为最左侧的过滤）。由于Γ是有穷的，因此结构$(\mathcal{B},\beta)$是有穷并且是 **K** 的模型。另外，对每个$\gamma\in\Gamma$并且 $a\in A$，

$$(\mathcal{A},\alpha,a) \Vdash \gamma \Leftrightarrow (\mathcal{B},\beta,f(a)) \Vdash \gamma。$$

最后，存在某个 $a\in A$ 使得 $a \Vdash \neg\phi$，并且由$\phi\in\Gamma$可得：$f(a) \Vdash \neg\phi$使得$(\mathcal{B},\beta)$是 **K** 的模型但不是ϕ的模型。

现在我们处理各种不同的公理 D,T,B,4 和 5。为此，我们混合使用对应性和保持性。

14-7 引理　假设

$$\mathcal{A} \xrightarrow{f} \mathcal{B}$$

是一个满的态射，那么

（1）如果$\mathcal{A}$是持续的，那么$\mathcal{B}$也如此；

（2）如果$\mathcal{A}$是自返的，那么$\mathcal{B}$也如此，

成立。

证明

（1）考虑任意的 $b_1\in B$。我们必须找到某个 $b_2\in B$ 使得 $b_1 \longrightarrow b_2$。由于 f 是一个满射，所以至少存在一个 $a_1\in A$ 使得 $f(a_1)=b_1$。由 A 是持续的可得：存在某个 $a_2\in A$ 使得 $a_1 \longrightarrow a_2$。又 f 是一个态射，所以，$f(a_1) \longrightarrow f(a_2)$。由此我们可以令 $b_2=f(a_2)$。

（2）考虑任意的 $b\in B$。由于 f 是一个满射，因此至少存在一个 $a\in A$ 使得 $f(a)=b$。又 A 是自返的，因此有 $a \longrightarrow a$。因为 f 是一个态射，
所以 $f(a) \longrightarrow f(a)$，由此可得：$f(a)=b \longrightarrow b=f(a)$。

引理 14-7 表明 KD 和 KT 具有 fmp。然而这并不强到能够处理其他公理，因为其他性质并不是仅仅通过满态射就能保持的。我们需要一个更严格的态射形式，这就要用到过滤。作为一个示例，让我们看看如何处理特征公理 B。

14-8 引理　假设

$$(\mathcal{A},\alpha) \xrightarrow{f} (\mathcal{B},\beta)$$

是一个最左侧的过滤并且$\mathcal{A}$是对称的，那么$\mathcal{B}$也是对称的。

证明

考虑任意的 $b_1,b_2 \in B$ 使得 $b_1 \longrightarrow b_2$。由于过滤是最左侧的，因此存在 $a_1,a_2 \in A$ 使得

$$a_1 \in f(a_1)=b_1,\ a_2 \in f(a_2)=b_2,\ a_1 \longrightarrow a_2$$

由于$\mathcal{A}$是对称的，我们有 $a_2 \longrightarrow a_1$ 并且因为每个过滤都是一个态射，所以我们有 $f(a_2)=b_2 \longrightarrow f(a_1)=b_1$。

对具有 fmp 系统，我们有下面的结论。

14-9 定理 令 S 是

D，T，B

的任意组合为公理的 6 种标准形式系统之一，那么 S 具有 fmp。

证明

由于存在一个结构性质$\|S\|$（即：$\|S\|$是持续性或者自返性或者对称性）使得对于每个结构$\mathcal{A}$

$$\mathcal{A}\text{是 S 的模型} \Leftrightarrow \mathcal{A}\text{具有}\|S\|\text{。}$$

另外，由引理 14-7 和 14-8 可得：对每个最左侧的过滤

$$(\mathcal{A},\alpha) \xrightarrow{f} (\mathcal{B},\beta),$$

如果$\mathcal{A}$具有$\|S\|$，那么$\mathcal{B}$也具有$\|S\|$。

现在考虑满足下面性质

$$\nvdash_S \phi$$

的任意公式ϕ。由于 S 是克里普克-完全的，那么存在某个结构$\mathcal{A}$具有$\|S\|$并且该结构不是ϕ的模型，即：存在$\mathcal{A}$上的一个赋值α，使得$(\mathcal{A},\alpha)$不是ϕ的模型。

令Γ是ϕ的子公式的集合并且令 f 为如上$(\mathcal{A},\alpha)$的最左侧的Γ-过滤。注意：由于Γ是有穷的，因此$\mathcal{B}$也是有穷的并且$\mathcal{B}$具有$\|S\|$，故$\mathcal{B}$是 S 的模型。最后，由于$\phi\in\Gamma$，由过滤的性质可得：$(\mathcal{B},\beta)$不是ϕ的模型。由此得到要证的结果。

现在我们考虑特征公理 4。由于特征公理 4 具有传递性，按照通常的做法，我们需要构造一个过滤。

令Γ是任意的在子公式下封闭的公式集并且令$(\mathcal{A},\alpha)$是任意的结构，考虑典范Γ-商

$$A \xrightarrow{f} B$$

这里，对 $a_1,a_2 \in A$，

$$f(a_1)= f(a_2) \Leftrightarrow (\forall\gamma\in\Gamma)(a_1 \Vdash \gamma \Leftrightarrow a_2 \Vdash \gamma)\text{。}$$

我们用下面定义的传递关系，

$b_1 \longrightarrow b_2 \Leftrightarrow$ 对所有的 $a_1 \in b_1, a_2 \in b_2$ 和公式ϕ并且$\Box\phi \in \Gamma$使得

$$a_1 \Vdash \Box\phi \Rightarrow a_2 \Vdash \phi \wedge \Box\phi。$$

将$\mathcal{B}$变换为一个结构。我们给$\mathcal{B}$添加如下的赋值β，

$$b \in \beta(P) \Leftrightarrow (\exists a \in b)(a \in \alpha(P))$$

对于 $P \in \Gamma$，其他的β赋值是不重要的。

这种构造有时被称作 Lemmon 过滤。

14-10 引理　令$(\mathcal{A},\alpha)$是任意的并且$\mathcal{A}$具有传递性的赋值结构，那么上面的结构生成一个Γ-过滤

$$(\mathcal{A},\alpha) \xrightarrow{f} (\mathcal{B},\beta),$$

并且$\mathcal{B}$也是传递的。

证明

我们依次证明各种条件。

为了证明 f 是一个态射，现在考虑任意的 $a_1, a_2 \in A$ 并且 $a_1 \longrightarrow a_2$。我们必须证明

$$f(a_1) \longrightarrow f(a_2)。$$

为此，考虑任意的 $x_1 \in f(a_1)$和 $x_2 \in f(a_2)$，那么对每个公式ϕ并且$\Box\phi \in \Gamma$，我们有

$$\begin{aligned} x_1 \Vdash \Box\phi &\Rightarrow a_1 \Vdash \Box\phi && (\text{由 } f(x_1)=f(a_1)) \\ &\Rightarrow a_1 \Vdash \Box\phi \wedge \Box^2\phi && (\text{由}\mathcal{A}\text{是传递的}) \\ &\Rightarrow a_2 \Vdash \phi \wedge \Box\phi && (\text{由 } a_1 \longrightarrow a_2) \\ &\Rightarrow x_2 \Vdash \phi \wedge \Box\phi && (\text{由 } f(a_2)=f(x_2)) \end{aligned}$$

由上面的构造，可以验证三个条件：Sur, Var ,Fil 成立。

最后我们必须证明$\mathcal{B}$是传递的。因此，对任意的 $b_1, b_2, b_3 \in B$ 并且

$$b_1 \longrightarrow b_2 \longrightarrow b_3$$

并且令 $a_i \in b_i (i=1,2,3)$。那么对满足$\Box\phi \in \Gamma$的每个公式ϕ可得：

$$\begin{aligned} a_1 \Vdash \Box\phi &\Rightarrow a_2 \Vdash \phi \wedge \Box\phi \\ &\Rightarrow a_2 \Vdash \Box\phi \\ &\Rightarrow a_3 \Vdash \phi \wedge \Box\phi \end{aligned}$$

使得 $b_1 \longrightarrow b_3$ 为所求。

由前面的结果可得下面的结论。

14-11 定理　三个系统

K4，KD4，KT4=S4

都具有 fmp。

下面我们考虑传递性和对称性的组合，即：KB4 的模型。我们还需要构造过滤。因此，仍然考虑在子公式下封闭的有穷公式集Γ，令($\mathcal{A}$,α)是任意的赋值结构并考虑典范Γ-商

$$A \xrightarrow{f} B$$

我们用传递关系 ⟶ 将 B 变为一个结构$\mathcal{B}$并在$\mathcal{B}$上添加赋值β。对于传递性和对称性，我们定义如下的关系

$$b_1 \longrightarrow b_2 \Leftrightarrow \text{对所有的 } a_1 \in b_1, a_2 \in b_2 \text{ 和公式}\phi\text{并且}\Box\phi \in \Gamma\text{使得}$$

$$a_1 \Vdash \Box\phi \Rightarrow a_2 \Vdash \phi \wedge \Box\phi\text{并且}$$

$$a_2 \Vdash \Box\phi \Rightarrow a_1 \Vdash \phi \wedge \Box\phi\text{。}$$

详细证明从略。

14-12 引理 令($\mathcal{A}$,α)是任意的赋值结构，其中$\mathcal{A}$具有传递性和对称性，那么上面的构造生成一个Γ-过滤

$$(\mathcal{A},\alpha) \xrightarrow{f} (\mathcal{B},\beta)$$

使得$\mathcal{B}$也是传递的和对称的。

有了上面的结果，我们可以证明：

14-13 定理 令 S 是以特征公理 D,T,B 和 4 的不同组合为公理所形成的 11 个标准形式系统之一，那么 S 具有 fmp。

现在我们考虑通过 5 对上面的 11 个形式系统添加公理 5 扩张后形成的系统，这就产生了 4 个新的系统 K5，KD5 和 K45，KD45。

公理 5 刻画的是欧性，处理它我们需要更多的技巧。

通常我们从任意公式集Γ开始，假设Γ是有穷并在子公式下是封闭的。首先，令

$$\Box\Gamma=\{\Box\phi|\phi\in\Gamma\} \quad , \Diamond\Gamma=\{\Diamond\phi|\phi\in\Gamma\}\text{。}$$

其次，令

$$\Gamma' = \Gamma \cup \Box\Gamma \cup \Diamond\Gamma\text{。}$$

因此，Γ⊆Γ′ 并且Γ′ 也是有穷的且在子公式下是闭的。现在我们构造公式序列

$$\Gamma_0 = \Gamma,$$

$$\Gamma_{\gamma+1}=(\Gamma_\gamma)',$$

并且对每个γ<ω，令

$$\Gamma^* = \cup\{\Gamma'_\gamma|\gamma<\omega\}\text{。}$$

通常，Γ^*在子公式下是封闭的但不一定是有穷的。然而当我们的工作相对于基

本系统 K5 时，就可以假定Γ^*是有穷的。

由 9.5 节中的练习 5 可知：系统 K5 的每个公式只有有穷多个模态变体。更严格地，我们知道对每个$\psi\in\Gamma^*$，存在一个$\theta\in\Gamma''$具有

$$\vdash_{K5}\ \psi\leftrightarrow\theta$$

使得Γ^*包含的信息并不比Γ''多。

现在，考虑任意赋值结构$(\mathcal{A},\alpha)$，并且令

$$A\xrightarrow{f}B$$

是典范Γ''-商。令$\longrightarrow$是由下面定义的 B 上的转移关系，

$$b_1\longrightarrow b_2 \Leftrightarrow \text{对每个 } a_1\in b_1, a_2\in b_2 \text{ 和公式} \phi\in\Gamma'',$$

$$a_1\Vdash\Box\phi\Rightarrow a_2\Vdash\phi \text{ 并且 } a_1\Vdash\Diamond\phi\Leftarrow a_2\Vdash\phi。$$

注意在这个定义中第二个蕴涵的方向。

这给我们提供了一个结构$\mathcal{B}$，并且在$\mathcal{B}$上我们可以附加通常的赋值。

14-14 定理　当结构$\mathcal{A}$具有欧性时，指派 f 生成一个Γ''-过滤

$$(\mathcal{A},\alpha)\xrightarrow{f}(\mathcal{B},\beta),$$

其中$\mathcal{B}$也是欧性的。

证明

我们首先验证 f 是一个朴素态射。为此，考虑任意的 $x_1,x_2\in A$ 满足

$$x_1\longrightarrow x_2$$

并且任意的 $a_1\in f(x_1),a_2\in f(x_2)$。对每个$\phi\in\Gamma''$存在$\psi,\theta\in\Gamma''$满足

$$\vdash_{K5}\Box\phi\leftrightarrow\psi,\ \vdash_{K5}\Diamond\phi\leftrightarrow\theta。$$

由于$\mathcal{A}$是 K5 的模型，那么这两个等价式在$\mathcal{A}$中成立。因此，

$$
\begin{aligned}
a_1\Vdash\Box\phi &\Rightarrow a_1\Vdash\psi && \text{(由上面的等价式)}\\
&\Rightarrow x_1\Vdash\psi && (\Gamma''\text{-诱导的等价式})\\
&\Rightarrow x_1\Vdash\Box\phi && \text{(由上面的等价式)}\\
&\Rightarrow x_2\Vdash\phi && (x_1\longrightarrow x_2\text{ 的转移})\\
&\Rightarrow a_2\Vdash\phi。 && (\Gamma''\text{-诱导的等价式})
\end{aligned}
$$

类似地，可以证明：

$$a_1\Vdash\Diamond\phi\ \Leftarrow\ a_2\Vdash\phi。$$

因此，我们得到

$$f(x_1)\longrightarrow f(x_2),$$

从而验证了：$(\mathcal{A},\alpha)\xrightarrow{f}(\mathcal{B},\beta)$具有态射的性质。

我们还需要验证 f 具有 Sur，Var 和 Fil 的性质，不过这些都比较简单，从

略。

最后，我们证明结构$\mathcal{B}$是欧性的。

为此，考虑$\mathcal{B}$中满足下面关系的任意元素 b_1,b_2,b_3，

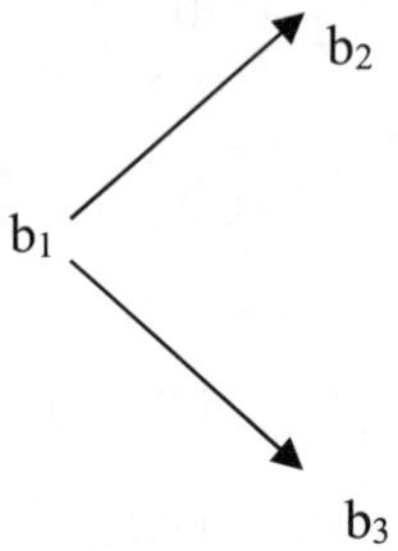

证明：$b_2 \longrightarrow b_3$。因此，考虑任意的

$$a_1 \in b_1,\ a_2 \in b_2,\quad a_3 \in b_3,$$

和任意的公式$\phi \in \Gamma''$ 。那么

$a_2 \Vdash \Box\phi \quad \Rightarrow a_1 \Vdash \Diamond\Box\phi$

（用上面 K5-等值式的技巧和 $b_1 \longrightarrow b_2$ 的定义）

$\Rightarrow a_1 \Vdash \Box\phi$ （公理 5 的变体$\Diamond\Box\phi \to \Box\phi$）

$\Rightarrow a_3 \Vdash \phi$ （$b_1 \longrightarrow b_3$ 的定义）

类似地，可以证明：

$$a_2 \Vdash \Diamond\phi \Leftarrow a_3 \Vdash \phi。$$

因此，$b_2 \longrightarrow b_3$。

下面给出的是一种常规的论述。

14-15 定理 系统 K5 和 KD45 具有 fmp。

最后，考虑剩下的系统 K45 和 KD45，它们刻画了传递性和欧性（以及持续性）结构。因此我们用下面的关系

$$b_1 \longrightarrow b_2 \Leftrightarrow \text{对所有的 } a_1 \in b_1, a_2 \in b_2 \text{ 和公式} \Box\phi \in \Gamma,$$
$$a_1 \Vdash \Box\phi \Rightarrow a_2 \Vdash \phi \wedge \Box\phi \text{ 并且 } a_1 \Vdash \Box\phi \Leftrightarrow a_2 \Vdash \Box\phi,$$

然后在结构上附加通常的赋值。

14-16 引理 令$(\mathcal{A},\alpha)$是任意的赋值结构，$\mathcal{A}$具有传递性和欧性，那么上面的结构产生一个Γ-过滤

$$(\mathcal{A},\alpha) \xrightarrow{f} (\mathcal{B},\beta)$$

使得$\mathcal{B}$也有传递性和欧性。

证明

假定我们已经证明结构$(\mathcal{A},\alpha)$给出了一个Γ-过滤，下面证明该结构保持欧性

质。因此，考虑任意的 $b_1,b_2,b_3 \in B$ 并且满足

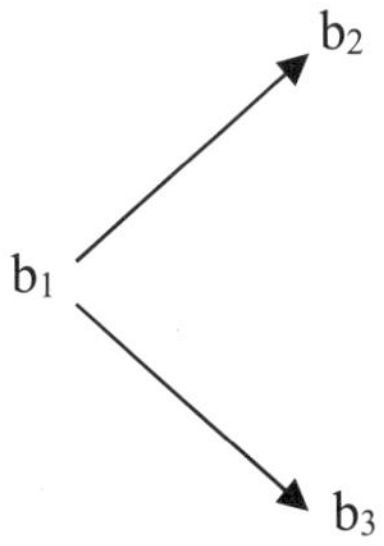

我们必须证明：$b_2 \longrightarrow b_3$。为此，考虑任意的 $a_1 \in b_1, a_2 \in b_2, a_3 \in b_3$ 以及任意的公式 ϕ 使得 $\Box\phi \in \Gamma$。那么 B 上的 $\longrightarrow$ 定义给出

$$a_2 \Vdash \Box\phi \Rightarrow a_1 \Vdash \Box\phi \Rightarrow a_3 \Vdash \phi \wedge \Box\phi$$

和

$$a_2 \Vdash \Box\phi \Leftrightarrow a_1 \Vdash \Box\phi \Leftrightarrow a_3 \Vdash \Box\phi。$$

因此，$b_2 \longrightarrow b_3$。同理可证：该结构保持传递性。

把这些结论和早先的一些结论放在一起，我们有：

14-17 定理　令 S 是任意的标准系统，它的公理是由特征公理 D,T,B,4 和 5 的不同组合构成的。那么

（1）S 是有穷公理化的；

（2）S 是克里普克-完全的；

（3）S 具有有穷模型性质；

（4）S 是可判定的。

14.3　基本时间系统具有 fmp

到目前为止，我们用过滤的方法仅仅证明了单模态系统具有 fmp。然而过滤方法也可用于多模态系统，但这样一来，使得某些细节相对比较复杂。作为这种情况的一个例子，我们证明基本时间系统 TEMP 具有 fmp。

在第九章 9.3 节中，TEMP 的模型是时间结构，即：结构

$$\mathcal{A} = (A, \xrightarrow{+}, \xrightarrow{-})。$$

这里的两种关系彼此互逆并且都具有传递性。固定这样的一个结构 $\mathcal{A}$ 和 $\mathcal{A}$ 上的一个赋值 α。也固定某个公式集 Γ 使得它在子公式下是封闭的。（在任何应用中，该公式集 Γ 都是某给定公式的子公式集）。现在，fmp 的证明可以归结为一

个Γ-过滤

$$(\mathcal{A},\alpha) \xrightarrow{f} (\mathcal{B},\beta)$$

的构造，这里$\mathcal{B}$也是时间结构。

为此，我们现在考虑典范Γ-商

$$\mathcal{A} \xrightarrow{f} \mathcal{B}$$

我们将给 B 增加两个传递关系 $\xrightarrow{+}$，$\xrightarrow{-}$，把 B 转换成所需的时间结构$\mathcal{B}$，然后在$\mathcal{B}$上增加通常的赋值β。

在 B 上定义的 $\xrightarrow{+}$ 和 $\xrightarrow{-}$ 如下：

$b_1 \xrightarrow{+} b_2 \Leftrightarrow$ 对所有的 $a_1 \in b_1, a_2 \in b_2$ 以及对所有的公式ϕ，

(+)如果$[+]\phi \in \Gamma$，那么 $a_1 \Vdash [+]\phi \Rightarrow a_2 \Vdash \phi \wedge [+]\phi$

(−)如果$[-]\phi \in \Gamma$，那么 $a_2 \Vdash [-]\phi \Rightarrow a_1 \Vdash \phi \wedge [-]\phi$

$b_1 \xrightarrow{-} b_2 \Leftrightarrow$ 对所有 $a_1 \in b_1, a_2 \in b_2$ 以及对于所有的公式ϕ，

(−)如果$[-]\phi \in \Gamma$，那么 $a_1 \Vdash [-]\phi \Rightarrow a_2 \Vdash \phi \wedge [-]\phi$

(+)如果$[+]\phi \in \Gamma$，那么 $a_2 \Vdash [+]\phi \Rightarrow a_1 \Vdash \phi \wedge [+]\phi$

令

$$\mathcal{B} = (B, \xrightarrow{+}, \xrightarrow{-})$$

14-18 引理　函数 f 是一个$\mathcal{A}$到$\mathcal{B}$的态射。

证明

首先考虑任意的$a_1,a_2 \in A$并满足$a_1 \xrightarrow{+} a_2$。我们必须证明$f(a_1) \xrightarrow{+} f(a_2)$。为此考虑任意的 $x_1 \in f(a_1)$和 $x_2 \in f(a_2)$以及任意的公式ϕ。那么

如果$[+]\phi \in \Gamma$，那么

$x_1 \Vdash [+]\phi \Rightarrow a_1 \Vdash [+]\phi$　　(由 $x_1 \simeq a_1$)

$\Rightarrow a_1 \Vdash [+]\phi \wedge [+]^2\phi$　　(由公理 4)

$\Rightarrow a_2 \Vdash \phi \wedge [+]\phi$　　(由 $a_1 \xrightarrow{+} a_2$)

$\Rightarrow x_2 \Vdash \phi \wedge [+]\phi$　　(由 $a_2 \simeq x_2$)

并且

如果$[-]\phi \in \Gamma$，那么

$x_2 \Vdash [-]\phi \Rightarrow a_2 \Vdash [-]\phi$　　(由 $x_1 \simeq a_2$)

$\Rightarrow a_2 \Vdash [-]\phi \wedge [-]^2\phi$　　(由公理 4)

$\Rightarrow a_1 \Vdash \phi \wedge [-]\phi$　　(由 $a_2 \xrightarrow{-} a_1$)

$\Rightarrow x_1 \Vdash \phi \wedge [-]\phi$　　(由 $a_1 \simeq x_1$)

这就给出了第一个所要求的结论。同理可证：

$$a_1 \xrightarrow{-} a_2 \Rightarrow f(a_1) \xrightarrow{-} f(a_2)。$$

于是，该引理得证。

由这个引理，容易验证 f 具有 Sur、Var 和 Fil，由此可得一个Γ-过滤

$$(\mathcal{A},\alpha) \xrightarrow{f} (\mathcal{B},\beta)。$$

因此，剩下的就是要证明$\mathcal{B}$是一个时间结构。

由定义，显然 B 上两关系 $\xrightarrow{+}$，$\xrightarrow{-}$ 是可逆的。因此最后需要的一条信息，由下面的引理给出。

14-19 引理 $\mathcal{B}$的两关系是传递的。

证明

设任意的 $b_1,b_2,b_3\in B$ 并且

$$b_1 \xrightarrow{+} b_2 \xrightarrow{+} b_3$$

现在考虑任意的 $a_1\in b_1,a_2\in b_2,a_3\in b_3$。那么，对每个公式$\phi$，

(+)如果$[+]\phi\in\Gamma$，那么

$$\begin{aligned} a_1 \Vdash [+]\phi &\Rightarrow a_2 \Vdash \phi\wedge[+]\phi \\ &\Rightarrow a_2 \Vdash [+]\phi \\ &\Rightarrow a_3 \Vdash \phi\wedge[+]\phi \end{aligned}$$

并且

(−)如果$[-]\phi\in\Gamma$，那么

$$\begin{aligned} a_1 \Vdash [-]\phi &\Rightarrow a_2 \Vdash \phi\wedge[-]\phi \\ &\Rightarrow a_2 \Vdash [-]\phi \\ &\Rightarrow a_3 \Vdash \phi\wedge[-]\phi \end{aligned}$$

这就证明了 $b_1 \xrightarrow{+} b_3$。因此，$\xrightarrow{+}$ 是传递的。

用类似的方法可以证明：$\xrightarrow{-}$ 也是传递的。

由前面的结果可得下面的定理。

14-20 定理 基本时间系统 TEMP 具有

（1）有穷公理化；

（2）克里普克-完全性；

（3）具有 fmp；

（4）具有可判定性。

14.4 练习

练习 1 令 S 是由一个语句组成的标准的形式公理化系统。由 11.4 节的练习 1 可知 S 是典范的。现在证明 S 具有 fmp。

练习 2 证明一个具有无差别性结构的最左边过滤有一个无差别的目标结构。因此证明

KP，KDP，KTP，KBP

都具有 fmp。

练习 3 通常形为

$$[k]\phi \to [i][j]\phi$$

的公式（对于任意的ϕ）都具有某种复合性质。令$\mathcal{A}$是四个元素的结构并且

$$\circ \xrightarrow{i} \circ \qquad \circ \xrightarrow{j} \circ$$

即：它有一个 i-转移，一个 j-转移，但没有 k-转移。考虑$\mathcal{A}$上的一个确定的赋值，证明上面的公式不需要保持最左边侧的过滤。

练习 4 因为过滤能保持一些性质，因此，它们是有用的。

（1）证明：对任意标号 i 和 j，形如

①$[i]\phi\to\langle j\rangle\phi$ ，　　②$[i]\phi\to[j]\phi$，

③$\phi\to[j]\langle k\rangle\phi$，　　④$[i]\phi\to[j]\langle k\rangle\phi$，

最左侧的过滤被保持。

（24 考虑②中的特殊情况。其中，标号 i 是□并且标号 j 是$\Box^2$。因此，形状为$\Box\phi\to\Box^2\phi$，即，最左侧的过滤能够保持传递性。这种观点有错误吗？

练习 5 考虑 11.4 节的练习 2 中的形式系统 KE。

（1）证明 KE 具有 fmp。

（2）证明 KBE 和 KDE 的扩张具有 fmp。

练习 6：考虑 11.4 节的练习 2 中的形式系统 KF。

（1）证明 KF，KBF 和 KDF 具有 fmp。

（2）证明 KF4 具有 fmp。

第十五章

一个非典型的形式系统

动态逻辑是多模态逻辑的一种扩展，它有助于程序语言的内容和形状的分析。指标的标号被认为是特殊的程序。每个转移结构被认为是执行这些程序的机器，结构中的元素对应于机器的各种可能的状态（或配置）。本章给出一种特殊的动态逻辑系统 **SLL**，并证明它具有 fmp，因此它是克里普克-完全的，但不是典范的。

15.1 形式系统 SLL

给定一个集合 A 上的一个关系 $\longrightarrow$，$\longrightarrow$ 的*-闭包是 A 上包含 $\longrightarrow$ 的最小的自返和传递关系。因此，如果 $\xrightarrow{*}$ 是这个*-闭包，那么

$$a \xrightarrow{*} b$$

成立当且仅当存在一条 A 的元素链 $x_0, x_1, \ldots, x_n$ 使得

$$a = x_0 \longrightarrow x_1 \longrightarrow \cdots \longrightarrow x_n = b。$$

特别地，当 n=0 时，保证$\xrightarrow{*}$是自返的；当 n=1 时，保证$\xrightarrow{*}$包含$\longrightarrow$。因为这样的链能毗连，由此可以看出$\xrightarrow{*}$是传递的。

在这一章，我们考虑只有两个标号并且对应的模态算子为□和[•]的一种模态语言。这种语言的转移结构具有如下形式：

$$\mathcal{A} = (A, \longrightarrow, \xrightarrow{\bullet})$$

如果$\xrightarrow{\bullet}$是$\longrightarrow$的*-闭包，我们称这样的一个结构是一个*-结构。我们将给出一个结构是一个*-结构的公理集，并讨论它对应的形式系统的完全性。

考虑如下形式的所有公式的集合。

（1*）[•]φ→φ

（2*）[•]φ→□[•]φ

（3*）[•](φ→□φ)→(φ→[•]φ)

这些公式，有时被称作“Segerberg 公理”，是动态逻辑公理的一个重要部分。我们将以上形式的所有公式的集合命名为 **SLL**。

注意（1*）和（2*）是一般汇合性公理（如在第七章的描述）。特别地，我们知道（1*）保证关系$\xrightarrow{\bullet}$是自返的，（2*）保证合成关系$\longrightarrow\xrightarrow{\bullet}$包含于$\xrightarrow{\bullet}$。形式（3*）是新公式，它具有一个归纳公理的一般形式。

（1*,2*,3*）的结合可以得到：

定理 15-1 对每个结构

$$\mathcal{A} = (A, \longrightarrow, \xrightarrow{\bullet}),$$

下面的三个条件是等价的：

（1）$\mathcal{A}$是一个*-结构。

（2）$\mathcal{A}$是 **SLL** 的一个模型。

（3）对某一命题变项 P，结构$\mathcal{A}$是下面三个公式的模型

[•]P→P，

[•]P→□[•]P，

[•](P→□P)→(P→[•]P)。

证明

（1）⇒（2）。假定$\mathcal{A}$是一个*-结构。从汇合结果我们可知$\mathcal{A}$是（1*）和（2*）的模型，因此只需验证（3*）。

假定，对某个公式φ，赋值α和元素 a 使得

$$a \Vdash [\bullet](\phi\to\Box\phi) \text{并且} a \Vdash \phi。$$

现在考虑任意的元素 b 并且 b 满足

$$a \xrightarrow{\bullet} b。$$

我们需要证明 $b \Vdash \phi$。根据条件（1），存在一个元素链

$$a = x_0 \longrightarrow x_1 \longrightarrow \cdots \longrightarrow x_n = b。$$

注意，对每个 $0 \leqslant r \leqslant n$，$a \xrightarrow{\bullet} x_r$ 并且

$$x_r \Vdash \phi \to \Box\phi。$$

这就给出了

$$x_r \Vdash \phi \Rightarrow x_{r+1} \Vdash \phi,$$

因此（由于 $x_0 \Vdash \phi$），我们有 $x_n \Vdash \phi$，即：$b \Vdash \phi$。

（2）⇒（3）是显然的。

（3）⇒（1）。假定条件（3）成立。从前两条公式可知：$\xrightarrow{\bullet}$ 是自返的。

现在证传递性成立。假设

$$a \xrightarrow{\bullet} b \xrightarrow{\bullet} c。$$

因为对所有的 $a,b,c \in A$，

$$a \longrightarrow b \xrightarrow{\bullet} c \Rightarrow a \xrightarrow{\bullet} c。$$

特别地，我们可以令 $b=c$，因此

$$a \longrightarrow b \Rightarrow a \xrightarrow{\bullet} b,$$

即：$\longrightarrow$ 包含在 $\xrightarrow{\bullet}$ 中。但是，现在我们有

$$a \longrightarrow b \longrightarrow c \Rightarrow a \longrightarrow b \xrightarrow{\bullet} c$$

$$\Rightarrow a \xrightarrow{\bullet} c$$

然后用一个简单的归纳可以证明*-闭包 $\xrightarrow{*}$ 包含在 $\xrightarrow{\bullet}$ 中。因此，现在只剩下验证它的逆成立。

对于一个固定的元素 a，考虑$\mathcal{A}$上的任意赋值α，使得对所有的 $x \in A$，

$$x \Vdash P \Leftrightarrow a \xrightarrow{*} x。$$

这里 P 是条件（3）中给定的命题变项。考虑满足下面条件的任意元素 b，

$$a \xrightarrow{\bullet} b \ ,\ b \Vdash P,$$

那么 $a \xrightarrow{*} b$ 使得对每个元素 x，

$$b \longrightarrow x \Rightarrow a \xrightarrow{*} b \xrightarrow{*} x$$

$$\Rightarrow a \xrightarrow{*} x$$

$$\Rightarrow x \Vdash P,$$

即：$b \Vdash \Box P$。因此，

$$a \Vdash [\bullet](P \to \Box P),$$

并且，$a \Vdash P$。由前提条件（3）的第三公式可得：

$$a \Vdash [\bullet]P$$

因此,

$$a \xrightarrow{\bullet} b \Rightarrow a \xrightarrow{*} b$$

即为所求。

15.2　SLL 的特征

要证明 **SLL** 是克里普克-完全的，按照通常的方法是证明 **SLL** 是典范的，然而，本节的结论说明 **SLL** 不具有典范性，因此这种方法达不到要证明 **SLL** 是克里普克-完全的目的。

与每个标准的形式系统一样，**SLL** 有一个刻画 **SLL** 特征的典范赋值模型 $(\mathfrak{S},\sigma)$（在该意义上，对所有的公式ϕ，有

$$\vdash_{SLL} \phi \Leftrightarrow (\mathfrak{S}, \sigma) \Vdash^{v} \phi$$

成立）。然而不像其他的系统，迄今为止，我们已经认为未装饰的结构$\mathfrak{S}$不是 **SLL** 的模型，即：该系统不是典范的。

固定符号，令

$$\mathfrak{S} = (S, \longrightarrow, \xrightarrow{\bullet}),$$

这个结构$\mathfrak{S}$必须具有一个*-结构所要求的一些性质。

15-2 引理　（1）关系 $\xrightarrow{\bullet}$ 是自返的和传递的。

（2）关系 $\longrightarrow$ 包含在 $\xrightarrow{\bullet}$ 中。

证明

（1）像前面一样，公理(1^*)保证 $\xrightarrow{\bullet}$ 是自返的。还要注意：由公理$(2^*,3^*)$和规则(N)的一个结合可得

$$\vdash_{SLL} [\bullet]\phi \rightarrow [\bullet]^2\phi$$

这保证 $\xrightarrow{\bullet}$ 是传递的。

（2）考虑任意的 $s,t \in S$ 并且 $s \longrightarrow t$。那么对每一个公式ϕ，公理$(1^*,2^*)$给出

$$\begin{aligned}[\bullet]\phi \in s &\Rightarrow \Box[\bullet]\phi \in s \\ &\Rightarrow [\bullet]\phi \in t \\ &\Rightarrow \phi \in t,\end{aligned}$$

所以 $s \xrightarrow{\bullet} t$ 为所求。

这个结果的一个直接的推论是 $\longrightarrow$ 的*-闭包 $\xrightarrow{*}$ 包含在 $\xrightarrow{\bullet}$ 中。我们将看到其逆是不成立的，因此$\mathfrak{S}$不是一个*-结构。要做到这点，考虑*-结构

$$\mathcal{N} = (\mathrm{N}, \longrightarrow, \xrightarrow{\bullet}),$$

这里，对每一个 $m,n\in \mathrm{N}$

$$m \longrightarrow n \Leftrightarrow n=m+1$$

因为由定义，$\xrightarrow{\bullet}$ 是 $\longrightarrow$ 的*-闭包，我们有

$$m \xrightarrow{\bullet} n \Leftrightarrow m\leqslant n,$$

所以，$\mathcal{N}$是 **SLL** 的模型。

对一个固定的 $n\in \mathrm{N}$ 和一个命题变项 P，考虑$\mathcal{N}$上的任意赋值使得

$$0,1,\ldots,n \Vdash P \text{ 并且 } n+1 \Vdash \neg P。$$

因此，

$$0 \Vdash P\wedge\Box P\wedge\ldots\wedge\Box^n P\wedge\neg[\bullet]P。$$

这表明

$$\Phi =\{\Box^k P|k\in \mathrm{N}\}\cup\{\neg[\bullet]P\}$$

的每个有穷部分都有一个点赋值模型。因此是 **SLL**-一致的。

15-3 定理　典范结构$\mathfrak{S}$不是一个*-结构。

证明

上面给出的 **SLL**-一致集Φ给我们提供了某个 $s\in \boldsymbol{S}$ 并具有

对所有的 $n\in \mathrm{N}$，$\Box^n P\in s$ 并且 $\neg[\bullet]P\in s$。

该否定公式给出某个 $t\in \boldsymbol{S}$ 具有

$$s \xrightarrow{\bullet} t \quad , \quad \neg P\in t。$$

但是 $s \xrightarrow{*} t$ 不可能成立，否则存在某个序列

$$s=s_0 \longrightarrow s_1 \longrightarrow \cdots \longrightarrow s_k=t$$

使得 $P\in t$（由于$\Box^k P\in s$）。

这就证明了 $\xrightarrow{\bullet}$ 不能包含在 $\xrightarrow{*}$ 中，这足以得出我们想要的结果。

定理 15-3 证明了 **SLL** 不是典范的，但是正如我们将在下一节所看到的那样，它仍然是克里普克-完全的和可判定的。

15.3 一个过滤结构

令

$$\mathcal{A}=(A,\longrightarrow,\overset{\bullet}{\longrightarrow})$$

是任意的结构，α是$\mathcal{A}$上的一个赋值并且

$(\mathcal{A},\alpha)$是 **SLL** 的一个模型 **式 15-1**

通常，一个构造还依赖于一给定公式集Γ，而这个集合具有下面的闭包性质。

（1）Γ在子公式下是封闭的。 **式 15-2**

（2） 对每个公式θ，$[\bullet]\theta\in\Gamma\Rightarrow\Box[\bullet]\theta\in\Gamma$。 **式 15-3**

（3）Γ是有穷的。 **式 15-4**

注意，对任意公式ϕ，至少存在一个集合Γ满足（15-1，15-2，15-3）并且$\phi\in\Gamma$。实际上，存在一个最小的这样的Γ，它是由首先在子公式下封闭并且在性质 15-3 下也封闭得到的。事实是可以验证，这个Γ也是有穷的。

由结构$\mathcal{A}$和集合Γ，我们可以考虑 A 上通常的等价关系~：对 $a,x\in A$，

$$a\sim x\Leftrightarrow(\forall\theta\in\Gamma)(a\Vdash\theta\Leftrightarrow x\Vdash\theta)。$$

然后，令

$$B=A/\sim$$

并且令 $a\mapsto a^{\sim}$是 A 到 B 的典范商函数。由性质 15-4 可得：集合 B 是有穷的。我们将构造一个基于 B 的赋值结构$(\mathcal{B},\beta)$。

15-4 引理 对 A 的每一个元素 a 和 B 的子集 Y，存在公式λ_a和μ_Y使得：对每个 $x\in A$，

（l） $x\sim a \Leftrightarrow x\Vdash\lambda_a$;

（m）$x^{\sim}\in Y\Leftrightarrow x\Vdash\mu_Y$。

证明

首先，令

$$\lambda_a=\bigwedge\{\theta\in\Gamma|a\Vdash\theta\}\wedge\neg\bigvee\{\theta\in\Gamma|a\Vdash\neg\theta\},$$

然后，令

$$\mu_Y=\lambda_{a(1)^{\sim}}\vee\ldots\vee\lambda_{a(n)^{\sim}}$$

这里 $a(1)^{\sim},\ldots,a(n)^{\sim}$是 Y 的一个枚举。由此得引理 15-4。

下面令 $\overset{\approx}{\longrightarrow}$ 是 B 上的关系并满足：对 $b,y\in B$，

$$b \xrightarrow{\approx} y \Leftrightarrow (\exists a \in b, x \in y)(a \longrightarrow x)。$$

令 $\xrightarrow{*}$ 是 $\xrightarrow{\approx}$ 的*-闭包并且令

$$\mathcal{B} = (B, \xrightarrow{\approx}, \xrightarrow{*})$$

由构造，$\mathcal{B}$是一个*-结构，因此也是 **SLL** 的一个模型。引理 15-4 给了我们一些有关 $\xrightarrow{*}$ 的可定义性的信息。

15-5 引理　对于 A 的每一个元素 a，存在一公式 π_a 使得对所有的 $x \in A$，

$$a^{\sim} \xrightarrow{*} x^{\sim} \Leftrightarrow (\mathcal{A}, \alpha, x) \Vdash \pi_a,$$

而且我们有$(\mathcal{A}, \alpha, a) \Vdash [\bullet]\pi_a$。

证明

对一个给定的 $a \in A$，令

$$Y = \{x^{\sim} | x \in A \text{ 并且 } a^{\sim} \xrightarrow{*} x^{\sim}\}$$

并且令 $\pi_a = \mu_Y$。由引理 15-4(m)可得所要求的等价式。

对于$(\mathcal{A}, \alpha, x) \Vdash [\bullet]\pi_a$，我们首先证明

$$(\mathcal{A}, \alpha, a) \Vdash [\bullet](\pi_a \to \Box\pi_a) \qquad \textbf{式 15-5}$$

为了这一目的，我们考虑$\mathcal{A}$中任意的元素 x 并且满足

$$a \xrightarrow{\bullet} x, x \Vdash \pi_a。$$

这里的第二个条件给出了

$$a^{\sim} \xrightarrow{*} x^{\sim}$$

并且我们要求 $x \Vdash \Box\pi_a$。因此考虑$\mathcal{A}$中任意的元素 u 并且要求 $x \longrightarrow u$。那么由 $\xrightarrow{\approx}$ 的构造，我们有

$$a^{\sim} \xrightarrow{*} x^{\sim} \xrightarrow{\approx} u^{\sim}$$

使得

$$a^{\sim} \xrightarrow{*} u^{\sim}。$$

因此，$u \Vdash \pi_a$，为所求。这就验证了式 15-5。

现在，由式 15-1，我们知道$(\mathcal{A}, \alpha)$是公理(3^*)的模型，所以

$$(\mathcal{A}, \alpha, a) \Vdash \pi_a \to [\bullet]\pi_a。$$

但显然，$a \Vdash \pi_a$，因此，$a \Vdash [\bullet]\pi_a$ 即为所求。

值得注意的是：在上面的证明中，我们仅用了式 15-1 的部分功能，即：我们只使用了$(\mathcal{A}, \alpha)$是公理(3^*)的模型，而公理(1^*,2^*)还不是必要的。

15-6 推论　指派 $a \mapsto a^{\sim}$ 提供了一个

$$A \longrightarrow B$$

的满态射。即：对所有的 $a, x \in A$，下面的蕴涵式

$$a \longrightarrow x \Rightarrow a^{\sim} \xrightarrow{\approx} x^{\sim},$$

$$a \xrightarrow{\bullet} x \Rightarrow a^{\sim} \xrightarrow{*} x^{\sim},$$

成立。

证明

根据构造，第一个蕴涵式成立。因为 $a \Vdash [\bullet]\pi_a$，第二个蕴涵式成立。满射性是显然的。

注意，根据~的构造，对每一个命题变项 $P \in \Gamma$ 和 $b \in B$，我们有

$$(\exists a \in b)(a \Vdash P) \Leftrightarrow (\forall a \in b)(a \Vdash P)。$$

因此，我们可以在$\mathcal{B}$上定义一个赋值β使得对所有的 $P \in \Gamma$ 和 $a \in A$，有

$$a \in \alpha(P) \Leftrightarrow a^{\sim} \in \beta(P)$$

并且对其他不相关的命题变项 P，有值β(P)。我们固定$\mathcal{B}$上的这样的一个赋值。

15-7 引理　一个Γ-过滤

$$(\mathcal{A},\alpha) \longrightarrow (\mathcal{B},\beta)$$

可由指派 $a \mapsto a^{\sim}$ 提供。

证明

由上面的评述，足以证明：对$\mathcal{A}$中所有的元素 a,x 和所有的公式θ，下面的结论成立。

（1）如果 $a^{\sim} \xrightarrow{\approx} x^{\sim}$并且$\Box\theta \in \Gamma$，那么 $a \Vdash \Box\theta \Rightarrow x \Vdash \theta$。

（2）如果 $a^{\sim} \xrightarrow{*} x^{\sim}$并且$[\bullet]\theta \in \Gamma$，那么 $a \Vdash [\bullet]\theta \Rightarrow x \Vdash \theta$。

根据从 $\longrightarrow$ 对 $\xrightarrow{\approx}$ 的构造，（1）成立。

现在考虑（2），假定

$$a^{\sim} \xrightarrow{*} x^{\sim},$$

因此存在一个传递序列

$$a^{\sim}=a_0^{\sim} \xrightarrow{\approx} a_1^{\sim} \xrightarrow{\approx} \cdots \xrightarrow{\approx} a_n^{\sim}=x^{\sim}。$$

对满足$[\bullet]\theta \in \Gamma$的任意公式θ，我们有$\Box[\bullet]\theta \in \Gamma$（由式 15-3 的封闭性），因此，对每一个 $0 \leqslant r < n$，由公理(2^*)可得：

$$\begin{aligned} a_r \Vdash [\bullet]\theta &\Rightarrow a_r \Vdash \Box[\bullet]\theta \\ &\Rightarrow a_{r+1} \Vdash [\bullet]\theta。\end{aligned}$$

根据一个简单的归纳可得：

$$a \Vdash [\bullet]\theta \ \Rightarrow x \Vdash [\bullet]\theta。$$

由公理(1^*)可得所要的结果。

15.4　完全性结果

令$\mathcal{M}$是所有*-结构的类，并且令$\mathcal{M}$ (fin)是所有有穷*-结构的类。这二者都是 **SLL** 的模型类。

15-8 定理　对每个公式ϕ，下列三个条件

（1）$\vdash_{\mathbf{SLL}}\ \phi$，

（2）$\mathcal{M}$是ϕ的模型，

（3）$\mathcal{M}$(fin)是ϕ的模型

是等价的。

证明

只需证明蕴涵式（3）$\Rightarrow$（1）。

假定$\mathcal{M}$(fin)是ϕ的模型，并且考虑具有 **SLL** 特征的任意赋值结构($\mathcal{A}$,α)（或者说，($\mathcal{A}$, α)是典范赋值模型）。只需证明($\mathcal{A}$,α) $\Vdash^{v}\phi$。

考虑满足 15-2，15-3，15-4 并且$\phi\in\Gamma$的任意公式集Γ，令($\mathcal{B}$,β)是在上一节构造的($\mathcal{A}$,α)的Γ-过滤。那么对所有的公式$\psi\in\Gamma$，

$$(\mathcal{A},\alpha)\Vdash^{v}\psi \Leftrightarrow (\mathcal{B},\beta)\Vdash^{v}\psi。$$

特别地，由于$\mathcal{B}$是 **SLL** 的一个有穷模型，我们有$\mathcal{B}\Vdash^{u}\phi$并且($\mathcal{B}$, β) $\Vdash^{v}\phi$，因此($\mathcal{A}$, α) $\Vdash^{v}\phi$。这就得到了我们想要的结果。

用这个结果可以完成下面的证明。

15.9 定理　形式系统 **SLL** 有 fmp（因此，是克里普克-完全的）但不是典范的。

15.5　练习

练习 1　直接证明：$\vdash_{\mathbf{SLL}}[\bullet]\phi\rightarrow[\bullet]^2\phi$。

练习 2　考虑 9.5 节练习 4 中的一个带有函数 **next** 的圈结构$\mathcal{A}$。这给出 Segerberg 公理的一个模型(用○代替□)。令 S 是由 Segerberg 公理和形如

$$\bigcirc\phi\leftrightarrow\neg\bigcirc\neg\phi。$$

的形式的公理化的形式系统。

给定$\mathcal{A}$的一个元素 a 和 $r\in N$，将

$$\mathbf{next}^r(a)\text{记作 } a(r)\text{。}$$

给定$\mathcal{A}$上的一个赋值α，令 π 是$\mathcal{N}$（这个结构曾用在 15.2 节中）上的赋值，并满足

$$\text{对所有的命题变项 } P,\ r\in\pi(P)\Leftrightarrow a(r)\in\alpha(P)\text{。}$$

（1）证明：指派 $r\mapsto a(r)$是一个 Z-字形态射

$$(\mathcal{N},\nu)\longrightarrow(\mathcal{A},\alpha)\text{。}$$

（2）证明：对所有的 $r\in N$ 和公式ϕ，

$$(\mathcal{N},\pi,r)\Vdash^{P}\phi\Leftrightarrow(\mathcal{A},\alpha,a(r))\Vdash^{P}\phi$$

和

$$\mathcal{N}\Vdash^{u}\phi\Rightarrow\mathcal{A}\Vdash^{u}\phi$$

成立。

（3）给出一个例子证明第二个蕴涵式不需要是等价式。

（4）证明：S 不是典范的。

练习 3 对于 $m,n\in N$，一个(m,n)-匙子是一个有如下形式的 $m+n+1$ 个元素的集合 A，

$$a=a_0,a_1,\ldots,a_m=c,\quad c=b_0,b_1,\ldots,b_n=c$$

并满足一个如下的“**next**”函数，

$$\text{当 } 0\leqslant i<m \text{ 时，}\mathbf{next}(a_i)=a_{i+1},$$

$$\text{当 } 0\leqslant j<n \text{ 时，}\mathbf{next}(b_j)=b_{j+1}\text{。}$$

其图示如下：

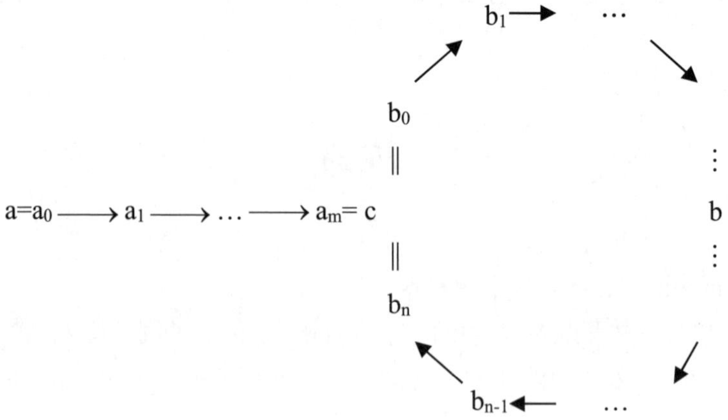

这给我们一个循环的滴答作响的时钟结构$\mathcal{A}=(A,\longrightarrow,\stackrel{\bullet}{\longrightarrow})$，并且它显然是 **SLL** 的模型。

令

$$f: N \longrightarrow A$$

是满足下面条件的函数：

$$f(i)=a_i \qquad (对于 0\leqslant i<m),$$

$$f(m+kn+j)=b_j \qquad (对于 0\leqslant j<n),$$

特别地，f(m)=c。

可以证明：对每个公式ϕ和 N 上的赋值ν，当

$$(\mathcal{N},\nu,0)\Vdash \phi$$

存在 $m,n\in N$ 和 N 上的一个赋值μ，使得

$$(\mathcal{N},\mu,0)\Vdash \phi$$

并且对所有的 $r\in N$ 和ϕ中的命题变项 P，

$$m+r\in\mu(P) \Leftrightarrow m+n+r\in\mu(P)。$$

（1）证明：对所有的 $r,s\in N$，

$$\mathbf{next}^s(f(r))=f(r+s)。$$

（2）证明：f 是一个$\mathcal{N}\longrightarrow\mathcal{A}$的 p-态射。

（3）证明：对每个公式ϕ，

$$\mathcal{N}\Vdash^u \phi$$

成立当且仅当对所有的匙子$\mathcal{A}$，

$$\mathcal{A}\Vdash^u \phi$$

成立。

练习 4　对一个任意的集合 A，令□是$\wp A$上的任意一个方框算子（这里，□不需由 A 上的一个转移关系来诱导）。□的一个 S-伙伴是$\wp A$上的一个方框算子[•]并且满足：对所有的 $X\subseteq A$，

(*1) $[\bullet]X\subseteq X$

(*2) $[\bullet]X\subseteq\Box[\bullet]X$

(*3) $[\bullet](X\rightarrow\Box X)\subseteq(X\rightarrow[\bullet]X)$

成立。（因此，对□和[•]满足 Segerberg 公理）。

对于每个 $X\subseteq A$，令

$$DX=X\cap\Box X,$$

并且令

$$(D^{\alpha}X|\alpha\in \mathrm{Ord})$$

是根据

$$D^{0}X=X,$$

$$D^{\alpha+1}X=D(D^{\alpha}X),$$

$$D^{\lambda}= X\{D^{\alpha}X|\alpha<\lambda\},$$

定义的序数链（对每一个序数α和极限序数λ）。

（1）证明：一个 S-伙伴是幂等的。

（2）证明：□至多有一个 S-伙伴。

（3）证明：D 是紧缩的、单调的和∩-保持的。

（4）证明：对每个 $X\subseteq A$，存在一个唯一最大的 $Y\subseteq X$ 使得 $DY=Y$。

（5）证明：令

$$[\bullet]X=(4)\text{中的 }Y,$$

产生□的 S-伙伴。

（6）证明：对某个适当大的序数∞，

$$[\bullet]X=D^{\infty}X。$$

（7）证明：如果□是由一个转移关系诱导出的，那么这个序数∞恰好是ω。

练习 5　假设$\mathcal{A}$是 **SLL** 的一个模型并且生成的转移关系也是自返的。证明：（1）$\mathcal{A}$是

$$[\bullet]\Diamond P\rightarrow\langle\bullet\rangle\Box P$$

的模型，当且仅当对每个元素 a，存在某个元素 b 使得 $a\xrightarrow{\bullet}b$ 并且这里的 b 只能看见它自身。

（2）这推广了 6.4 节中练习 6 的结论吗？

16

第十六章

一个不具有 fmp 的典范系统

在前面几章中，我们已经区分了一个标准形式系统 S 的两种结构性质，即：典范性和 fmp，这两种性质都保证了 S 具有重要的克里普克-完全性。因此，我们要问，这两种结构性质是否等价。事实上，它们并不等价，而是相互独立的。在第十五章中我们已经看到系统 **SLL** 具有 fmp 但不具有典范性。本章我们将给出一个具有典范性但不具有 fmp 的系统。这个系统最初被构造出来是用来区分这两种性质的，但正如我们将要看到的那样，它还具有一些其他独立的性质。

16.1 一个标准系统

我们在一个单模态语言中来构造系统，因此我们关注如下形式的转移结构：

$$\mathcal{A} = (A, \longrightarrow)$$

令 T 是一个标准的形式系统，它的公理是所有如下形状的公式：

$$\text{(T)} \quad \Box\phi\to\phi,$$

$$(*) \quad \Box(\Box^2\phi\to\Box\psi)\to(\Box\phi\to\psi),$$

其中ϕ和ψ是任意的公式。我们将看到，T 是克里普克-完全的但不具有 fmp。

公理(T)刻画的结构具有自返性。公理(*)所刻画的结构性质将在下一节描述。

在(*)中，令$\psi=\Box^2\phi$，我们可以获得如下形状的公式：

$$(**)\quad \Box(\Box^2\phi\to\Box^3\phi)\to(\Box\phi\to\Box^2\phi)。$$

从某种意义上来说(**)更容易理解。令 R 是一个系统，它的公理是所有公式(T)和(**)。显然

$$R\leqslant T。$$

我们还将看到 R 不具有 fmp。然而 R 的其他性质更令人费解。

16.2　系统的特征性

我们首先考察与 T 对应的性质。

16-1 引理　一个转移结构$\mathcal{A}=(A,\longrightarrow)$是形状(*)的模型当且仅当下面的性质：

对于每个元素 $a\in A$，存在一个 $b\in A$ 使得

（1）$a\longrightarrow b\longrightarrow a$，

（2）对所有的 $x,y\in A$，$b\longrightarrow y\longrightarrow x\Rightarrow a\longrightarrow x$，

成立。

证明

首先假设$\mathcal{A}$是(*)的模型，特别地，当 P 和 P_1 是两个固定的、不同的命题变项时，$\mathcal{A}$是

$$\Box(\Box^2P\to\Box P_1)\to(\Box P\to P_1)$$

的模型。即：$\mathcal{A}$是

$$\neg(\Box P\to P_1)\to\neg\Box(\Box^2P\to\Box P_1) \tag{1}$$

的模型。考虑任意给定的元素 $a\in A$，令 α 是$\mathcal{A}$上的任意赋值并满足：对所有的 $x\in A$，

$$x\Vdash P\Leftrightarrow a\longrightarrow x,\quad x\Vdash P_1$$
$$\Leftrightarrow x\neq a,$$

那么

$$a\Vdash\Box P,\quad a\Vdash\neg P_1,$$

所以

$$a \Vdash \neg(\Box P \to P_1)。$$

然后，由$\mathcal{A}$是(1)的模型可得：

$$a \Vdash \Diamond(\Box^2 P \wedge \Diamond\neg P_1)。$$

由此可得：存在 $b \in A$ 使得 $a \longrightarrow b$ 并且

$$b \Vdash \Box^2 P，b \Vdash \Diamond\neg P_1。$$

由 $b \Vdash \Box^2 P$ 和 $x \Vdash P \Leftrightarrow a \longrightarrow x$ 可得条款（2）。由 $b \Vdash \Diamond\neg P_1$。和 $x \Vdash P_1 \Leftrightarrow x \neq a$ 可得条款 1。

反之，假设$\mathcal{A}$有引理中描述的性质（1）和（2），考虑$\mathcal{A}$中的任意赋值 α 和元素 $a \in A$，对于给定的公式ϕ和ψ，如果

$$a \Vdash \Box(\Box^2\phi \to \Box\psi)，a \Vdash \Box\phi，$$

那么我们要证明 $a \Vdash \psi$。

这个结构性质提供了$\mathcal{A}$中的一个元素 b 满足上面的条款（1）和（2），又因为 $a \longrightarrow b$，所以

$$b \Vdash \Box^2\phi \to \Box\psi。$$

又，对任意 $x,y \in A$，

$$b \longrightarrow y \longrightarrow x \Rightarrow a \longrightarrow x$$
$$\Rightarrow x \Vdash \phi。$$

由 $x \Vdash \phi$和 $b \longrightarrow y \longrightarrow x$ 可得：$b \Vdash \Box^2\phi$，因此 $b \Vdash \Box\psi$。最后，因为 $b \longrightarrow a$，我们就有 $a \Vdash \psi$。

16.3　典范性

16-2 定理　系统 T 是典范的，因此它是克里普克-完全的。

证明

令

$$\mathcal{T} = (\mathrm{T}, \longrightarrow)$$

是基于 T 的所有极大 T-一致公式集 $\boldsymbol{T}$ 上的 T 典范结构。下面证明的线索是：$\mathcal{T}$ 是自返的，那么$\mathcal{T}$具有引理 16.1 的结构性质。

对任意的 $s \in \boldsymbol{T}$，我们必须构造一个 $t \in \boldsymbol{T}$，考虑如下公式集：

$$\Phi = \{\Box^2\phi \mid \Box\phi \in s\} \cup \{\Box\theta \mid \theta \in s\}。$$

我们首先证明：Φ是 T-一致的。

反证：假定Φ不是 T-一致的，那么存在公式$\phi_1,\ldots,\phi_m,\theta_1,\ldots,\theta_n$使得

$$\vdash_T \Box^2\phi_1\wedge\ldots\wedge\Box^2\phi_m\wedge\Diamond\theta_1\wedge\ldots\wedge\Diamond\theta_n\rightarrow\bot。$$

令

$$\phi=\phi_1\wedge\ldots\wedge\phi_m，\theta=\theta_1\wedge\ldots\wedge\theta_n，$$

那么

$$\Box\phi\in s，\theta\in s$$

并且

$$\vdash_T \Box^2\phi\leftrightarrow\Box^2\phi_1\wedge\ldots\wedge\Box^2\phi_m，\vdash_T \Diamond\theta\rightarrow\theta_1\wedge\ldots\wedge\Diamond\theta_n$$

因此，

$$\vdash_T \Box^2\phi\wedge\Box\theta\rightarrow\bot。$$

即：

$$\vdash_T \Box^2\phi\rightarrow\Box\neg\theta。$$

由此可得：

$$\vdash_T \Box(\Box^2\phi\rightarrow\Box\neg\theta)，$$

并且由公理(*)可得：

$$\vdash_T \Box\phi\rightarrow\neg\theta。$$

这将得到$\neg\theta\in s$，矛盾！

这就证明了Φ是 T-一致的，并且存在 $t\in\boldsymbol{T}$ 使得$\Phi\subseteq t$。对任意这样的 t 和公式ϕ，用公理(T)可得

$$\Box\phi\in s\Rightarrow\Box^2\phi\in\Phi\subseteq t\Rightarrow\phi\in t$$

使得 $s\longrightarrow t$。另外，对每个公式θ，

$$\theta\in s\Rightarrow\Diamond\phi\in\Phi\subseteq t$$

使得 $t\longrightarrow s$。最后，考虑任意的 $u,v\in\boldsymbol{T}$ 并且满足

$$t\longrightarrow v\longrightarrow u，$$

那么，对每个公式ϕ，

$$\Box\phi\in s\Rightarrow\Box^2\phi\in t\Rightarrow\phi\in u$$

使得 $s\longrightarrow u$，即为所求。

16.4 有穷模型性

本节我们考虑 R 的有穷模型性，因为 T 的任意模型也是 R 的模型，这将给

出我们有关 T 的有穷模型性的一些信息。

16-3 引理　R 的每个有穷模型都是传递的。

证明

令$\mathcal{A}$是$\mathcal{R}$的任意的模型并且考虑 $\wp$A 上的诱导模态算子□。由于$\mathcal{A}$上的转移关系是自返的，那么算子□具有压缩性，因此当算子□是幂等的时，$\mathcal{A}$具有传递性。

考虑任意的 X⊆A，由于□是压缩的，因此我们有一个降链：

$$X \supseteq \Box X \supseteq \Box^2 X \supseteq \ldots \supseteq \Box^r X \supseteq \ldots \qquad (r < \omega)$$

假设

$$\Box^3 X = \Box X,$$

那么

$$\Box(\Box^2 X \to \Box^3 X) = A。$$

由公理(***)，我们有

$$(\Box X \to \Box^2 X) = A。$$

因此，

$$\Box^2 X = \Box X。$$

通过一个简单的归纳可以证明，对每个 $r < \omega$，

$$\Box^{r+3} X = \Box^{r+1} X \Rightarrow \Box^2 X = \Box X。$$

最后，如果$\mathcal{A}$是有穷的，那么上面给出的那个降链一定是稳定的，即：存在 $r < \omega$使得

$$\Box^{r+3} X = \Box^{r+1} X,$$

因此$\Box^2 X = \Box X$，由此可证传递性。

令$\mathcal{M}$是 T 的所有有穷模型的类。因此，$\mathcal{M}$的每个元素都是传递的并且对每个公式ϕ，$\mathcal{M}$的每个元素都是

$$\Box\phi \to \Box^2\phi$$

的模型。因此，如果 T 具有 fmp，那么

$$\vdash_T \Box\phi \to \Box^2\phi,$$

并且 T 的每个模型都是传递的。下面我们将证明这是不可能的。

16-4 定理　系统 T 是典范的（因此是克里普克-完全的）但不具有 fmp。

例　考虑结构

$$\mathcal{N} = (N, \longrightarrow),$$

其中关系 ⟶ 定义如下：对每个 x,y∈N，

$$x \longrightarrow y \Leftrightarrow x \leqslant y+1$$。

显然，$\mathcal{N}$是自返的。现在考虑任意的 $a \in N$，令 $b=a+1$，那么

$$b \longrightarrow a \longrightarrow a$$。

同样，对于每一个 $x,y \in N$，我们有

$$b \longrightarrow y \longrightarrow x \Rightarrow b \leqslant y+1 \leqslant x+2 \Rightarrow a \leqslant y \leqslant x+1 \Rightarrow a \longrightarrow x$$。

这表明$\mathcal{N}$具有定理 16-1 的结构性质，因此它是 T 的模型。然而

$$4 \longrightarrow 3 \longrightarrow 2 \quad \text{但是，} \neg(4 \longrightarrow 2)$$

因此，$\mathcal{N}$不具有传递性。故，T 有一个非传递的模型。

16.5 练习

练习 1 证明：$T \leqslant S4$。

练习 2 对于满足下面条件的 $i,j,k,l \in N$，

$$2 \leqslant j < k,\ l+1 \leqslant i+j$$

令 R(i,j,k,l)和 S(i,j,k,l)是由 T 以及分别由如下所有形式的公式组成的形式公理系统

$$\Box^i(\Box^j\phi \to \Box^k\phi) \to \Box^l(\Box\phi \to \Box^2\phi)$$

或者

$$\Box^i(\Box^j\phi \to \Box^k\psi) \to \Box^l(\Box\phi \to \Box^2\psi)$$

其中，ϕ和ψ是任意的公式（因此，这一章的系统 R 是 R(1,2,3,0)）。

（1）证明：$R(i,j,k,l) \leqslant S(i,j,k,l)$。

（2）证明：如果

$$i \geqslant i', j \leqslant j', k \geqslant k', l \leqslant l',$$

那么

$$R(i',j',k',l') \leqslant R(i,j,k,l) \text{并且} S(i',j',k',l') \leqslant S(i,j,k,l)$$

成立。

（3）证明：R(i,j,k,l)的每一个有限模型是传递的。

（4）回忆 6.4 节中练习 3 的对应结果，证明：S(i,j,k,l)具有典范性。

（5）证明：16-4 例中的结构$\mathcal{N}$是 S(i,j,k,l)的模型。

（6）证明：R(i,j,k,l)和 S(i,j,k,l)都不具有 fmp。

参考答案

第一章

练习 1

（1）**(*3)的证明从略**。

(*4)的证明如下：

①$(\psi\to\phi)\to((\theta\to\psi)\to(\theta\to\phi))$ (2)

②$((\psi\to\phi)\to((\theta\to\psi)\to(\theta\to\phi)))\to((\theta\to\psi)\to((\psi\to\phi)\to(\theta\to\phi)))$(3)

③$(\theta\to\psi)\to((\psi\to\phi)\to(\theta\to\phi))$ (①,②MP)

(*5)的证明如下：

① $((\theta\to(\theta\to\psi))\to((\theta\to\theta)\to(\theta\to\psi)))$

$\to(((\theta\to(\theta\to\psi))\to(\theta\to\theta))\to((\theta\to(\theta\to\psi))\to(\theta\to\psi)))$ (S)

② $(\theta\to(\theta\to\psi))\to((\theta\to\theta)\to(\theta\to\psi))$ (S)

③ $((\theta\to(\theta\to\psi))\to(\theta\to\theta))\to((\theta\to(\theta\to\psi))\to(\theta\to\psi))$ (①,2MP)

④ $(\theta\to\theta)\to((\theta\to(\theta\to\psi))\to(\theta\to\theta))$ (K)

⑤ $\theta\to\theta$ (1)

⑥ $(\theta\to(\theta\to\psi))\to(\theta\to\theta)$ (④,⑤MP)

⑦ $(\theta\to(\theta\to\psi))\to(\theta\to\psi)$ (③,⑥MP)

（2）**1 的证明**：令$\Phi=\{\phi\}$

① ϕ $(\phi\in\Phi)$

② $\phi\to(\phi\to\phi)$ (k)

③ $\phi\to\phi$ (①,②MP)

④ ϕ (①,③MP)

2 的证明：由演绎定理只需证明：$\psi\to\phi$，$\theta\to\psi$，$\theta\vdash\phi$。令$\Phi=\{\psi\to\phi, \theta\to\psi, \theta\}$

① $\theta\to\psi$ $(\theta\to\psi\in\Phi)$

② θ $(\theta\in\Phi)$

③ ψ (①,②MP)

④ $\psi\to\phi$ $(\psi\to\phi\in\Phi)$

⑤ ϕ (③,④MP)

(*3)的证明：由演绎定理只需证明：$\theta\to(\psi\to\phi)$，ψ，$\theta\vdash\phi$。令$\Phi=\{\theta\to(\psi\to\phi), \psi, \theta\}$

① θ $(\theta\in\Phi)$

② $\theta\to(\psi\to\phi)$ $(\theta\to(\psi\to\phi)\in\Phi)$

③ $\psi\to\phi$ (①,②MP)

④ ψ $(\psi\in\Phi)$

⑤ ϕ (③,④MP)

(*4)的证明：由演绎定理只需证明：$\theta\to\psi$，$\psi\to\phi$，$\theta\vdash\phi$。令$\Phi=\{\theta\to\psi, \psi\to\phi, \theta\}$

① $\theta\to\psi$ $(\theta\to\psi\in\Phi)$

② θ $(\theta\in\Phi)$

③ ψ (①,②MP)

④ $\psi\to\phi$ $(\psi\to\phi\in\Phi)$

⑤ ϕ (③,④MP)

(*5)的证明：由演绎定理只需证明：$\theta\to(\theta\to\psi)$，$\theta\vdash\psi$。令$\Phi=\{\theta\to(\theta\to\psi), \theta\}$

① $\theta\to(\theta\to\psi)$ $(\theta\to(\theta\to\psi)\in\Phi)$

② θ $(\theta\in\Phi)$

③ $\theta\to\psi$ (①,②MP)

④ ψ (②,③MP)

练习 2

（1）证明 考虑任意满足$[\phi]_v=1$ 的任意赋值v，将这个v扩展到某个$\pi\in\prod$，那么

$$[\phi^{\pi}]_v=[\phi]_v=1$$

使得$[\lambda]=1$。因此，$\phi\to\lambda$是一个重言式。

$\rho\to\psi$是一个重言式的证明与此类似。

由于重言式对它们的变项的代换是封闭的，我们可以看出：所有的$\pi\in\prod$和$\sigma\in\sum$而言，

$$\phi^{\pi}\to\psi^{\sigma}$$

是一个重言式。因此，通过几次运用重言式

$$(\alpha\to\beta)\wedge(\beta\to\gamma)\to(\alpha\vee\beta\to\gamma)$$

和

$$(\alpha\to\beta)\wedge(\alpha\to\delta)\to(\alpha\to\beta\wedge\delta),$$

我们可以得出$\lambda\to\rho$。

（2）类似地，由于θ只依赖于 **Q**，如果

$$\phi\to\theta，\theta\to\psi$$

是重言式，那么对所有的π和σ，

$$\phi^{\pi}\to\theta，\theta\to\psi^{\sigma}$$

也都是重言式。因此，从上面这些重言式可得需要的结果。

第二章

练习 1

$Th_{S5}1$ 的主要证明过程

① $\Box\Diamond\theta\to\Diamond\theta$ (**T** 定理)

② $\Diamond\theta\to\Box\Diamond\theta$ (E)

③ $\Diamond\theta\leftrightarrow\Box\Diamond\theta$

$Th_{S5}2$ 的主要证明过程

① $\Diamond\neg\theta\to\Box\Diamond\neg\theta$ (**E**)

② $\neg\Box\theta\to\neg\Diamond\Box\theta$ (□和◇的定义)

③ $\Diamond\Box\theta\to\Box\theta$

参考答案

Th_{S5}3 的主要证明过程

① $\Diamond\Box\theta\to\Box\theta$ (**S5** 的定理 2)

② $\Box\theta\to\Diamond\Box\theta$ (**T** 定理)

③ $\Box\theta\leftrightarrow\Diamond\Box\theta$

练习 2

Th_B 1 的主要证明过程

① $\neg\theta\to\Box\Diamond\neg\theta$ (B)

② $\neg\Box\Diamond\neg\theta\to\neg\neg\theta$

③ $\Diamond\Box\neg\neg\theta\to\neg\neg\theta$

④ $\Diamond\Box\theta\to\theta$

Th_B 2 的主要证明过程

① $\Diamond(\Box\theta\wedge\phi)\to\Diamond\Box\theta\wedge\Diamond\phi$ (系统 **K** 的定理)

② $\Diamond\Box\theta\wedge\Diamond\phi\to\Diamond\Box\theta$

③ $\Diamond\Box\theta\to\theta$ (系统 **B** 的定理 1)

④ $\Diamond(\Box\theta\wedge\phi)\to\theta$

第三章

练习 1

解 对所有的 $1\leqslant j\leqslant 4$，$\phi_1(P:=\phi_j)$为

$\phi_1(P:=\phi_1)$：P, $\phi_1(P:=\phi_2)$：$\neg P$,$\phi_1(P:=\phi_3)$：$\neg P\to P$,$\phi_1(P:=\phi_4)$：$P\to\neg P$；

对所有的 $1\leqslant j\leqslant 4$，$\phi_2(P:=\phi_j)$为

$\phi_2(P:=\phi_1)$：$\neg P$,$\phi_2(P:=\phi_2)$：$\neg\neg P$, $\phi_2(P:=\phi_3)$：$\neg(\neg P\to P)$,$\phi_2(P:=\phi_1)$：$\neg(P\to\neg P)$；

对所有的 $1\leqslant j\leqslant 4$，$\phi_3(P:=\phi_j)$为

$\phi_3(P:=\phi_1)$：$\neg P\to P$, $\phi_3(P:=\phi_2)$：$\neg\neg P\to\neg P$,

$\phi_3(P:=\phi_3)$：$\neg(\neg P\to P)\to(\neg P\to P)$, $\phi_3(P:=\phi_4)$：$\neg(P\to\neg P)\to(P\to\neg P)$；

对所有的 $1\leqslant j\leqslant 4$，$\phi_4(P:=\phi_j)$为

$\phi_4(P:=\phi_1)$：$P\to\neg P$, $\phi_4(P:=\phi_2)$：$\neg P\to\neg\neg P$,

$\phi_4(P:=\phi_3)$：$(\neg P\to P)\to\neg(\neg P\to P)$, $\phi_4(P:=\phi_4)$：$(P\to\neg P)\to\neg(P\to\neg P)$。

练习 2

解 （1）令$\xi=\phi(P:=\psi, P_1:=\theta)=(\psi\to\theta)=P_1\to P$，则

$\phi(P:=\psi, P_1:=\theta)(P_1:=\rho,P:=\sigma)$

$=\xi(P_1:=\rho,P:=\sigma)$

$=(\psi\to\theta)(P_1:=\rho,P:=\sigma)$

$=\rho\to\sigma$

（2）$\phi(P:=\psi(P_1:=\rho,P:=\sigma),P_1:=\theta(P_1:=\rho,P:=\sigma))$

$=(P_1\to P)(P_1:=\sigma, P:=\rho)$

$=\sigma\to\rho$

练习 3

证明 （1）施归纳于公式ϕ的复杂度。两个个体常项量$\top$和$\bot$，因为$\top^\sigma=\top$，$\bot^\sigma=\bot$，所以

$$(\top^\sigma)^\tau=(\top)^\tau=\top，(\bot^\sigma)^\tau=(\bot)^\tau=\bot。$$

而$\top^{\tau\bullet\sigma}=\top$并且$\bot^{\tau\bullet\sigma}=\bot$，因此$(\top^\sigma)^\tau=\top^{\tau\bullet\sigma}=\top$并且$(\bot^\sigma)^\tau=\bot^{\tau\bullet\sigma}=\bot$。

对于命题变项 P，由$\tau\bullet\sigma$的定义可得。对于归纳步骤：令$\phi=\alpha*\beta$，其中α,β是任意的公式，$*$是二元联结词，于是，

$$\begin{aligned}(\phi^\sigma)^\tau&=((\alpha*\beta)^\sigma)^\tau\\&=(\alpha^\sigma*\beta^\sigma)^\tau\\&=(\alpha^\sigma)^\tau*(\beta^\sigma)^\tau\\&=\alpha^{\tau\bullet\sigma}*\beta^{\tau\bullet\sigma}\\&=(\alpha*\beta)^{\tau\bullet\sigma}。\end{aligned}$$

类似地，对于$\phi=[i]\alpha$，

$$\begin{aligned}(\phi^\sigma)^\tau&=(([i]\alpha)^\sigma)^\tau\\&=([i](\alpha)^\sigma)^\tau\\&=[i](\alpha)^\sigma)^\tau\\&=[i](\alpha)^{\tau\bullet\sigma}\\&=([i]\alpha)^{\tau\bullet\sigma}。\end{aligned}$$

（2）对每个命题变项 P，用(1)可得：

$$\begin{aligned}((\tau\bullet\sigma)\bullet\rho)(P)&=(\rho(P))^{(\tau\bullet\sigma)}\\&=(\rho(P)\sigma)^\tau\\&=((\sigma\bullet\rho)(P))^\tau\\&=(\tau\bullet(\sigma\bullet\rho))(P)。\end{aligned}$$

第四章

练习 1

证明 在 A={u,v}上定义一个转移结构，存在下面四种情况：

（1）是否 $u \longrightarrow u$;

（2）是否 $u \longrightarrow v$;

（3）是否 $v \longrightarrow u$;

（4）是否 $v \longrightarrow v$。

因此，存在 2^4 种关系。由于 $U=\{u\}$，对于任意的 $a\in A$，有

$$a\in\Box U \text{ 当且仅当} (\forall x\in A)(a \longrightarrow x \Rightarrow x=u),$$

即，

$$(\forall x\in A)(x\neq u \Rightarrow \neg(a \longrightarrow x)),$$

从而，

$$a\in\Box U \Leftrightarrow \neg(a \longrightarrow v)。$$

这样就可以计算□U，同理可以计算□V 和□∅，故这个表是正确的。

练习 2

证明　（1）◇是单调的。

$$\begin{aligned} X\subseteq Y &\Rightarrow \neg Y\subseteq\neg X \\ &\Rightarrow \Box\neg Y\subseteq\Box\neg X \qquad (\Box\text{的单调性}) \\ &\Rightarrow \neg\Box\neg X \subseteq\neg\Box\neg Y \\ &\Rightarrow \Diamond X\subseteq\Diamond Y。\end{aligned}$$

（2）◇∅=∅。

$$\begin{aligned} \Diamond\varnothing &= \neg\Box\neg\varnothing \\ &= \neg\Box A \\ &= \neg A \\ &= \varnothing。\end{aligned}$$

（3）◇(X∪Y)=◇X∪◇Y。

$$\begin{aligned} \Diamond(X\cup Y) &= \neg\Box\neg(X\cup Y) \\ &= \neg\Box(\neg X\cap\neg Y) \\ &= \neg(\Box\neg X\cap\Box\neg Y) \\ &= \neg\Box\neg X\cup\neg\Box\neg Y \\ &= \Diamond X\cup\Diamond Y。\end{aligned}$$

练习 3

证明　（1）①由于关系 $\longrightarrow$ 是自返的，所以$\Box X\subseteq X$。特别地，$\Box\neg X\subseteq\neg X$，因此，

$$X\subseteq\neg\Box\neg X=\Diamond X。$$

于是，

$$\Box X \subseteq X \subseteq \Diamond X,$$

并且

$$\Box X \subseteq \Diamond\Box X，\Box\Diamond X \subseteq \Diamond X。$$

现在考虑任意的 $a \in \Diamond\Box X$，那么存在某 $b \in A$ 使得 $a \longrightarrow b$ 并且 $b \in \Box X$，即

$$b \longrightarrow x \Rightarrow x \in X，对于所有的 x \in A。$$

因为 $\longrightarrow$ 是对称的，所以令 $x=a$ 得到 $a \in X$。因此，$\Diamond\Box X \subseteq X$。由 $\Diamond\Box X \subseteq X$ 的对偶可得 $X \subseteq \Box\Diamond X$。

②由①，我们现在有

$$\Diamond\Box X \subseteq X \subseteq \Box\Diamond X。$$

在第一个包含式中，由□的单调性可得：

$$\Box\Diamond\Box X \subseteq \Box X,$$

在第二个包含式中，取 X 为□X（一种特殊情况）可得：

$$\Box X \subseteq \Box\Diamond\Box X,$$

因此对每个 $X \in \wp A$，$\Box\Diamond\Box X=\Box X$。

（2）算子□是幂等的当且仅当它是拟膨胀的。即，$\longrightarrow$ 是传递的。而自返的，对称的关系不是传递的。因此，□不是幂等的。

第五章

练习 1

解

	D	T	B	4	5	P	Q	R	G	L	M
(1)	×	×	×	√	√	×	√	√	√	×	×
(2)	√	√	√	√	×	√	×	√	√	×	×
(4)	×	√	√	×	√	√	√	×	×	×	√
(5)	×	×	√	√	×	×	×	√	×	×	×
(7)	×	√	×	√	×	√	×	√	×	×	×
(8)	×	×	×	×	√	×	×	√	×	×	√
(11)	√	√	√	√	√	×	×	√	×	×	√
(13)	√	√	√	√	√	×	√	√	×	√	√
(14)	×	×	√	×	×	√	×	√	×	×	×
(16)	√	√	√	√	×	×	×	×	×	×	×

练习 2

解

	D	T	B	4	5	P	Q	R	G	L	M
(1)	√	×	×	√	×	×	×	×	√	×	×
(2)	√	√	×	√	×	×	×	√	√	×	×
(3)	×	×	×	√	×	×	×	×	×	√	√
(4)	√	√	×	√	×	×	×	√	√	×	√

练习 3

证明 (1)—(4)。对于$\mathcal{A}=\mathcal{N},\mathcal{Z}$，$\mathcal{A}$上的任意赋值和任意 a∈A 以及任意公式 ϕ，假设

$$a \Vdash \Diamond\Box\phi,\ a \Vdash \Box X(\phi),$$

其中 X(ϕ)是

$$\Box\phi\to\phi \quad 或者 \quad \Box(\phi\to\Box\phi)\to\phi。$$

我们只需要证明：a ⊩ □ϕ。

由于 a ⊩ ◇□ϕ，因此存在某个 b>a 满足 b ⊩□ϕ。我们取满足这个条件的最小元素 b。注意：b ⊩X(ϕ)，并且可以证明：

$$b \Vdash \Box\phi \ 和\ b \Vdash \Box(\phi\to\Box\phi),$$

使得 b⊩ ϕ。这样 b-1⊩□ϕ(由 b 的最小性)我们取 a= b-1，因此，a ⊩□ϕ。

(5)—(8)。对于$\mathcal{A}=\mathcal{Q},\mathcal{R}$，考虑任意的子集 D⊆A 使得对于任意的 a,b∈A 并且 a<b，存在 d∈D 并且 e∈A –D，具有

$$a<d<b,\ a<e<b。$$

（例如，D 可以是二进制的有理数）考虑 A 上的任意赋值，并且对于 x∈A，

$$x \Vdash P \Leftrightarrow x\in D \ 或者\ 1\leqslant x。$$

显然，

$$0 \Vdash \Diamond\Box P,\ 0 \Vdash \neg\Box P。$$

因此只需证明：

$$0 \Vdash \Box T(P),\ 0 \Vdash \Box U(P)。$$

为此，我们只需证明：对任意的 a∈A，

$$a \Vdash T(P),\ a \Vdash U(P)。$$

考虑任意的 a∈A 并满足 a ⊩¬P。那么 a∈A-D 并且 a<1。取任意的 e∈A – D 使得 a<e<1。那么 e ⊩¬P，因此 a ⊩¬□P，故，a ⊩ T(P)。

类似地，取任意的 d∈D 并满足 a<d<e，那么 d ⊩ P∧¬□P，从而

$a \Vdash \neg\Box(P\rightarrow\Box P)$，因此 $a \Vdash U(P)$。

练习 4

证明 (1)由于蕴涵式

$$\Diamond^2\phi\rightarrow\Diamond\phi$$

在所有的传递结构上都是有效的,因此，蕴涵式

$$\Box\Diamond^2\phi\rightarrow\Box\Diamond\phi$$

在所有的传递结构上也都是有效的。

反之，假设对某个 $a\in A$ 和 A 上的赋值以及公式ϕ，

$$a \Vdash \Box\Diamond\phi$$

现在考虑任意的 $a\longrightarrow b$。我们要求 $b \Vdash \Diamond^2\phi$。

由 a 给出了 $b \Vdash \Diamond\phi$，从而存在某 c 使得

$$a\longrightarrow b\longrightarrow c。$$

然而，由传递性可得：$a\longrightarrow c$ 并且 $c \Vdash \Diamond\phi$。因此，存在某 d 满足

$$a\longrightarrow b\longrightarrow c\longrightarrow d，d \Vdash \phi。$$

再由传递性可得：$b\longrightarrow d$ 并且 $b \Vdash \Diamond\phi$。

(2)的证明与(1)类似，故从略。

练习 5

证明 (1)的①。把赋值α限制在$\mathcal{A}$的子集 B 上就能导出$\mathcal{A}$的子结构$\mathcal{B}=(B,\beta)$，其中，$\beta=\alpha\restriction\mathcal{B}$。

②对一个给定的赋值结构$(\mathcal{A},\alpha)$和元素 $a\in A$,令

$$\mathcal{B}=\mathcal{A}(a)$$

是满足对于某个复合标号 i，$a\xrightarrow{i}b$ 的所有元素 $b\in A$ 的集合， 即：对于某些标号 i(1),i(2),…,i(n)，存在一条链

$$a=a_0\xrightarrow{i(1)}a_1\xrightarrow{i(2)}\ldots\xrightarrow{i(n)}a_n=b。$$

令$\mathcal{B}=\mathcal{A}(a)$是基于 A(a)上的$\mathcal{A}$的子结构。令$\beta=\alpha\restriction\mathcal{B}$。

(2)施归纳于ϕ的复杂度。关于联结词的归纳证明是微不足道的，现在只需证明有模态算子的情况。等价式

$$(\mathcal{B},\beta,b)\Vdash[i]\phi\Leftrightarrow(\mathcal{A},\alpha,b)\Vdash[i]\phi$$

被证明如下。假设 LHS（即：L-S-T 定理）成立，考虑满足条件 $b\xrightarrow{i}a$ 的任意元素 $a\in A$。那么 $a\in B$，从而$(\mathcal{B},\beta,b)\Vdash\phi$并利用归纳假设就证明了蕴涵式$\Rightarrow$。蕴涵式$\Rightarrow$的反方向证明是微不足道的。

(3)首先假定对于所有的复合标号 i,

$$(\mathcal{A},\alpha,a)\Vdash^{P}\{\phi\}^{*}，即：(\mathcal{A},\alpha,a)\Vdash^{P}[i]\phi。$$

对$\mathcal{B}$中的任意元素 b，对某个复合标号 i，我们有 $a\xrightarrow{i}b$ 使得

$$(\mathcal{A},\alpha,b)\Vdash^{P}\phi,$$

并且由(2)给出$(\mathcal{B},\beta,b)\Vdash^{P}\phi$。由于对$\mathcal{B}$中的任意元素 b，$(\mathcal{B},\beta,b)\Vdash^{P}\phi$成立，因此

$$(\mathcal{B},\beta)\Vdash^{v}\phi$$

成立。

该等式的反方向的证明和上面的证明类似，但是对偶的。

练习 6

（1）①假设 $a\Vdash\Diamond^{n}\top$成立。由◇的定义可得：在 a 和 b 之间存在一条长度为 n 的链

$$a=a_0\longrightarrow a_1\longrightarrow\cdots\longrightarrow a_n=b,$$

从而有：$a\xrightarrow{n}\surd$。反之，由 $a\xrightarrow{n}\surd$可得：存在某个 b 使得

$$a=a_0\longrightarrow a_1\longrightarrow\cdots\longrightarrow a_n=b。$$

由◇的定义可得：$a\Vdash\Diamond^{n}\top$。

② 由①可得：

$$\neg(a\Vdash\Diamond^{n}\top)\Leftrightarrow\neg(a\longrightarrow\surd),$$

即：　$a\Vdash\Box^{n}\bot\Leftrightarrow a\longrightarrow\times$。

而　$a\Vdash\Box^{n}\top\Leftrightarrow a\longrightarrow\surd$，

$a\Vdash\Diamond^{n}\bot\Leftrightarrow a\longrightarrow\times$。

（2）证明　①因为 $a\Vdash\Box\Diamond\bot$，由□的定义可得：对任意的 x，$x<a$ 使得 $x\Vdash\Diamond\bot$。因为 $x\Vdash\Diamond\bot$，由◇的定义可得：存在 y，$y<x$ 使得 $y\Vdash\bot$。所以，a 是隐蔽的。

②因为 $a\Vdash\Diamond\Box\bot$，由◇的定义可得：存在 x，$x<a$ 使得 $x\Vdash\Box\bot$。因为 $x\Vdash\Box\bot$，由□的定义可得：对任意的 y，$y<x$ 使得 $y\Vdash\bot$。于是，$y\longrightarrow x$，即 x 是隐蔽的，所以，a 能看见一个隐蔽的元素。

③因为 $a\Vdash\Box\Diamond\top$，由□的定义可得：对任意的 x，$x<a$ 使得 $x\Vdash\Diamond\top$。因为 $x\Vdash\Diamond\top$，由◇的定义可得：存在 y，$y<x$ 使得 $y\Vdash\top$。于是，$y\longrightarrow\surd$，即 x 可看见 y，所以，a 能看见不隐蔽的元。$a\Vdash\Diamond\Box\top\Leftrightarrow a$ 不是隐蔽的

④因为 $a\Vdash\Diamond\Box\top$，由◇的定义可得：存在 x，$x<a$ 使得 $x\Vdash\Box\top$。因为 $x\Vdash\Box\top$，由□的定义可得：对任意的 y，$y<x$ 使得 $y\Vdash\top$。于是，$y\longrightarrow\surd$，即 x 可看见 y，所以，a 不是隐蔽的。

（3）① $\Box\Box\bot$ ② $\Diamond\Diamond\top$ ③ $\Box(\Box\bot\vee\Diamond\Diamond\top)$ ④ $\Diamond(\Diamond\top\wedge\Box\Box\bot)$

第六章

练习 1

证明 对所有的情况，蕴涵式

$$\mathcal{A}\text{有性质(p)}\Rightarrow \mathcal{A}\text{是(s)的模型}$$

成立。对于逆，用一个命题变项 P 替换ϕ，固定满足条件 $a \xrightarrow{i} b$ 中的元素 a 和 b 并考虑具有性质$\beta(P)=\{b\}$的一个赋值β。情况(7)的证明如下。

首先假设$\mathcal{A}$有性质(p)并且对任意的赋值α和元素 a，而 $a \Vdash \langle i\rangle\phi$。由此可得：存在某个 b 使得 $a \xrightarrow{i} b$ 并且 $b \Vdash \phi$。现在我们需要证明

$$a \Vdash [j]\langle k\rangle[l]\phi。$$

为此，我们考虑具有性质 $a \xrightarrow{j} c$ 的任意元素 c。由性质(p)的楔形图给出了一个满足下面性质的特殊的 d，

$$d \xrightarrow{l} x \Rightarrow x=b \Rightarrow x \Vdash \phi$$

并且 $d \Vdash [l]\phi$。因此，$c \Vdash \langle k\rangle[l]\phi$。

反之，假定$\mathcal{A}$是如下公式的模型，

$$\langle i\rangle P\to[j]\langle k\rangle[l]P。$$

对一个给定的楔形图考虑如上的赋值β，那么 $a \Vdash \langle i\rangle P$ 使得 $a \Vdash [j]\langle k\rangle[l]P$。因此，$c \Vdash \langle k\rangle[l]P$。这就提供了所需的元素 d。

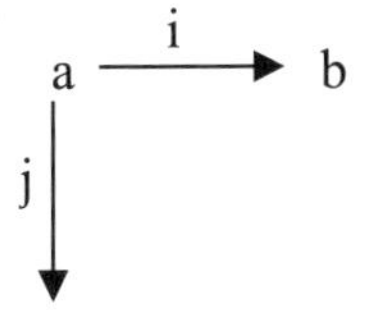

练习 2

证明 对所有的情况，蕴涵式

$$\mathcal{A}\text{有性质(p)} \Rightarrow \mathcal{A}\text{是(s)的模型}$$

成立。对于逆，对某个命题变项 P，假定$\mathcal{A}$是

$$\langle i\rangle[j]P\to \mathrm{RHS}(P)\text{①}$$

的模型并且对一个给定的转移关系

$$a \xrightarrow{i} b,$$

① 在本题中，RHS(P)指(1)、(2)、(3)中蕴涵式(s)的后件用命题变项 P 替换后的式子。

参考答案

考虑$\mathcal{A}$上的满足下面条件的任意赋值：对所有的 $x\in A$，

$$x \Vdash P \Leftrightarrow b \xrightarrow{j} x,$$

那么 $a \Vdash \langle i\rangle[j]P$ 可得 $a \Vdash \mathrm{RHS}(P)$。这可以由一个简单证明得到所要求的结果。

练习 3

证明 假设该结构的性质成立，并且首先假设对某赋值和元素 a,b,c，我们有

$$a \xrightarrow{l} b \xrightarrow{n} c$$

并且

$$a \Vdash [i]([j]\phi\rightarrow[k]\psi),\ b \Vdash [m]\phi$$

成立。

该结构性质给出了一个元素 d，我们可以验证

$$d \Vdash [j]\phi\rightarrow[k]\psi,\ d \Vdash [j]\phi$$

成立。因此，得到 $c \Vdash \psi$。

其次，用不同的命题变项 P 和 Q 替换ϕ和ψ，并且假设$\mathcal{A}$是这个公式的模型。对给定的元素 a,b,c，考虑满足下面条件的任意赋值，

$$x \Vdash P\Leftrightarrow b \xrightarrow{m} x,\ x \Vdash Q \Leftrightarrow x\neq c。$$

由于

$$b \Vdash \neg([m]P\rightarrow[n]Q),$$

因此，

$$a \Vdash \neg([j]P\rightarrow[k]Q),$$

由此可得所需要的元素 d。

练习 4

证明 $\xrightarrow{l}$ 由(1)，令$\phi = \top$，由此可得性质(2)，并且$\Box\top$是普遍有效的。注意：(3)是(2)的一种重述。

证明(3)⇒(1)。考虑任意的 $a\in A$ 和公式ϕ并且对某个赋值

$$a \Vdash \Box^k\Diamond\Box\phi$$

那么，对满足条件 $a \xrightarrow{k} b$ 的每个 b，都有 $b \Vdash \Diamond\Box\phi$。特别地，不存在这样的 b 是隐蔽的。因此，由(3)，我们看出也不存在隐蔽的 b 满足 $a \xrightarrow{l} b$。现在考虑任意这样的 b，我们必须证明：$b \Vdash \Diamond\Box\phi$。由于 b 不是隐蔽的，因此，至少存在一个 x 使得 $b \longrightarrow x$。由传递性可得：

$$b \longrightarrow x \Rightarrow a \xrightarrow{l} x \Rightarrow x \text{ 不是隐蔽的。}$$

由迭代，这可使我们得到某个 c 并且

$$a \xrightarrow{l} b \longrightarrow c,\ a \xrightarrow{k} c,$$

因此，$c \Vdash \Diamond\Box\phi$。这给出了满足下面条件的某个 d，

$$b \longrightarrow c \longrightarrow d，d \Vdash \Box\phi。$$

再利用传递性可得：$b \Vdash \Diamond\Box\phi$。

练习 5

证明 由于在所有的传递结构中$\Diamond\Box\phi\rightarrow\Diamond\phi$是普遍有效的，因此蕴涵式(1)⇒(2)成立。令$\phi = T$，条件(3)可由(2)得到，而且(4)是(3)的一个简单的信息重组。

(4)⇒(1)的证明。对某一赋值，考虑任意的 $a\in A$ 和满足条件 $a \Vdash \Box^k\Diamond\phi$的公式$\phi$。特别地，对每一个 $x\in A$，我们有

$$a \xrightarrow{k} x \Rightarrow x \text{ 不是隐蔽的。}$$

因此，(4)给出了满足条件：$a \xrightarrow{l} b$ 的某个 $b\in A$，以及

$$b \xrightarrow{k} x \Rightarrow x \text{ 不是隐蔽的。}$$

用这个元素 b，我们证明 $b \Vdash \Box\Diamond\phi$。

为此，考虑满足条件 $b \longrightarrow c$ 的任意 c，这个 c 不是隐蔽的，由传递性可得：

$$c \longrightarrow x \Rightarrow b \longrightarrow x \Rightarrow x \text{ 不是隐蔽的。}$$

因此，由迭代，我们可以得到某个 d 满足

$$a \xrightarrow{l} b \longrightarrow c \longrightarrow d，a \xrightarrow{k} d$$

但 $d \Vdash \phi$，因此由传递性可得：$c \Vdash \Diamond\phi$。

练习 6

证明 （1）首先假设$\mathcal{A}$有结构性质且对某个元素 a，任一赋值和公式ϕ，$a \Vdash \Box\Diamond\phi$。该性质给出某一元素 b，$a \longrightarrow b$ 并且对所有的 $x\in A$，

$$b \Vdash \Diamond\phi \text{ 并且 } b \longrightarrow x \Rightarrow x=b。$$

这给出了

$$b \Vdash \phi \text{ 并且 } b \longrightarrow x \Rightarrow x \Vdash \phi，$$

所以 $b \Vdash \Box\phi$。因此，$a \Vdash \Diamond\Box\phi$。（注意，这里没有使用结构$\mathcal{A}$的传递性。）

反之，假设对某一命题变项 P，$\mathcal{A}$是

$$\Box\Diamond P \rightarrow \Diamond\Box P$$

的模型。给定任意的 $a\in A$，令

$$X=\{x\in A|a \longrightarrow x\}。$$

我们希望证明

$$(\exists x\in X)(\forall y\in X)(x \longrightarrow y \Rightarrow x=y)。$$

如果这个不成立，那么使用给定的选择原理(*)，可得到 X 的某个划分 Y,Z。考虑$\mathcal{A}$上的任意赋值使得对每一个 $x\in X$，

$$x \Vdash P \Leftrightarrow x\in Y, \quad x \Vdash \neg P \Leftrightarrow x\in Z,$$

那么对每一个 $x\in X$，

$$x \Vdash \Diamond P\wedge\Diamond\neg P,$$

因此

$$a \Vdash \Box\Diamond P \wedge \Box\Diamond\neg P。$$

这与给定的 McKinsey 公理矛盾。

（2）考虑满足下面条件的所有两两不相交的对 $Y,Z\subseteq X$ 所组成的集合$\wp$，

$$(\forall y\in Y)(\exists z\in Z)(y \longrightarrow z), \ (\forall z\in Z)(\exists y\in Y)(z \longrightarrow y)。$$

由于对$(\varnothing,\varnothing)\in\wp$，所以$\wp$是非空的。考虑任意的对$(Y,Z)\in\wp$，并且假设存在一个元素 $a\in X\text{-}(Y\cup Z)$。X 上的关系$\longrightarrow$具有的性质保证了下面序列

$$a=a_0 \longrightarrow a_1 \longrightarrow \cdots \longrightarrow a_r \longrightarrow \cdots$$

的存在性，这里对所有的 r，$a_r\neq a_{r+1}$。还要注意：当 $r<s$ 时，$a_r \longrightarrow a_s$。我们继续这个不确定的序列直到

重复　存在某个 n 使得 a_{n+1} 是一个较早的项，

或者

获得　存在某个 n 使得 $a_{n+1}\in Y\cup Z$。

如果这两种情况之一发生，我们首先用这样的 n，并且只考虑

$$a_0,a_1,\ldots,a_n。$$

现在将这个序列分为两个部分：

$$U:\ \text{-}\ a_0,a_2,a_4,\ldots \quad ,V:\ \text{-}\ a_1,a_3,a_5,\ldots$$

并且令

$$Y^+=Y\cup U, \ Z^+=Z\cup V$$

或者令

$$Y^+=Y\cup V, \ Z^+=Z\cup U。$$

这些对之一在$\wp$中。只是在“**获得**”的情况下，我们必须小心地选取所使用的那一对。在这种情况下，注意 n 的相等并且是 $a_{n+1}\in Y$ 还是 $a_{n+1}\in Z$。

集合$\wp$是两两包含的偏序。由选择原理，在$\wp$中存在一个极大的对。上述的构造表明这样的极大对覆盖 X，并且是好的。

第七章

练习 1

解 在每一种情况下，都存在两种可能的公式，它们互为逆否。

① $\langle i\rangle[j]\phi \to \langle i\rangle\langle j\rangle\phi$, $[i][j]\phi \to [i]\langle j\rangle\phi$

② $\langle i\rangle[j]\phi \to \langle k\rangle\phi$, $[k]\phi \to [i]\langle j\rangle\phi$

③ $[i][j]\phi \to \phi$, $\phi \to \langle i\rangle\langle j\rangle\phi$

④ $\langle i\rangle\langle j\rangle[k]\phi \to \phi$, $\phi \to [i][j]\langle k\rangle\phi$

⑤ $\langle i\rangle\langle j\rangle\phi \to \langle k\rangle\phi$, $[k]\phi \to [i][j]\phi$

⑥ $\langle i\rangle\langle j\rangle\langle k\rangle\phi \to \langle l\rangle\langle m\rangle\phi$, $[l][m]\phi \to [i][j][k]\phi$。

练习 2

解

① $[i](\langle j\rangle[l]\phi \to [k]\langle m\rangle\phi)$。

② $\langle i\rangle[k]\phi \to [j]\langle l\rangle(\phi\wedge\langle m\rangle\top)$。

③ $(\langle i\rangle[l]\phi\wedge\langle j\rangle[m]\varphi) \to \langle k\rangle(\phi\wedge\varphi)$。

④ $(\langle i\rangle[l]\phi\wedge\langle k\rangle[n]\varphi) \to [j]\langle m\rangle(\phi\wedge\varphi)$。

第八章

练习 1

证明 从略。

练习 2

证明 (3)⇒(1)。假设(3)成立，并且考虑Φ^*的任意的点赋值模型$(\mathcal{A},\alpha,a)$。令$\mathcal{B}=\mathcal{A}(a)$是根据 a 而产生的子结构。令$\beta$是$\alpha$到$\mathcal{B}$上的限制，即：$\beta=\alpha\restriction\mathcal{B}$。根据练习 5.6 第 3 题，我们有$(\mathcal{B},\beta)\Vdash^{v}\Phi$并且由(3)可得：$(\mathcal{B},\beta)\Vdash^{v}\phi$。由此可得：$(\mathcal{B},\beta,b)\Vdash^{P}\phi$，因此，$(\mathcal{A},\alpha,a)\Vdash^{P}\phi$。

第九章

练习 1

证明 （1）的主要证明步骤。

①$\theta\to(\psi\to\theta\wedge\psi)$	(重言式)
②$\Box\theta\to(\Box\psi\to\Box(\theta\wedge\psi))$	(K,EN)
③$(\Box\theta\wedge\Box\psi)\to\Box(\theta\wedge\psi)$	(K 定理)
④$\theta\wedge\psi\to\theta$	(重言式)

⑤$\Box(\theta\wedge\psi)\rightarrow\Box\theta$ (EN)

⑥$\theta\wedge\psi\rightarrow\psi$ (重言式)

⑦$\Box(\theta\wedge\psi)\rightarrow\Box\psi$ (EN)

⑧$\Box(\theta\wedge\psi)\rightarrow\Box\theta\wedge\Box\psi$ (重言式)

⑨$\Box(\theta\wedge\psi)\leftrightarrow\Box\theta\wedge\Box\psi$ （重言式）

（2）的主要证明步骤。

①$(\Box\theta\wedge\Box\neg\psi)\rightarrow\Box(\theta\wedge\neg\psi)$

②$\neg\Box(\theta\wedge\neg\psi)\rightarrow\neg(\Box\theta\wedge\Box\neg\psi)$

③$\Diamond(\neg\theta\vee\neg\neg\psi)\rightarrow(\neg\Box\theta\vee\neg\Box\neg\psi)$

④$\Diamond(\neg\theta\vee\psi)\rightarrow(\neg\Box\theta\vee\Diamond\psi)$

⑤$\Diamond(\theta\rightarrow\psi)\rightarrow(\Box\theta\rightarrow\Diamond\psi)$

（3）的主要证明步骤。

①$\Diamond(\phi\rightarrow\phi)\rightarrow(\Box\phi\rightarrow\Diamond\phi)$

②$\Diamond\top\rightarrow D(\phi)$

（4）的主要证明步骤。

①$\neg\theta\rightarrow(\theta\rightarrow\phi)$

②$\Box\neg\theta\rightarrow\Box(\theta\rightarrow\phi)$

③$\neg\Diamond\theta\rightarrow\Box\neg\theta$

④$\neg\Diamond\theta\rightarrow\Box(\theta\rightarrow\phi)$

（5）的主要证明步骤。

①$\phi\rightarrow(\theta\rightarrow\phi)$

②$\Box\phi\rightarrow\Box(\theta\rightarrow\phi)$

（6）的主要证明步骤。

①$\Box\phi\rightarrow\Box(\theta\rightarrow\phi)$

②$\neg\Diamond\theta\rightarrow(\Box\phi\rightarrow\Box(\theta\rightarrow\phi))$

③$\neg\Diamond\theta\vee\Box\phi\rightarrow\Box(\theta\rightarrow\phi)$

④$(\Diamond\theta\rightarrow\Box\phi)\rightarrow\Box(\theta\rightarrow\phi)$

（7）的主要证明步骤。

①$(\Diamond\theta\rightarrow\Box\phi)\rightarrow\Box(\theta\rightarrow\phi)$

②$\Box(\theta\rightarrow\phi)\rightarrow(\Box\theta\rightarrow\Box\phi)$

③$(\Diamond\theta\rightarrow\Box\phi)\rightarrow(\Box\theta\rightarrow\Box\phi)$

（8）的主要证明步骤。$(\Diamond\theta\rightarrow\Box\phi)\rightarrow(\Diamond\theta\rightarrow\Diamond\phi)$

①$\Box\phi\rightarrow\Diamond\phi$

②$(\Box\phi\rightarrow\Diamond\phi)\rightarrow(\neg\Diamond\theta\vee\Box\phi\rightarrow\neg\Diamond\theta\vee\Diamond\phi)$

③$\neg\Diamond\theta\vee\Box\phi\rightarrow\neg\Diamond\theta\vee\Diamond\phi$

④$(\Diamond\theta\rightarrow\Box\phi)\rightarrow(\Diamond\theta\rightarrow\Diamond\phi)$

（9）的主要证明步骤。

①$\Box\theta\rightarrow(\Diamond\phi\rightarrow\Box\theta)$

②$(\Diamond\phi\rightarrow\Box\theta)\rightarrow(\Diamond\phi\rightarrow\Diamond\theta)$

③$\Box\theta\rightarrow(\Diamond\phi\rightarrow\Diamond\theta)$

④$\Diamond\phi\rightarrow(\Box\theta\rightarrow\Diamond\theta)$

⑤$\Diamond\phi\rightarrow D(\theta)$

练习 2

证明　（1）的主要证明步骤。

①$\Box\neg\phi\rightarrow\Box\Box\neg\phi$

②$\neg\Box\Box\neg\phi\rightarrow\neg\Box\neg\phi$

③$\Diamond^2\phi\rightarrow\Diamond\phi$

④$\Box\Diamond^2\phi\rightarrow\Box\Diamond\phi$

⑤$\phi\rightarrow\Diamond\phi$

⑥$\Diamond\phi\rightarrow\Diamond^2\phi$

⑦$\Box\Diamond\phi\rightarrow\Box\Diamond^2\phi$

⑧$\Box\Diamond^2\phi\leftrightarrow\Box\Diamond\phi$

（2）的主要证明步骤。

①$\phi\rightarrow\Diamond\phi$

②$\Box\phi\rightarrow\Box\Diamond\phi$

③$\Box\Box\Diamond\phi\rightarrow\Box\Diamond\Box\Diamond\phi$

即：$\Box^2\Diamond\phi\rightarrow(\Box\Diamond)^2\phi$

④$\Box\Diamond\phi\wedge\Box^2\Diamond\phi\rightarrow(\Box\Diamond)^2\phi$

⑤$\Box^2\Diamond\phi\rightarrow(\Box\Diamond\phi\rightarrow(\Box\Diamond)^2\phi)$

⑥$\Box\phi\rightarrow\Box^2\phi$

⑦$\Box\Diamond\phi\rightarrow\Box^2\Diamond\phi$

⑧$\Box\Diamond\phi\rightarrow(\Box\Diamond\phi\rightarrow(\Box\Diamond)^2\phi)$

⑨$\Box\Diamond\phi\rightarrow(\Box\Diamond)^2\phi$

⑩$\Box\Diamond\phi\rightarrow\Diamond\phi$

⑪$\Diamond\Box\Diamond\phi\rightarrow\Diamond\Diamond\phi$

⑫$\Diamond\Diamond\phi\rightarrow\Diamond\phi$

⑬$\Diamond\Box\Diamond\phi\to\Diamond\phi$

⑭$\Box\Diamond\Box\Diamond\phi\to\Box\Diamond\phi$

⑮$(\Box\Diamond)^2\phi\to\Box\Diamond\phi$

⑯$(\Box\Diamond)^2\phi\leftrightarrow\Box\Diamond\phi$

练习 3

证明 （1）的主要证明步骤。

①$\Diamond\neg\phi\to\Box\Diamond\neg\phi$ (E)

②$\neg\Box\Diamond\neg\phi\to\neg\Diamond\neg\phi$

③$\Diamond\Box\phi\to\Box\phi$

（2）的主要证明步骤。

①$\Diamond\Box\phi\to\Box\phi$

②$\Box\Diamond\Box\phi\to\Box^2\phi$ (EN)

（3）的主要证明步骤。

①$\Diamond\Box\phi\to\Box\phi$

②$\Diamond^2\Box\phi\to\Diamond\Box\phi$ (EN)

（4）的主要证明步骤。

①$\Diamond\Box\phi\to\Box\Diamond\Box\phi$ (E)

（5）的主要证明步骤。

①$\Diamond\Box\phi\to\Box\phi$ (定理 1)

②$\Diamond\Box^2\phi\to\Box^2\phi$

（6）的主要证明步骤。

①$\Diamond\Box\phi\to\Box\Diamond\Box\phi$ (定理 4)

②$\Box\Diamond\Box\phi\to\Box^2\phi$ (定理 2)

③$\Diamond\Box\phi\to\Box^2\phi$

（7）的主要证明步骤。

①$\Diamond\Box\phi\to\Box^2\phi$ (定理 6)

②$\Box\Diamond\Box\phi\to\Box^3\phi$ (EN)

（8）的主要证明步骤。

①$\Diamond\Box\phi\to\Box\Diamond\Box\phi$ (定理 4)

②$\Box\Diamond\Box\phi\to\Box^3\phi$ (定理 7)

③$\Diamond\Box\phi\to\Box^3\phi$

（9）的主要证明步骤。

①$\Box\phi\to\Diamond\Box\phi$ (K 定理)

②$\square^2\phi\rightarrow\square\Diamond\square\phi$ (EN)

（10）的主要证明步骤。

①$\square\phi\rightarrow\Diamond\square\phi$ (K 定理)

②$\Diamond\square\phi\rightarrow\Diamond\Diamond\square\phi$ (EN◇)

（11）的主要证明步骤。

①$\square^2\phi\rightarrow\square\Diamond\square\phi$ (定理 10)

②$\square\Diamond\square\phi\rightarrow\square^3\phi$ (定理 7)

③$\square^2\phi\rightarrow\square^3\phi$

（12）的主要证明步骤。

①$\Diamond\square\phi\rightarrow\square^2\phi$ (定理 6)

②$\square^2\phi\rightarrow\Diamond\square^2\phi$ (K 定理)

③$\Diamond\square\phi\rightarrow\Diamond\square^2\phi$

练习 4

证明 （1）的证明。

①⇒②。假设存在一个函数 **next**，那么对每个元素 a 和公式ϕ，我们有：

$$a \Vdash \square\phi \Leftrightarrow \mathbf{next}(a) \Vdash \phi \Leftrightarrow a \Vdash \Diamond\phi,$$

这就得出了②。

②⇒①。反之，对每个元素 a,我们有 $a \Vdash \square\top$，由②可得：

$$a \Vdash \Diamond\phi,$$

因此，至少存在一个 b 使得 $a \longrightarrow b$。假设有不同的 b,c 满足

$$a \longrightarrow b，a \longrightarrow c。$$

考虑任意的赋值α，使得对于命题变项 P，

$$b \Vdash P, c \Vdash \neg P。$$

因此，

$$a \Vdash \Diamond P,$$

由②可得：

$$a \Vdash \square P。$$

因此 $c \Vdash P$，矛盾！

（2）的证明。这些形状的证明都是常规的。例如，为了证明最后一个形状，假设

$$a \Vdash [\bullet](\phi\rightarrow\bigcirc\phi)，a \Vdash \phi$$

由上述第一个形状可得：对所有的 $r\in N$

$$\mathbf{next}^r(a) \Vdash \phi \Rightarrow \mathbf{next}^{r+1}(a) \Vdash \phi$$

上述第二个形状可得：对所有的 $r\in N$，归纳给出

$$\mathbf{next}^{\mathrm{r}}(a) \Vdash \phi$$

这就是 $a \Vdash [\bullet]\phi$。

练习 5

证明　考虑φ是一个命题变项 P 的情况。我们证明上面的图不存在进一步的坍塌。回想一下 K5 模型具有欧性关系。

首先考虑三个元素的集合{a,b,c}，它们之间满足下面的关系

$$a \longrightarrow b \longrightarrow c \longrightarrow c,\ a \longrightarrow c \longrightarrow b \longrightarrow b$$

并带有一个满足下面条件的赋值：

$$b \Vdash P，c \Vdash \neg P。$$

那么，

$$a \Vdash \Diamond P,\ c \Vdash \neg\Box P$$

因此，

$$\nVdash \Diamond P \to \Box P$$

并且

$$\nVdash \Box\Diamond P \to \Box P, \qquad \nVdash \Diamond P \to \Diamond\Box P。$$

下面考虑相同的三个元素的集合{a,b,c}，但它们之间具有下面的结构，

$$a \longrightarrow b \longrightarrow b \longrightarrow c \longrightarrow c$$

并带有一个满足下面条件的赋值：

$$b \Vdash P，c \Vdash \neg P，$$

那么，

$$a \Vdash \Box P，c \Vdash \neg\Box^2 P。$$

因此，

$$\nVdash \Box^2 P \to \Box P，\nVdash \Diamond P \to \Diamond^2 P。$$

为了证明

$$\nVdash \Box^2 P \to \Diamond\Box P \text{ 和 } \nVdash \Box\Diamond P \to \Diamond^2 P，$$

考虑一个单元素集上的空关系。

最后，在一个适当的两个元素的结构上的两个不同的赋值证明：

$$\nVdash \Diamond\Box P \to P \text{ 和 } \nVdash P \to \Box\Diamond P。$$

练习 6

证明　（1）对于每个公式φ和复合标号 **i**，多次运用(N)规则可得

$$\phi \vdash_{\mathrm{s}} [\mathbf{i}]\phi。$$

由于$\Phi \subseteq \Phi^*$，因此第一个和最后一个蕴涵成立。对于中间的蕴涵式，如果$\Phi^* \vdash$

$^{w}_{S}\phi$，那么对某些公式$\theta_1,\ldots,\theta_n\in\Phi$和复合标号 **i**(1),…,**i**(n)有

$$\vdash_S [1]\theta_1\wedge\ldots\wedge[n]\theta_n\to\phi。$$

那么，由第一部分可得

$$\Phi\vdash_S [1]\theta_1\wedge\ldots\wedge[n]\theta_n。$$

由 MP 可得

$$\Phi\vdash_S \phi。$$

对每个θ，我们有$\Box\theta\in\{\theta\}^*$，因此

$$\{\theta\}^*\vdash^{w}_{S}\Box\theta。$$

然而$\theta\vdash^{w}_{S}\Box\theta$成立（一般地）仅当 S 是无差别的。因此，左边的蕴涵式是不可逆的。

（2）施归纳于公式集Φ，可以证明：蕴涵式

$$\Phi^*\vdash_S\phi\Rightarrow\Phi^*\vdash^{w}_{S}\phi$$

成立。归纳步骤依赖下面的事实。如果

$$\Phi^*\cup\{\theta\}^*\vdash_S\phi, \qquad (*)$$

那么存在某个复合标号 **i** 满足

$$\Phi^*\vdash_S[\mathbf{i}]\theta\to\phi。$$

这可以通过施归纳于给定的证据演绎的长度进行证明。关键的归纳步骤也适用于(N)规则。

为证明这一步，假设对某个标号 **j** 和公式ψ，令

$$\phi=[\mathbf{j}]\psi,$$

假设(*)是运用(Nj)规则从下式得到

$$\Phi^*\cup\{\theta\}^*\vdash_S\psi。$$

归纳假设给予我们某个复合标号 **i** 并且

$$\Phi^*\vdash_S[\mathbf{i}]\theta\to\psi$$

使得由(ENj)给出了

$$\Phi^*\vdash_S[\mathbf{j}][\mathbf{i}]\theta\to\psi。$$

即为所求。

(3)因为

$$\Psi\models^{k}_{S}\phi\Leftrightarrow\Psi\cup S\models^{k}\phi$$

并且 $\mathbf{S}^*$=S(其中 **S** 是系统 S 的公理集)，所以结论成立。

练习 7

解 时间结构($\mathcal{N}$,<)是(1)、(5)、(7)、(8)的模型，但不是其余形状公式的模

型。如下三个元素的时间结构

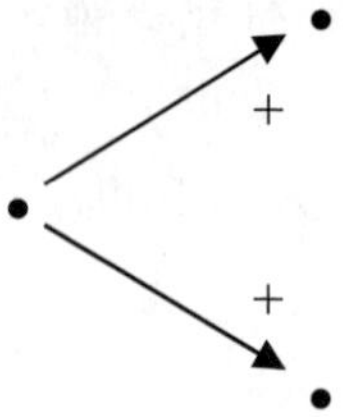

是(2),(3),(4),(6)的模型，但不是(1),(5),(7)和(8)的模型。

练习 8

解 所有这些都是汇合性质，只有(3)和(4)以所有时间结构为模型。

练习 9

证明 （1）略。

（2）①⇒②。给定一个楔形图

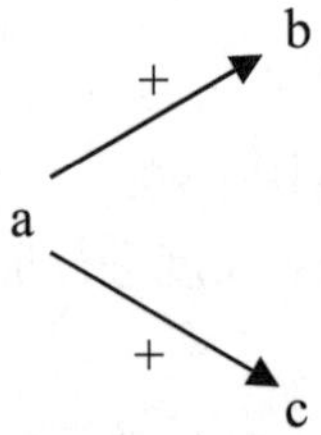

和一个命题变量 P，考虑满足下面条件的一个赋值：

$$对于\ x\in A，x \Vdash P \Leftrightarrow b\sim x，$$

因此，$b \Vdash [\approx]P$，并且由①可得：$b \Vdash [-][+]P$，由此可得：$c \Vdash P$。

①⇒③。用同样的方法可得：$a \Vdash \langle+\rangle[\approx]P$。

用类似的方法可证：②⇒①和③⇒①。

（3）由定义，关系≈总是自返的和对称的。现在只需证明传递性。为了证明传递性，考虑任意的元素 a,b,c 使得

$$c\approx a\approx b。$$

现在我们需要证明：b≈c。为此考虑 9 种可能的情况。作为一种非微不足道的例子，注意如果

$$c \xrightarrow{-} a \xrightarrow{+} b,$$

那么由楔形性质立即得到 b≈c。

这表明≈是一个等价关系，并且它包含 $\xrightarrow{-}$ 和 $\xrightarrow{+}$ 。相反，假设≈是包含

$\xrightarrow{+}$ 任意的等价关系，那么，对每个 a,b∈A,

$$a\approx b \Rightarrow a \xrightarrow{-} b \text{ 或者 } a=b \text{ 或者 } a \xrightarrow{+} b$$
$$\Rightarrow b \xrightarrow{+} a \text{ 或者 } a=b \text{ 或者 } a \xrightarrow{+} b$$
$$\Rightarrow b\sim a \text{ 或者 } a=b \text{ 或者 } a\approx b$$
$$\Rightarrow a\approx b。$$

（4）可直接得出。

10.(1) <+>⊤。

(2)θ=[+]<−>[+]⊥, ψ=<−>⊤

(3)R+。

(4)不存在这样的公式。

第十章

证明 （1）①⇒②的证明是微不足道的，现在证明②⇒①。对一个给定的 $s\in \boldsymbol{S}(\Phi)$，标号 i 和公式ϕ，假设对所有的 $t\in \boldsymbol{S}(\Phi)$,

$$s \xrightarrow{i} t \Rightarrow \phi\in t$$

成立。令Ψ是满足条件

$$\psi\in\Psi \Leftrightarrow [i]\psi\in s$$

的所有公式ψ的集合。那么，对每个 $t\in \boldsymbol{S}$,

$$\Phi^*\cup\Psi\subseteq t \Rightarrow t\in \boldsymbol{S}(\Phi) \text{并且 } s \xrightarrow{i} t \Rightarrow \phi\in t$$

使得由引理 10-12 推出

$$\Phi^*\cup\Psi \vdash_S^w \phi。$$

因此，存在 $\theta_1,\ldots,\theta_m\in\Phi^*$ 和 $\psi_1,\ldots,\psi_n\in\Psi$ 并且满足

$$\vdash_S \theta_1\wedge\ldots\wedge\theta_m\wedge\psi_1\wedge\ldots\wedge\psi_n\rightarrow\phi$$

使得

$$\vdash_S [i]\theta_1\wedge\ldots\wedge[i]\theta_m\wedge[i]\psi_1\wedge\ldots\wedge[i]\psi_n\rightarrow[i]\phi。$$

但对这些θ中的每一个，我们有

$$[i]\theta\in\Phi^*\subseteq s$$

使得

$$[i]\theta_1\wedge\ldots\wedge[i]\theta_m\in s。$$

并且，类似的可以证明：

$$[i]\psi_1\wedge\ldots\wedge[i]\psi_n\in s。$$

因此，$[i]\phi\in s$。

（2）施归纳于公式ϕ的复杂度证明。对[i]，我们有

$$s \Vdash [i]\phi \Leftrightarrow \text{对每个 } t\in \boldsymbol{S}(\Phi)\text{，} s \xrightarrow{i} t \Rightarrow t \Vdash \phi$$
$$\Leftrightarrow \text{对每个 } t\in \boldsymbol{S}(\Phi)\text{，} s \xrightarrow{i} t \Rightarrow \phi\in t$$
$$\Leftrightarrow [i]\phi\in s$$

这里，第二个等值式由归纳假设得到，第三个等值式根据(1)得到。

（3）由于对所有的 $s\in \boldsymbol{S}(\Phi)$，$\mathbf{S}\cup\Phi^{*}\subseteq s$。

（4）根据 9.3 节练习 6 的(1)，两个蕴涵式

$$(a) \Rightarrow (b\ l) \Rightarrow (c\ l)$$

成立。而下面的两个蕴涵式

$$(b\ l) \Rightarrow (b\ r)\text{，}(c\ l) \Rightarrow (c\ r)$$

是标准的可靠性结果，并且蕴涵式(b r)⇒(c r)是微不足道的（因为$\Phi\subseteq\Phi^{*}$）。根据(3)，蕴涵式(c r)⇒(d)成立。

最后，证明蕴涵式(d)⇒(a)，如果$(\mathfrak{S}(\Phi),\sigma)$是$\phi$的模型，那么$\phi$在 $\boldsymbol{S}(\Phi)$的每一个元素中，再由引理 10.12 可推出(a)。

第十一章

练习 1

证明　如果$(\mathfrak{S},\sigma)$是任意语句的模型，那么$\mathfrak{S}$本身也是那些语句的模型。

练习 2

证明　E 所对应的结构性质如下：对所有的元素 a 和 b 来说，

$$a \longrightarrow b \Rightarrow a \longrightarrow a\text{。}$$

而典范结构$\mathfrak{S}$具有性质：对任意的 $s,t\in \boldsymbol{S}$ 使得

$$s \longrightarrow t\text{。}$$

由于$\top\in \boldsymbol{T}$，那么$\Diamond\top\in s$。因此，对任意的公式ϕ，

$$\Box\phi\in s \Rightarrow \Diamond\top\wedge\Box\phi\in s \Rightarrow \phi\in s\text{。}$$

F 所对应的结构性质如下：对所有的元素 a 和 b 来说，

$$a \longrightarrow b \Rightarrow b \longrightarrow b\text{。}$$

而典范结构$\mathfrak{S}$具有性质：对任意的 $s,t\in \boldsymbol{S}$ 使得

$$s \longrightarrow t\text{。}$$

由于$\Box(\Box\phi\to\phi)\in s$，这就意味着$(\Box\phi\to\phi)\in t$，并且

$$\Box\phi\in t \Rightarrow \phi\in t\text{。}$$

因此，由ϕ是任意的，$t \longrightarrow t$。

练习 3

证明　令 S=K(i,j,k,l,m,n)，我们这里要用到 6.4 节练习 3 中的结构性质。因此，考虑任意 $r,s,t\in \boldsymbol{S}$ 使得

$$r \xrightarrow{l} s \xrightarrow{n} t$$

并且令

$$\Xi:=\{\theta|[i]\theta\in r\}\cup\{[j]\phi|[m]\phi\in s\}\cup\{\langle k\rangle\psi|\psi\in t\}。$$

我们现在需要证明Ξ是 S-一致的。

如果Ξ不是 S-一致的，那么存在有穷的公式集Θ，Φ，Ψ使得

$$\vdash_S \bigwedge\Theta\wedge\bigwedge[j]\Phi\wedge\bigwedge\langle k\rangle\Psi\rightarrow\bot。$$

因为[ ]算子与∧是可交换，所以我们可以将Θ和Φ归约为单个的公式θ和φ得到

$$\vdash_S \theta\rightarrow([j]\phi\rightarrow\bigvee[k]\neg\Psi),$$

由此可得：

$$\vdash_S \theta\rightarrow([j]\phi\rightarrow[k]\bigvee\neg\Psi)。$$

因此，

$$\vdash_S [i]\theta\rightarrow[i]([j]\phi\rightarrow[k]\bigvee\neg\Psi)。$$

由于通过选择，我们有$[i]\theta\in r$，由此可得：

$$[i]([j]\phi\rightarrow[k]\bigvee\neg\Psi)\in r。$$

由公理可得：

$$[l]([m]\phi\rightarrow[n]\bigvee\neg\Psi)\in r。$$

从这里我们得到：

$$([m]\phi\rightarrow[n]\bigvee\neg\Psi)\in s。$$

所以通过选择公式φ，我们有

$$[n]\bigvee\neg\Psi\in s。$$

因此，

$$\bigvee\neg\Psi\in t。$$

这就使某个$\psi\in\Psi\subseteq t$，而$\neg\psi\in t$，矛盾！

由Ξ的一致性可得：存在某个 $u\in\boldsymbol{S}$ 使得$\Xi\subseteq u$，因此对所有的θ，φ和ψ，

$$[i]\theta\in r\Rightarrow\theta\in u,\qquad [m]\phi\in s\Rightarrow[j]\phi\in u,\qquad \psi\in t\Rightarrow\langle k\rangle\psi\in u。$$

其中，由上一行第一个和第三个式子可得：

$$r \xrightarrow{i} u \xrightarrow{k} t。$$

另外，对任意的 $v\in\boldsymbol{S}$ 并满足

$$u \xrightarrow{j} v,$$

由第二个式子可得：

$$[m]\phi\in s\Rightarrow[j]\phi\in u\Rightarrow\phi\in v$$

由此可得：

$$s \xrightarrow{m} v。$$

练习 4

证明　考虑任意 r,s,t∈$\boldsymbol{S}$ 并满足

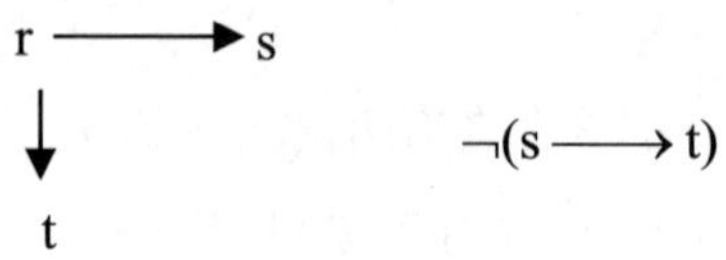

我们必须证明：$t \longrightarrow s$。

首先注意到：存在一个公式ψ满足

$$\Box\psi \in s,\qquad \neg\psi \in t。$$

现在考虑公式集

$$\Phi = s \cup \{\phi \mid \Box\phi \in t\}。$$

如果它不是 S-一致的，那么存在

$$\theta \in s,\quad \Box\phi \in t$$

使得

$$\vdash_S\ \theta \wedge \phi \rightarrow \bot。$$

由此可得：$\Box\phi, \neg\psi \in t$ 并且

$$\Box(\Box\phi \rightarrow \psi) \notin r。$$

因此，由公理可得：

$$\Box\psi \rightarrow \phi \in s,$$

由此可得：$\phi \in s$。然而，$\theta \in s$，矛盾！

由于Φ是一致的并且 s 是极大一致的可得：Φ=s，因此 $t \longrightarrow s$。

练习 5

证明　这种形状的公式对应着 7.5 节练习 2 的④中的结构性质。我们必须证明典范结构$\mathfrak{S}$具有这一性质。因此，考虑 r,s,t,u∈$\boldsymbol{S}$ 并具有下面的性质

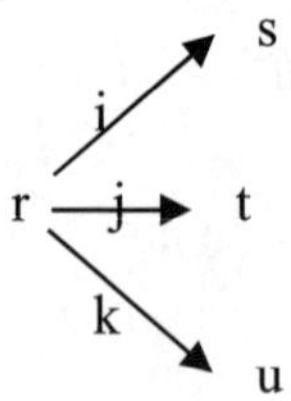

令

$$\Xi := \{\phi \mid [l]\phi \in s\} \cup \{\theta \mid [m]\theta \in t\} \cup \{\psi \mid [n]\psi \in u\},$$

现在证明Ξ是 S-一致的。

如果Ξ不是 S-一致的，那么(注意[ ]算子与∧是可交换的)存在公式θ,ϕ,ψ使得

$$\vdash_S \theta\wedge\phi\wedge\psi \to \bot$$

和

$$[l]\phi\in s,\quad [m]\theta\in t,\quad [n]\psi\in u$$

成立。由假设的楔形图可得：

$$\langle i\rangle[l]\phi\in r,\quad \langle k\rangle[n]\psi\in r,$$

由公理可得：

$$[j]\langle m\rangle(\phi\wedge\psi)\in r。$$

因此，

$$\langle m\rangle(\phi\wedge\psi)\in t。$$

但是，

$$\vdash_S (\phi\wedge\psi) \to \neg\theta$$

使得

$$\vdash_S \langle m\rangle(\phi\wedge\psi)\to \langle m\rangle\neg\theta。$$

因此，$\langle m\rangle\neg\theta\in t$。这与最初对θ的选择矛盾！

第十二章

练习 1

证明　（1）假设 f 和 g 是$\mathcal{A}$上的两个态射，即：

$$f\text{：} A\longrightarrow A \text{ 并且 } g\text{：} A\longrightarrow A,$$

显然，f 和 g 的合成 g∘f 仍然是$\mathcal{A}$上的一个函数。又因为 f 和 g 是$\mathcal{A}$上的两个态射，由态射的性质(Rel$^{\rightarrow}$)可得：对每个 i 和$\mathcal{A}$的元素 a,x

$$a \xrightarrow{i} x \Rightarrow f(a) \xrightarrow{i} f(x)\in A$$

并且 $$f(a) \xrightarrow{i} f(x) \Rightarrow g(f(a)) \xrightarrow{i} g(f(x))\in A。$$

由此可得：

$$a \xrightarrow{i} x \Rightarrow g(f(a)) \xrightarrow{i} g(f(x))\in A。$$

故：两个态射(相同结构之间)的合成仍是一个态射。

（2）假设

$$A \xrightarrow{f} B \xrightarrow{g} C$$

是一对 p-态射，对任意的标号 i，元素 a∈A 和 z∈C 使得

$$g(f(a)) \xrightarrow{i} z。$$

因为 g 是一个 p-态射，所以存在某个 $y \in B$ 使得

$$f(a) \xrightarrow{i} y，g(y)=z。$$

因为 f 也是一个 p-态射，所以存在某个 $x \in A$ 使得

$$a \xrightarrow{i} x, f(x)=y。$$

由 $g(f(x))=g(y)=z$，故，$g \circ f$ 是一个 p-态射。

用同样的方法可证 Z-字形态射的结论。

练习 2

证明 （1）因为在$\mathcal{R}$上的关系是满的（full），所以对于每个 $a,b \in A$，都有

$$g(a) \longrightarrow g(b),$$

从而 g 是一个态射。

假设 A 是持续的，现在考虑任意的 $a \in A$，$y \in \{0\}$满足

$$g(a) \longrightarrow y。$$

由持续性可得：存在某个 $x \in A$ 使得

$$a \longrightarrow x,$$

那么 $g(x)=0=y$。因此 g 是一个 p-态射。

反之，假定 g 是一个 p-态射并且考虑任意的 $a \in A$。由于

$$g(a) \longrightarrow 0,$$

因此存在某 $x \in A$ 使得

$$a \longrightarrow x 和 g(x)=0。$$

故，$\mathcal{A}$是持续的。

（2）对每个 $a \in A$，令 f_a 是 0 到 a 的指派，即：f_a：$0 \mapsto a$。由于在$\mathcal{L}$中$\neg(0 \longrightarrow 0)$，由此可以得到所有$\{0\} \longrightarrow A$ 的函数，而每一个这样的函数都是一个态射。f_a是一个 p-态射当且仅当对具有性质 $a=f_a(0) \longrightarrow y$ 的每个 $y \in A$，都存在某个 $x \in \{0\}$具有 $0 \longrightarrow x$ 和 $f_a(x)=y$。即：$0 \longrightarrow 0$ 并且 $y=f_a(0)=a$。因此，f_a是一个 p-态射当且仅当不存在 $y \in A$ 使得 $a \longrightarrow y$，即：a 是隐蔽的。

（3）唯一的指派 $g: A \longrightarrow \{0\}$是一个态射当且仅当$\mathcal{A}$上的关系是空关系。这样的一个态射总是一个 p-态射。

指派 $f_a: \{0\} \longrightarrow A$ 是一个$\mathcal{R} \longrightarrow \mathcal{A}$的态射当且仅当$\mathcal{A}$的元素 a 是自返的。这样一个态射是 p-态射当且仅当 a 是孤立的，即：对所有的 $x \in A$，

$$a \longrightarrow x \Rightarrow x=a$$

成立。

练习 3

证明 这两个赋值如下：对所有的 $b \in B$ 和命题变项 P，

$$b \in \lambda(P) \Leftrightarrow (\exists a \in \alpha(P))(f(a)=b), \qquad b \in \rho(P) \Leftrightarrow (\forall a \in \alpha(P))(f(a)=b)。$$

练习 4

证明 （1）显然。

（2）首先假设$\mathcal{A} \subseteq_g \mathcal{B}$，并且考虑满足条件：$f(a) \xrightarrow{i} y$ 的任意 $a \in A$ 和 $y \in B$，即：使得 $a \xrightarrow{i} y$ 在 B 中成立。那么，我们有 $y \in A$，所以我们可以令 $x=y$ 来证明 f 是一个 p-态射。

反之，假设 f 是一个 p-态射，考虑满足 $a \xrightarrow{i} b$ 的任意的 $a \in A$ 和 $y \in B$，那么 $f(a) \xrightarrow{i} b$，因此存在某个 $x \in A$ 使得

$$a \xrightarrow{i} x \text{ 和 } b=f(x)=x。$$

故，$b \in A$。于是，$\mathcal{A} \subseteq_g \mathcal{B}$。

练习 5

证明 （1）假设 R 和 S 都是向后-向前的关系，考虑满足条件 $aR;Sc$ 的任意的 $a \in A$ 和 $c \in C$。由此可得：存在某个 $b \in B$ 满足

$$aRbSc。$$

考虑满足 $c \xrightarrow{i} z$ 的任意 $z \in C$，那么，由 S 可得：存在某个 $y \in B$ 使得

$$b \xrightarrow{i} y, \qquad ySz。$$

由 R 可得：存在某个 $x \in A$ 使得

$$a \xrightarrow{i} x, \qquad xRy。$$

因为

$$xRySz,$$

这表明 $R;S$ 具有向后的性质，并且同理可证它们也具有向前的性质。

剩下只需对互模拟进行扩张，这是容易的，故从略。

（2）对 $a \in A$ 和 $c \in C$，我们有

$$\begin{aligned} aR;Gc &\Leftrightarrow (\exists b \in B)(aFGbGc) \\ &\Leftrightarrow (\exists b \in B)(f(a)=b \text{ 并且 } g(b)=c) \\ &\Leftrightarrow g(f(a))=c。 \end{aligned}$$

练习 6

证明 （1）由于对于任意的 $a,b \in N$,都有 $a \sim_0 b$ 成立。因此，

$$a \sim_1 b$$

成立当且仅当对每个

$$x\in N \text{ 或者 } y\in N$$

并满足条件

$$a=x+1 \text{ 或者 } b=y+1,$$

都存在某个

$$y\in N \text{ 或者 } x\in N$$

使得

$$b=y+1 \text{ 或者 } a=x+1$$

并且

$$x\sim_0 y。$$

换句话说，如果 a=b=0 或者 a,b 都不是零，那么 $a\sim_0 b$ 成立。

这证明了归纳要求中的基本情况：r=0。

现在证明归纳步骤：$r\mapsto r+1$。首先假设

$$a\sim_{r+2}b。$$

那么，将$\sim_{r+2}$记作$(\sim_{r+1})^{\blacktriangledown}$，由$(\sim_{r+1})^{\blacktriangledown}$的定义可得：

$$a\sim_{r+1}b$$

和一个向后-向前的性质。假设 $a\leqslant r+1$，如果 $a\leqslant r$，那么根据归纳假设得 a=b。如果 a=r+1 那么由向前的性质可得：存在某个 y 使得

$$r\sim_{r+1} y \text{ 和 } b=y+1,$$

因此 b=r+1=a。

相反方向用类似方法证明。

（2）可以很容易地证明：

$$a\Vdash\Diamond^{k+1}\bot \Leftrightarrow a\leqslant k$$

成立，因此令语句$\phi_k=\Diamond^{k+1}\bot\wedge\Box^k\top$，可得：

$$a\Vdash\phi_k \Leftrightarrow a=k$$

成立。

第十三章

练习 1

证明 这个结构最左侧的过滤将它映射到如下一个四个元素的结构上：

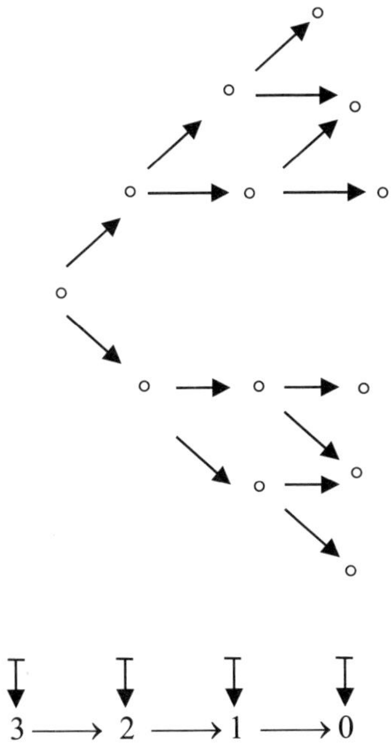

由此看出：这些元素在 3,2,1,0 四个层次上的第一个秩满足如下的条件：对每个 a,b∈A，

a,b 具有相同的秩 ⇔ 由 a 和 b 生成的子结构是同构的。

因此，

a,b 具有相同的秩 ⇒ a~b。

还要注意：

a 的秩为 0 ⇔ a ⊩ □⊥，

a 的秩为 1 ⇔ a ⊩ ◇□⊥，

a 的秩为 2 ⇔ a ⊩ $◇^2$□⊥，

a 的秩为 3 ⇔ a ⊩ $◇^3$□⊥。

因此，

a,b 具有相同的秩 ⇔ a~b。

现在要求的结果可以直接推出。

为了证明它也是最右侧的过滤，考虑任意的 0≤m, n≤3，并且假设对秩为 m 的每个 a 和秩为 n 的每个 b，我们有：对所有的语句σ，

$$a \Vdash \Box\sigma \Rightarrow b \Vdash \sigma。$$

我们要求 m=n+1。

但是 m≠0，否则存在一个秩为 0 的 a 并且 $a \Vdash \Box\bot$。令 m=k+1 并且考虑对所有的 x∈A，语句σ满足：

$$x \text{ 的秩为 } k \Leftrightarrow x \Vdash \sigma,$$

那么对秩为 m 的某个 a 有：$a \Vdash \Box\sigma$，使得对秩为 n 的 b 有 $b \Vdash \sigma$。即：n=k。

练习 2

证明　（1）对每个 m,n∈N，由 m 和 n 产生的$\mathcal{N}^+$的两个子结构是同构的，因此，m~n。

（2）对每个 k∈N，存在有一个语句σ使得对$\mathcal{N}^-$的所有元素 m 而言，

$$m \Vdash \sigma \Leftrightarrow m=k$$

成立。

练习 3

证明　把结点分成如下的四种类型：

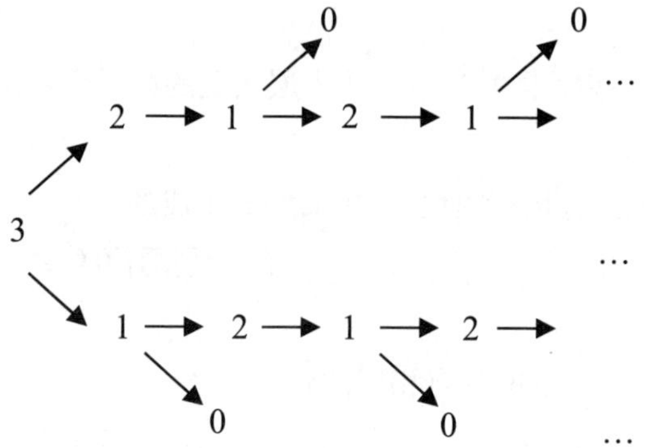

注意：结点 a 和 b 具有相同的类型当且仅当它们生成的子结构是同构。因此，

$$a,b \text{ 具有相同的类型 } \Rightarrow a\sim b$$

还可以看出，对每个结点 a，

$$a \text{ 的秩为 } 0 \Leftrightarrow a \Vdash \Box\bot$$

$$a \text{ 的秩为 } 1 \Leftrightarrow a \Vdash \Diamond\Box\bot$$

$$a \text{ 的秩为 } 2 \Leftrightarrow a \Vdash \Box\Diamond\Box\bot$$

$$a \text{ 的秩为 } 3 \Leftrightarrow a \Vdash (\Diamond^2\Box\bot \wedge (\Diamond\Box)^2\bot)$$

因此，

$$a,b \text{ 具有相同的类型 } \Leftrightarrow a\sim b。$$

并且我们看到：

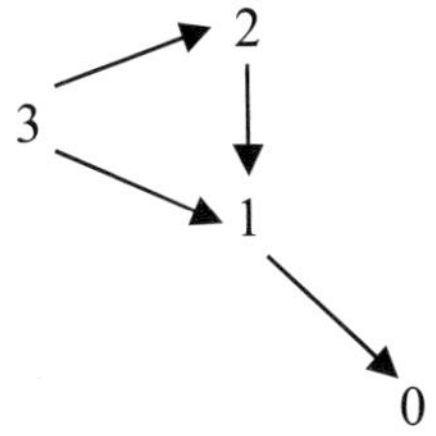

是最左侧的过滤。

练习 4

证明　每一个同构都是一个过滤。

练习 5

证明　对于不同的元素 $a,b\in A$ 存在一个命题变项 $P\in\Gamma$使得

$$a\Vdash P \text{ 并且 } b\Vdash \neg P。$$

由此所诱导出的等价关系~恰好是恒等关系，由此可得：最右侧的Γ-过滤是如下的一个恒等映射：

$$(\mathcal{A},\alpha)\longrightarrow(\mathcal{A},\alpha)。$$

对于 $b,y\in A$，最右侧的转移关系

$$b\longrightarrow_r y$$

成立，当且仅当对每一个公式ϕ都有$\Box\phi\in\Gamma$侧。由于不存在这样的公式ϕ，因此这个条件是空满足的。故，最右侧的过滤是 A 上的一个完全图。

练习 6

证明　（1）假设 $a\neq x$。因为$(\mathcal{A},\alpha)$是分离的，所以我们有 $a\not\approx x$（a 不等价于 x），这就给出所要求的公式$\xi_{a,x}$。

（2）因为 A 是有穷的，我们可以令：

$$\rho_a=\bigwedge\{\xi_{a,x}|x\in A-\{a\}\},$$

就获得了我们所要求的ρ_a。

（3）$\tau_x=\bigvee\{\rho_a|a\in X\}$。

（4）当$\phi=P$时，由(3)可推出。对于一般的ϕ，施归纳于ϕ的结构可得。

练习 7

证明　由于 Z-字形态射和Γ-过滤都满足(Val$^{\leftrightarrow}$)，因此只需要把(Rel$^{\leftarrow}$)和(Fil)联结起来即可。

（1）考虑任意的 $a,x\in A$ 使得

$$f(a) \xrightarrow{i} f(x)$$

并且对满足条件 $a \Vdash [i]\phi$ 的任意的公式 ϕ，我们利用($Rel^{\leftarrow}$)来证明 $x \Vdash \phi$。由($Rel^{\leftarrow}$)的条件可得：存在某个 $u \in A$ 使得

$a \xrightarrow{i} u$，$f(u)=f(x)$。

由 Z-字形态射的保持性可得

$$u \Vdash \phi \Leftrightarrow f(u) \Vdash \phi \Leftrightarrow f(x) \Vdash \phi \Leftrightarrow x \Vdash \phi,$$

所以，

$$a \Vdash [i]\phi \Rightarrow u \Vdash \phi \Rightarrow x \Vdash \phi。$$

（2）考虑任意的 $a \in A$ 并且 $b \in B$ 使得

$f(a) \xrightarrow{i} b$。

由于 $\mathcal{B}$ 是有穷的并且是分离的，因此存在某个公式 ρ_b 使得：对所有的 $y \in B$，

$y \Vdash \rho_b \Leftrightarrow y=b$

成立。特别地，$f(a) \Vdash \langle i\rangle\rho_b$，所以由过滤的保持性可得 $a \Vdash \langle i\rangle\rho_b$，由此产生某个 $x \in A$ 具有性质：

$a \xrightarrow{i} x$，$x \Vdash \rho_b$。

由过滤的保持性还可以得到 $f(x) \Vdash \rho_b$，因此，$f(x)=b$，这就验证($Rel^{\leftarrow}$)。

第十四章

练习 1

证明 令语句 σ 是 S 的单一公理，$\mathcal{M}$ 是 S 的有穷模型类。令 ϕ 是以 $\mathcal{M}$ 为模型类的公式。我们必须证明 $\vdash_S \phi$。

考虑 S 的任意赋值模型 $(\mathcal{A},\alpha)$。证明 $(\mathcal{A},\alpha) \Vdash^{v} \phi$ 即可。

为此令 $\Gamma=\Gamma(\phi\wedge\sigma)$ 是 $\phi\wedge\sigma$ 的子公式集，令

$$(\mathcal{A},\alpha) \xrightarrow{f} (\mathcal{B},\beta)$$

是一个 Γ-过滤，因此 $\mathcal{B}$ 是有穷的。由 $(\mathcal{A},\alpha) \Vdash^{v} \sigma$ 可得：$(\mathcal{A},\beta) \Vdash^{v} \sigma$。由于 σ 是无变项的，因此 $\mathcal{B} \Vdash^{u} \sigma$，故，$\mathcal{B} \in \mathcal{M}$。但是另一方面，由归纳假设，$\mathcal{B} \Vdash^{u} \phi$，因此 $(\mathcal{B},\beta) \Vdash^{v} \phi$。

练习 2

证明 在目标结构中，给定一个转移关系 $b \longrightarrow y$，存在 $a \in b$ 和 $x \in y$ 使得 $a \longrightarrow x$。然而 $a=x$，因此 $b=y$。

练习 3

证明 对所有的元素 a,b,c，合成性质是

$$a \xrightarrow{i} b \xrightarrow{j} c \Rightarrow a \xrightarrow{k} c,$$

特别地，给定的 4-元素结构$\mathcal{A}$没有这个性质。

令$\Gamma=\{P,P_1\}$,这里 P, P_1 是不同的命题变项。考虑满足下面条件的$\mathcal{A}$上的赋值α，

$$\begin{array}{cccc} \circ \xrightarrow{i} & \circ & \circ \xrightarrow{j} & \circ \\ P & P & P & \neg P \\ \neg P_1 & P_1 & P_1 & P_1 \end{array}$$

Γ诱导出的$(\mathcal{A},\alpha)$上的等价关系合并了中间的两个结点。因此，

$$\circ \xrightarrow{i} \circ \xrightarrow{j} \circ$$

给出了最左侧的过滤，这个结构没有合成的性质。

练习 4

证明 （1）①$[i]\phi\to\langle j\rangle\phi$表示：对每个元素 a，存在某个 b 使得 $a \xrightarrow{i} b$ 和 $b \xrightarrow{j} b$。所有的满态射具有此性质。

②$[i]\phi\to[j]\phi$表示：对所有的 a 和 b，

$$a \xrightarrow{j} b \Rightarrow a \xrightarrow{i} b。$$

现在考虑过滤源中的任意元素 x 和 y，并且满足

$$f(x) \xrightarrow{j} f(y),$$

而 f 是过滤态射。那么存在 $a\in f(x), b\in f(y)$使得 $a \xrightarrow{j} b$ 成立，由已知可得：$a \xrightarrow{i} b$。因此，由态射的性质可得

$$f(x)=f(a) \xrightarrow{i} f(b)=f(y)。$$

③$\phi\to[j]\langle k\rangle\phi$表示：对所有的 a 和 b，

$$a \xrightarrow{j} b \Rightarrow b \xrightarrow{i} a。$$

与②类似的论证给出所需的保持性。

④$[i]\phi\to[j]\langle k\rangle\phi$表示：对每个结构

$$a \xrightarrow{j} b,$$

存在元素 c 使得

$$a \xrightarrow{i} b \xrightarrow{k} c。$$

与②类似的论证给出所需的保持性。

（2）现在我们考虑

$$[i]\phi\to[j]\phi和[j]\phi\to[i][i]\phi$$

的模型。但是第二个公式不能由最左侧的过滤保持。

练习 5

证明 （1）我们知道一个结构$\mathcal{A}$是 KE 的模型当且仅当对所有的 $a,b\in A$，

$$a \longrightarrow b \Rightarrow a \text{ 是自返的。}$$

现在我们证明这个性质由最左侧的过滤保持。

因此，考虑任意这样的过滤

$$(\mathcal{A},\alpha) \xrightarrow{f} (\mathcal{B},\beta)$$

这里$\mathcal{A}$是 KE 的模型。考虑具有如下性质的任意 $b_1,b_2\in B$，

$$b_1 \longrightarrow b_2。$$

那么存在 $a_1\in b_1$ 和 $a_2\in b_2$ 使得

$$a_1 \longrightarrow a_2$$

成立，因此 $a_1 \longrightarrow a_1$，故，由态射的性质可得：$b_1 \longrightarrow b_2$。

（2）这两个结果可以从引理 14-7 和 14-8 得到。然而注意：KDE=KT。

练习 6

证明 （1）我们知道，一个结构$\mathcal{A}$是 KF 的模型当且仅当对所有的 $a,b\in A$，

$$a \longrightarrow b \Rightarrow b \text{ 是自返的。}$$

使用一个类似于 14.4 节练习 5（即上题）的证明方法很容易检验这个性质由最左侧的过滤保持。

（2）对于一个赋值结构$(\mathcal{A},\alpha)$，其中$\mathcal{A}$是 KF4 的模型，考虑由公式集Γ诱导出的通常的设置

$$A \xrightarrow{f} B。$$

令$\longrightarrow$是如下定义的 B 上的转移关系：

$b_1 \longrightarrow b_2 \Leftrightarrow$ 对所有的 $a_1\in b_1,a_2\in b_2$ 和满足$\Box\phi\in\Gamma$的公式ϕ使得

$$a_1 \Vdash \Box\phi \Rightarrow a_1 \Vdash \Box\phi \text{并且 } a_2 \Vdash \Box\phi \Rightarrow a_2 \Vdash \phi\wedge\Box\phi。$$

考虑这个被构造的转移结构 B 上的通常的赋值β。

我们首先证明 f 提供了一个

$$(\mathcal{A},\alpha) \xrightarrow{f} (\mathcal{B},\beta)$$

的态射。

因此，考虑任意的 $x_1,x_2\in A$ 并满足

$$x_1 \longrightarrow x_2,$$

（使得 x_2 自动地是自返的）并且任意的 $a_1\in f(x_1)$，$a_2\in f(x_2)$。对每个公式ϕ使得$\Box\phi\in\Gamma$，有

$$a_1 \Vdash \Box\phi \Rightarrow x_1 \Vdash \Box\phi \quad (\Gamma\text{诱导的等价关系})$$

$$\Rightarrow x_1 \Vdash \Box^2\phi \quad (\text{公理 } 4)$$

$$\Rightarrow x_2 \Vdash \Box\phi \quad (\text{转移关系 } x_1 \longrightarrow x_2)$$

$$\Rightarrow a_2 \Vdash \Box\phi \quad (\Gamma\text{诱导的等价关系})$$

另外，对每个公式ϕ使得$\Box\phi\in\Gamma$，有

$$a_2 \Vdash \Box\phi \Rightarrow x_2 \Vdash \Box\phi \quad (\Gamma\text{诱导的等价关系})$$

$$\Rightarrow x_2 \Vdash \phi \quad (x_2\text{ 是自返的})$$

$$\Rightarrow a_2 \Vdash \phi。 \quad (\Gamma\text{诱导的等价关系})$$

因此，我们有

$$f(x_1) \longrightarrow f(x_2)。$$

现在只剩下验证过滤的性质，但这是容易的。

最后我们需要验证$\mathcal{B}$是 KF4 的模型。

传递性用与 Lommon 过滤同样的方法可以得出。对于这个特征性，考虑任意的 $b_1,b_2\in B$ 并且满足

$$b_1 \longrightarrow b_2。$$

然后，对每个 $a_1\in b_1,a_2\in b_2$ 以及满足$\Box\phi\in\Gamma$的每个公式ϕ，由$\mathcal{B}$的构造，我们有：

$$a_2 \Vdash \Box\phi \Rightarrow a_2 \Vdash \phi\wedge\Box\phi。$$

由此证明了 $b_2 \longrightarrow b_2$。

第十五章

练习 1

证明 由(*3)的一个示例可得：

$$\vdash_{\mathbf{SLL}} [\bullet]([\bullet]\phi\to\Box[\bullet]\phi)\to([\bullet]\phi\to[\bullet]^2\phi),$$

并且在(*1)上应用(N)规则可得：

$$\vdash_{\mathbf{SLL}} [\bullet]([\bullet]\phi\to\Box[\bullet]\phi)。$$

因此，由 MP 规则可得需要的结果。

练习 2

证明 （1）我们首先证明指派 $a(\cdot)$是一个态射。

对每一个 $m,n\in N$，我们有

$$m \longrightarrow n \Rightarrow n=m+1$$

$$\Rightarrow a(n)= \mathbf{next}(a(m))$$

$$\Rightarrow a(m) \longrightarrow a(n)$$

并且

$$m \xrightarrow{\bullet} n \Rightarrow (\exists r \in N)(n=m+r)$$
$$\Rightarrow (\exists r \in N)(a(n)= \mathbf{next}^r(a(m)))$$
$$\Rightarrow a(m) \xrightarrow{\bullet} a(n)。$$

这证明了 a(·)是一个未加修饰的态射。而且，根据构造，(Val↔)成立，因此 a(·)是一个赋值态射。

剩下的只需验证(Rel←)成立。

因而，考虑任意的 $m \in N$ 和 $b \in A$，并且有

$$a(m) \longrightarrow b \text{ 或者 } a(m) \xrightarrow{\bullet} b。$$

因此，对某一元素 $r \in N$，

$$b=\mathbf{next}(a(m))=a(m+1)\text{成立 或者 } b=\mathbf{next}^r(a(m))=a(m+r)\text{成立。}$$

由此可得：

$$n=m+1 \text{ 或者 } n=m+r$$

并且

$$m \longrightarrow n \text{ 或者 } m \xrightarrow{\bullet} n。$$

因此，

$$a(n)=b。$$

（2）第一个等价式是 Z-字形态射保持性的直接结论。对于第二个式子，我们有

$$\mathcal{N} \Vdash^u \phi \quad \Rightarrow (\forall \pi)((\mathcal{N}, \pi, 0) \Vdash^P \phi)$$
$$\Rightarrow (\forall \alpha, a)((\mathcal{A}, \alpha, a) \Vdash^P \phi)$$
$$\Rightarrow \quad \mathcal{A} \Vdash^u \phi。$$

（3）考虑 A={a}，一个单元素集并带有 A 上的恒等映射。这给出满足下面条件的一个结构$\mathcal{A}$，

$$\mathbf{next}(a)=a。$$

因此对所有的公式ϕ，

$$\mathcal{A} \Vdash^u \bigcirc\phi \leftrightarrow \phi。$$

但这在$\mathcal{N}$中不成立。

（4）这与定理 15-3 一样。

练习 3

证明　（1）首先注意：如果 $r=i<m$，那么

$$\mathbf{next}(f(r))= \mathbf{next}(a_i)= a_{i+1}= f(r+1)$$

并且如果 r=m+kn+j，这里 $0 \leqslant j < n$，那么

$$\mathbf{next}(f(r)) = \mathbf{next}(b_j) = b_{j+1} = f(r+1)$$

使得对所有的 $r \in N$，

$$\mathbf{next}(f(r)) = f(r+1)。$$

所要求的结果现在可由归纳推出。

（2）（1）的结果表明 f 是一个态射。考虑任意的 $r \in N$ 和 $y \in A$ 使得

$$f(r) \longrightarrow y \text{ 或者 } f(r) \overset{*}{\longrightarrow} y。$$

我们需要构造一个 $s \in N$ 使得 f(s)=y 并且分别有

$$r \longrightarrow s \text{ 或者 } r \overset{*}{\longrightarrow} s$$

成立。为此考虑各种可能性如下：

① $r < m$, $y = a_i$ (某个 i)

② $r < m$, $y = b_j$ (某个 j)

③ $r \geqslant m$, $y = a_i$ (某个 i)

④ $r \geqslant m$, $y = b_j$ (某个 j)

例如，如果

$$f(r) \longrightarrow y$$

和③成立，那么，对某个 k，我们一定有 $y=a_m(i=m)$ 和 r=m+kn+n-1。因此，我们取 s=m+(k+1)n。类似地，如果②成立，那么我们令 s=m+j。

（3）首先假设$\mathcal{N} \Vdash^u \phi$。考虑任意匙形$\mathcal{A}$和$\mathcal{A}$上的赋值$\alpha$。还要考虑上面构造的 p-态射

$$\mathcal{N} \overset{f}{\longrightarrow} \mathcal{A},$$

并且令ν是$\mathcal{N}$上的赋值并且满足：对所有的命题变项 P，

$$m \in \nu(P) \Leftrightarrow f(m) \in \alpha(P)。$$

因此，由构造，f 是一个 Z-字形态射。但是，对所有的 $r \in N$，

$$(\mathcal{N},\nu,r) \Vdash^u \phi。$$

因此，$(\mathcal{A},\alpha,f(r)) \Vdash^u \phi$，使得$(\mathcal{A},\alpha) \Vdash^v \phi$。由于$\alpha$是任意的，这就证明了$\mathcal{A} \Vdash^u \phi$。

反之，假设$\mathcal{N} \nVdash^u \phi$，所以存在$\mathcal{N}$上的某个赋值$\nu$和 $r \in N$ 使得

$$(\mathcal{N},\nu,r) \Vdash \neg\phi。$$

但是，由$<\bullet>\neg\phi$或者$\bigcirc^r\neg\phi$替代$\neg\phi$，我们可以假设 r=0。现在取修改后的赋值μ并满足

$$(\mathcal{N},\mu,0) \Vdash \neg\phi。$$

考虑具有典范 p-态射 f 的(m,n)-匙$\mathcal{A}$。μ的选取允许我们在$\mathcal{A}$上定义一个满足如

下条件的赋值α。对所有的 $r\in N$ 和φ中的命题变项 P，

$$f(r)\in\alpha(P)\Leftrightarrow r\in\mu(P)。$$

但另一方面，对这个命题变项集，f 是一个 Z-字形态射

$$(\mathcal{N},\mu)\xrightarrow{f}(\mathcal{A},\alpha)$$

使得$(\mathcal{A},\alpha,f(0))\Vdash\neg\phi$，因此$\mathcal{A}\nVdash^{u}\phi$。

练习 4

证明 （1）由(*1)可得：$[\bullet]^2X\subseteq[\bullet]X$。由(*2)，我们有

$$[\bullet]X\to\Box[\bullet]X=A$$

使得

$$[\bullet]([\bullet]X\to\Box[\bullet]X)=A$$

因此，(*3)给出了$[\bullet]X\subseteq[\bullet]^2X$。

（2）假设[i]和[j]都是□的 S-伙伴。将(*1)应用到[i]可得：

$$[i]X\to\Box[i]X=A$$

并使得

$$[j]([i]X\to[i]X)=A$$

成立。因此，将(*3)和(*1)应用[j]可得：

$$[i]X\subseteq[j][i]X\subseteq[i]X。$$

类似地，由$[i]X\subseteq[j]X$ 可得：[i]=[j]。

（3）由□的单调性和□关于∩-保持性可得。

（4）令$\mathcal{Y}$是所有 $Y\subseteq X$ 并且满足 $DY=Y$ 的集合。注意$\varnothing\in\mathcal{Y}$。证明 $Y=\cup\mathcal{Y}$。对每一个 $Z\in\mathcal{Y}$，我们有 $Z\subseteq Y$，使得 $Z=DZ\subseteq DY$，因此 $Y=\cup\mathcal{Y}\subseteq DY$。这就证明了 $Y\in\mathcal{Y}$。

（5）一个简单的计算可以证明[•]是一个框形算子。而且

$$[\bullet]X=\Box[\bullet]X=[\bullet]X\cap\Box[\bullet]X\subseteq X\cap\Box[\bullet]X$$

这给出了公理(*1,2)。

对于公理(*3)，考虑

$$Y=[\bullet](X\to\Box X),$$

那么

$$Y\cap X\subseteq(X\to\Box X)\cap X\subseteq\Box X。$$

根据构造，有 $DY=Y$。因此，

$$D(Y\cap X)=DY\cap DX=Y\cap X\cap\Box X=Y\cap X$$

使得（由于 $Y\cap X\subseteq X$）

$$Y\cap X\subseteq[\bullet]X。$$

这给出

$$Y\subseteq(X\rightarrow[\bullet]X)。$$

（6）用一个简单的归纳可证，对所有的$\alpha\in\mathrm{Ord}$，

$$[\bullet]X\subseteq D^{\alpha}X。$$

对某个足够大的α，我们有 $D^{\alpha+1}X=D^{\alpha}X$，那么，由$\infty=\alpha$可得：对所有的$\beta\geqslant\infty$，我们有

$$D^{\beta}X=D^{\infty}X$$

使得 $D^{\infty}X=[\bullet]X$。

（7）假设$\Box$是从转移关系$\longrightarrow$中得到的。对每一个$\gamma<\omega$，令

$x\prec_{r}a$ 意味着

$$\text{存在某个序列 } a=a_0\longrightarrow a_1\longrightarrow\cdots\longrightarrow a_r=x。$$

那么，我们发现

$$a\in\Box^{\gamma}X\Leftrightarrow(\forall x\prec_{r}a)(x\in X),$$

而且

$$D^{\gamma}X=X\cap\Box X\cap\ldots\cap\Box^{\gamma}X$$

使得

$$a\in D^{\omega}X\Leftrightarrow(\forall r<\omega)(\forall x\prec_{r}a)(x\in X)\Leftrightarrow(\forall x\prec{*}a)(x\in X)。$$

练习 5

证明 （1）假设$\mathcal{A}$是

$$[\bullet]\Diamond P\rightarrow\langle\bullet\rangle\Box P$$

的模型。并且对 $a\in A$，令

$$X=\{x\in A|a\overset{\bullet}{\longrightarrow}x\},$$

我们希望证明

$$(\exists x\in X)(\forall y\in X)(x\longrightarrow y\Rightarrow x=y)。$$

如果上式不成立，那么我们修改 6.4 节练习 6（2）中答案的论证：存在 X 的一个划分 Y 和 Z 使得

$$(\forall y\in Y)(\exists z\in Z)(y\longrightarrow z)\text{并且}(\forall z\in Z)(\exists y\in Y)(z\longrightarrow y)。$$

考虑$\mathcal{A}$上的任意赋值使得对每一个 $x\in X$，

$$x\Vdash P\Leftrightarrow x\in Y,\quad x\Vdash\neg P\Leftrightarrow x\in Z$$

那么，对每个 $y\in Y$ 和 $z\in Z$，

$$y \Vdash \Diamond\neg P，z \Vdash \Diamond P$$

使得对每一个 $x \in X$，

$$x \Vdash (P \to \Diamond\neg P)，x \Vdash (\neg P \to \Diamond P)。$$

因为 $\longrightarrow$ 是自返的（因此，$\phi \to \Diamond\phi$ 在 $\mathcal{A}$ 中成立），这给出了

$$对所有的 x \in X，x \Vdash \Diamond P \wedge \Diamond\neg P。$$

因此，

$$a \Vdash [\bullet]\Diamond P \wedge [\bullet]\Diamond\neg P$$

是需要的矛盾。

反之，证明容易，从略。

（2）如果 $\mathcal{A}=(A, \longrightarrow)$ 是自返的和传递的，那么 $\longrightarrow$ 和 $\xrightarrow{*}$ 一致并且考虑将该公式减弱为 McKinsey 公式。而且，6.4 节中练习 6 的结论可以应用于所有的（不必是自返的）传递结构。

第十六章

练习 1

证明 对任意的公式 φ 和 ψ，由公理 4，K 和 T 可得：

① $\vdash_{S4}\Box\varphi \to \Box^2\varphi$ (公理 4)

② $\vdash_{S4}\Box(\Box\varphi \to \Box^2\varphi)$

③ $\vdash_{S4}\Box(\Box\varphi \to \Box^2\varphi) \to (\Box^2\varphi \to \Box^3\varphi)$ (K)

④ $\vdash_{S4}\Box^2\varphi \to \Box^3\varphi$ (②,③)

⑤ $\vdash_{S4}\Box\varphi \to \Box^3\varphi$ (①,④)

⑥ $\vdash_{S4}\Box(\Box^2\varphi \to \Box\psi) \to (\Box^3\varphi \to \Box^2\psi)$ (K)

⑦ $\vdash_{S4}\Box(\Box^2\varphi \to \Box\psi) \wedge \Box^3\varphi \to \Box^2\psi$

⑧ $\vdash_{S4}\Box^3\varphi \wedge \Box(\Box^2\varphi \to \Box\psi) \to \Box^2\psi$

⑨ $\vdash_{S4}\Box^3\varphi \to \Box(\Box^2\varphi \to \Box\psi) \to \Box^2\psi$

⑩ $\vdash_{S4}\Box\varphi \to \Box(\Box^2\varphi \to \Box\psi) \to \Box^2\psi$ (⑤,⑨)

⑪ $\vdash_{S4}\Box\varphi \wedge \Box(\Box^2\varphi \to \Box\psi) \to \Box^2\psi$

⑫ $\vdash_{S4}\Box(\Box^2\varphi \to \Box\psi) \wedge \Box\varphi \to \Box^2\psi$

⑬ $\vdash_{S4}\Box\psi \to \psi$ (T)

⑭ $\vdash_{S4}\Box^2\psi \to \Box\psi$ (T)

⑮ $\vdash_{S4}\Box^2\psi \to \psi$ (⑬,⑭)

⑯ $\vdash_{S4}\Box(\Box^2\varphi\to\Box\psi)\wedge\Box\varphi\to\psi$ (⑫,⑮)

即：$\vdash_{S4}(*)$。

练习 2

证明 （1）在

$$\Box^i(\Box^j\phi\to\Box^k\psi)\to\Box^l(\Box\phi\to\Box^2\psi)$$

中，将ψ换为ϕ得到

$$\Box^i(\Box^j\phi\to\Box^k\phi)\to\Box^l(\Box\phi\to\Box^2\phi),$$

即：R(i,j,k,l)。因此，R(i,j,k,l)⩽S(i,j,k,l)。

（2）根据公理 T 和前提 $i\geqslant i',j\leqslant j',k\geqslant k',l\leqslant l'$可得：对所有的公式θ,ϕ和ψ，我们有

$$\vdash_{KT}\Box^i\theta\to\Box^{i'}\theta,\ \vdash_{KT}\Box^{j'}\phi\to\Box^j\phi$$

$$\vdash_{KT}\Box^k\psi\to\Box^{k'}\psi,\ \vdash_{KT}\Box^{l'}\theta\to\Box^l\theta$$

并使得

$$\vdash_{KT}(\Box^j\phi\to\Box^k\psi)\to(\Box^{j'}\phi\to\Box^{k'}\psi)$$

成立。因此，

$$\vdash_{KT}S(i',j',k',l')\to S(i,j,k,l)。$$

（3）令$\mathcal{A}$是 R(i,j,k,l)的一个有穷模型，因为□是紧缩的，所以对每个 X⊆A 我们有一个递降链：

$$X\supseteq\Box X\supseteq\Box^2X\supseteq\ldots\supseteq\Box^rX\supseteq\ldots。$$

由于 A 是有穷的，因此这个递降链最终是稳定的，由此可得：

$$\Box^j X=\Box^k X \quad\Rightarrow\quad \Box X=\Box^2 X。$$

考虑满足下面条件的任意 r∈N，

$$\Box^{r+2} X=\Box^{r+3} X。$$

由此可得：

$$\Box^{r+2} X=\Box^{r+3} X=\Box^{r+4} X=\ldots。$$

特别地，

$$\Box^{r+j} X=\Box^{r+k} X。$$

因此，

$$\Box^{r+1} X=\Box^{r+2} X。$$

故，由归纳可得：

$$\Box^{r+1} X=\Box^{r+2} X\Rightarrow\Box X=\Box^2 X。$$

（4）这可以从 11.4 节的练习 3 推出。

（5）对 K(i,j,k,l,1,2)使用结构性质，我们需要证明：对满足下面条件

$$a \xrightarrow{1} b \xrightarrow{2} c$$

的每个 a,b,c∈N，存在一个 d∈N 并且对每个 x∈N 都有

$$a \xrightarrow{i} d \xrightarrow{k} c，d \xrightarrow{j} x \Rightarrow b \longrightarrow x。$$

其中，箭头上的字母表示步数。

对于任意 x,y∈N，我们有

$$x \xrightarrow{r} y \Leftrightarrow x \leqslant y+r。$$

由此可得：

$$a \leqslant b+1，b \leqslant c+2。$$

由于 2≤j，我们可以令

$$d=b+j-1。$$

那么由 l+1≤i+j，我们有

$$a \leqslant b+l \leqslant b+i+j-1 \leqslant d+i$$

使得

$$a \xrightarrow{i} d。$$

又因为 j<k，我们有

$$d=b+j-1 \leqslant c+j+1 \leqslant c+k$$

并满足

$$d \xrightarrow{k} c。$$

最后可得：

$$d \xrightarrow{j} x \Rightarrow d \leqslant x+j \Rightarrow b \leqslant x+1 \Rightarrow b \longrightarrow x。$$

（6）R(i,j,k,l)的所有有穷模型都是传递的，但 S(i,j,k,l)有一个非传递的无穷模型。

符号索引

Var，可数命题变项集

$\top,\bot$，常项

$\neg$，一元命题联结词

$\rightarrow,\wedge,\vee$，二元命题联结词

$\mathcal{L}_0$，命题语言

$P\in Var$，P 是命题变项

$\neg\phi$，否定式

$(\theta\rightarrow\psi)$，蕴涵式

$(\theta\wedge\psi)$，合取式

$(\theta\vee\psi)$，析取式

Form($\mathcal{L}_0$)，所有命题公式集

$\theta*\varphi$，*表示任意的二元联结词$\rightarrow$、$\wedge$和$\vee$

ν，赋值

$[\cdot]\nu$或$[\cdot]$，由ν导出的映射

$\Phi \models \phi$，ϕ是Φ的一个语义后承

$\models \phi$，ϕ是一个重言式

$\Phi \vdash \phi$，ϕ是Φ的一个逻辑后承

$\vdash \phi$，ϕ是系统的一条定理

$\Phi \nvdash \bot$，Φ是一致的

CON，所有一致公式集的集合

S，形式系统

S，S 的公理集

S，所有极大一致集的集合

$s \in \boldsymbol{S}$，s 是一个极大一致集

CON′，所有有穷可满足的公式集组成的集合

σ，真值赋值

$\mathcal{L}_M$，模态命题语言

$\Box\theta$，模态公式

Form($\mathcal{L}_M$)或者 Form，所有(模态)公式的集合

$\Diamond\theta$，模态公式

$\Box(\theta \to \phi) \to (\Box\theta \to \Box\phi)$，模态公式 K

$\Box\theta \to \theta$，模态公式 T

$\Box\theta \to \Diamond\theta$，模态公式 D

$\Box\theta \to \Box\Box\theta$，模态公式 4

$\Diamond\theta \to \Box\Diamond\theta$，模态公式 5

$\theta \to \Box\Diamond\theta$，模态公式 B

K，模态系统

D=**K**+D，模态系统

T=**K**+T，模态系统

S4=**T**+4=**K**+T+4，模态系统

S5=**T**+5=**K**+T+5，模态系统

B=**T**+B=**K**+T+B，模态系统

I，标号集

$i(\in I)$，i 是一个标号

$[i](i \in I)$，框联结词

$[i]\phi$，模态公式

Form，所有模式公式的集合

$\phi(P_1/\pi_1,\ldots,P_n/\pi_n)$，将$\phi$中的命题变项 $P_1,\ldots,P_n$ 分别用公式$\pi_1,\ldots,\pi_n$代入

σ：Var $\longrightarrow$ Form，代入

Sub，所有代入的集合

ϕ^{σ}，代入

$\Gamma(\phi)$，ϕ的子公式集

$\mathcal{A}=(A,\mathbf{A})$，加标转移结构

$\mathbf{A}=(\xrightarrow{i}\mid i\in I)$，I-标号簇

$a\xrightarrow{i}b$，a 和 b 具有关系 $\xrightarrow{i}$

$b\prec_i a$，即：$a\xrightarrow{i}b$

$a\Vdash\phi$，a 力迫ϕ

α：Var $\longrightarrow\wp A$，A 上的一个赋值α

$(\mathcal{A},\alpha)$，赋值结构

$(\mathcal{A},\alpha,a)$，点赋值结构

ν_a，2-值赋值

$[\cdot]\,\nu_a$，由ν_a诱导出的 2-值赋值

$\|\,\|_\alpha$：Form $\longrightarrow\wp A$，α的扩展映射

$\mathbf{i}:=i(1),i(2),\ldots,i(p)$，标号序列

$[\mathbf{i}]\phi$，$[1][2]\cdots[p]\phi$的缩写

$a\Vdash[\mathbf{i}]\phi$，对每个满足 $a\xrightarrow{i}b$ 的元素 b，都有 $b\Vdash\phi$

CONF($\mathbf{i};\mathbf{j};\mathbf{k};\mathbf{l}$)，结构的性质

Conf($\mathbf{i};\mathbf{j};\mathbf{k};\mathbf{l}$)，公式集，所有公式$\langle i\rangle[j]\phi\to[k]\langle l\rangle\phi$（对于任意公式$\phi$）的集合

$(\mathcal{A},\alpha,a)\Vdash^{P}\phi$，即：$(\mathcal{A},\alpha,a)\Vdash\phi$

$(\mathcal{A},\alpha)\Vdash^{v}\phi$，即：$(\forall a)(\mathcal{A},\alpha,a)\Vdash^{P}\phi$

$\mathcal{A}\Vdash^{u}\phi$，即：$(\forall\alpha)(\mathcal{A},\alpha)\Vdash^{v}\phi$

$\Phi\vdash^{w}_{S}\phi$，存在有穷多个公式$\phi_1,\phi_2,\ldots,\phi_n\in\Phi$满足$\vdash_S\phi_1\wedge\phi_2\wedge\ldots\wedge\phi_n\to\phi$

$D\leqslant T$，$\vdash_D\phi\Rightarrow\vdash_T\phi$

$S_1=S_2$，即：$S_1\leqslant S_2$ 并且 $S_2\leqslant S_1$

TEMP，基本时态系统

SL，情景逻辑

$\Phi\models^{k}_{S}\phi$，$k\in\{P,v,u\}$

CON，S-一致集的集簇

S，所有极大 S-一致集的集合

$\mathfrak{S}=(\boldsymbol{S},\mathbf{A})$，S 的一个典范结构

~，~是 A 和 B 之间的一个关系，并满足：

$$a\sim b\Leftrightarrow(\forall P\in Var)(a\in\alpha(P)\Leftrightarrow b\in\beta(P))\text{，对于 } a\in A \text{ 并且 } b\in B$$

≈，语义等价关系

≊，最大的互模拟

$R^{\blacktriangledown}\subseteq R$，$R^{\blacktriangledown}$是 R 的导出关系

Γ，公式集

|Γ|，两个结构之间的一个关系

F，S 的有穷赋值结构模型类

G，S 的有穷朴素结构模型类

H，S 的分离赋值结构模型类

fmp，有穷模型性质

‖S‖，结构性质

SLL，一种特殊的动态逻辑系统

T，一个标准的形式系统

$\mathcal{M}$，S 的语言的一个结构类

南开大学“十四五”规划精品教材丛书

哲学系列

世界科技文化史教程（修订版）	李建珊 主编；贾向桐、张立静 副主编
实验逻辑学（第三版）	李娜 编著
模态逻辑（第二版）	李娜 编著

经济学系列

货币与金融经济学基础理论 12 讲	李俊青、李宝伟、张云 等编著
数理马克思主义政治经济学	乔晓楠 编著
旅游经济学（第五版）	徐虹 主编

法学系列

知识产权法案例教程（第二版）	张玲 主编；向波 副主编
新编房地产法学（第三版）	陈耀东 主编
法理学案例教材（第二版）	王彬 主编；李晟 副主编
环境法学（第二版）	史学瀛 主编； 申进忠、刘芳、刘安翠 副主编
环境法案例教材（第二版）	史学瀛 主编； 刘芳、申进忠、刘安翠、潘晓滨 副主编

文学系列

西方文明经典选读	李莉、李春江 编著

管理学系列

旅游饭店财务管理（第六版）	徐虹、刘宇青 主编